Lecture Notes in Mathematics

Edited by A. Dold and B. Eckmann

876

J. P. Bickel
N. El Karoui
M. Yor

Ecole d'Eté de Probabilités
de Saint-Flour IX-1979

Edité par P. L. Hennequin

Springer-Verlag
Berlin Heidelberg New York 1981

Auteurs

Peter J. Bickel
Statistics Department, University of California
Berkeley, CA 94720, USA

Nicole El Karoui
Département de Mathématiques, Université le Mans
Route de Laval, 72017 Le Mans Cédex, France

Marc Yor
Laboratoire de Calcul des Probabilités, Université Paris VI
4, Place Jussieu – Tour 56, 75230 Paris Cédex 05, France

Editeur

P. L. Hennequin
Université de Clermont-Ferrand II,
Département de Mathématiques Appliquées,
Boîte Postale n° 45, 63170 Aubière, France

AMS Subject Classifications (1980): 60-02, 60 G 25, 60 G 40, 60 G 44,
60 G 47, 60 H 10, 60 H 15, 60 J 65, 62 F 35, 93 E 20

ISBN 3-540-10860-2 Springer-Verlag Berlin Heidelberg New York
ISBN 0-387-10860-2 Springer-Verlag New York Heidelberg Berlin

CIP-Kurztitelaufnahme der Deutschen Bibliothek

Ecole d'Eté de Probabilités:
Ecole d'Eté de Probabilités . . . – Berlin; Heidelberg; New York: Springer

9. 1979. De Saint-Flour. – 1981.
(Lecture notes in mathematics; 876)
ISBN 3-540-10860-2 (Berlin, Heidelberg, New York);
ISBN 0-387-10860-2 (New York, Heidelberg, Berlin)
NE: GT

© by Springer-Verlag Berlin Heidelberg 1981
Printed in Germany

Printing and binding: Beltz Offsetdruck, Hemsbach/Bergstr.
2141/3140-543210

INTRODUCTION

La neuvième Ecole d'Eté de Calcul des Probabilités de Saint-Flour s'est tenue du 19 Août au 5 Septembre 1979 et a rassemblé, outre les conférenciers, une cinquantaine de participants. Ceux-ci ont apprécié une nouvelle fois la qualité de l'accueil du Foyer des Planchettes.

Les trois conférenciers, Madame El Karoui, Messieurs Bickel et Yor, ont remanié entièrement la rédaction de leurs cours et l'ont souvent abondamment complétée pour en faire des textes de références.

En outre les exposés suivants ont été faits par les participants durant leur séjour à Saint-Flour :

T. BARTH et A.U. KUSSMAUL
The Banach fixed point method for Ito Stochastic differential equations

R. BERTHUET
Loi du logarithme itéré pour certaines intégrales stochastiques

J. DESHAYES et D. PICARD
Optimalité asymptotique du test du rapport de vraisemblance pour déceler une rupture dans un modèle de régression

Th. EISELE
Diffusions avec branchement et intéraction

M. EMERY
Annoncabilité des temps prévisibles

M. FUJISAKI
Unicité des lois optimales du contrôle stochastique continu dans le cas complètement observable

J.-B. GRAVEREAUX et J. JACOB
Sur la construction des classes de processus de Markov invariantes par changement de temps

D. GUEGAN
Comparaison de tests d'hypothèses pour des processus gaussiens

B. HEINKEL
Le théorème central-limite et la loi du logarithme itéré dans les espaces de Banach

C. HUBER
Estimation fonctionnelle - Risque minimax

E. LENGLART
Inégalité de semi-martingale

G. LETAC
La préservation des trajectoires du mouvement brownien et la préservation
des lois de Cauchy

C. MARTIAS
Filtrage non linéaire dans les espaces de Hilbert réels et séparables

M. CHALEYAT-MAUREL
Réflexion discontinue et systèmes stochastiques

G. MAZZIOTTO et J. SZPIRGLAS
Filtrage de diffusions bidirectionnelles pour une observation ponctuelle
de Poisson à deux paramètres

E. PARDOUX
Équations aux dérivées partielles associées à un problème de filtrage
non linéaire

A. RAFTERY
Un processus autorégressif à loi marginale exponentielle. Propriétés
asympotiques et estimation de maximum de vraisemblance

C. STRICKER
Semi-martingales sur les ouverts aléatoires.

Ces exposés sont publiés dans le numéro 69 des Annales Scientifi-
ques de l'Université de Clermont.

La frappe du manuscrit a été assurée à Paris et à Clermont et nous
remercions, pour leur soin, les secrétaires qui se sont chargées de ce travail délicat.

Nous exprimons notre reconnaissance à la Société Springer Verlag
qui publie ces textes dans la collection Lecture Notes in Mathematics

P.L. HENNEQUIN
Professeur à l'Université de Clermont II
B.P. 45

F-63170 AUBIERE

LISTE DES AUDITEURS

Mme	ALLAIN Marie-France	I.R.I.S.A. de Rennes
Mr.	AZEMA Jacques	Université de Paris V
Mr.	BADRIKIAN Albert	Université de Clermont II
Mr.	BALACHEFF Serge	Direction Régionale des Télécommunications de Normandie
Mr.	BARTH Thomas	Université de Kaiserslautern
Mme	BAUD Annie	Université du Mans
Mr.	BETHOUX Paul	Université de Lyon I
Mr.	BERTHUET Roland	Université de Clermont II
Mr.	BICKEL Peter J.	Université de Berkeley
Mr.	BONNEMOY Claude	Université de Clermont II
Mr.	CHEMARIN Philippe	I.U.T. II de Villeurbanne
Mr.	CHERKAOUI Saad	Faculté des Sciences de Rabat
Mr.	COLLOMB Gérard	I.U.T. de Vannes
Mr.	COURTADE Camille	S.N.E.A. (P) de Pau
Mr.	DACUNHA-CASTELLE Didier	Université de Paris-Sud
Mr.	DESHAYES Jean-Roger	Université de Paris VII
Melle	DORIZZI Bernadette	Université de Clermont II
Mr.	DUPONT Ghislain	Faculté des Sciences de Mt.St. Aignan
Mr.	EISELE Karl-Théodor	Université de Zurich
Mme	EL KAROUI Nicole	Faculté des Sciences du Mans
Mr.	EMERY Michel	I.R.M.A. de Strasbourg
Mr.	FOURDRINIER Dominique	Université d'Oran
Mr.	FOURT Guy	Université de Clermont II
Mr.	FUJISAKI Masatoshi	I.R.M.A. de Strasbourg
Mr.	GOLDBERG Joseph	I.N.S.A. de Villeurbanne
Mr.	GRAVEREAUX Jean-Bernard	Université de Rennes
Mme	GUEGAN Dominique	C.S.P. de Villetanneuse
Melle	GUILLY Evelyne	D.G.R.S.T. Paris
Mr.	HAMDACHE Mohamed	Université de Rouen
Mr.	HEINKEL Bernard	Université de Strasbourg
Mr.	HENNEQUIN Paul-Louis	Université de Clermont II
Mme	HUBER Catherine	Université de Paris-Nord
Mr.	KOREZLIOGLU Hary	Ecole Nationale supérieure des Télécommunications

Mr.	LAMBERT Fernand	Ecole de l'Air-D.I.S.T. Salon de Provence
Mr.	LENGLART Erik	Université de Rouen
Mr.	LEPELTIER Jean-Pierre	Université du Mans
Mr.	LESSARD Sabin	Université de Clermont II
Mr.	LETAC Gérard	Université de Toulouse
Mme	MAINGUENEAU Marie-Anne	Université du Mans
Mr.	MARCHAL Bernard	Université de Paris-Nord
Mr.	MARTIAS Claude	E.N.S.T. Paris
Mme	MAUREL Mireille	Université de Paris VI
Mme	MIKOU Noufissa	Université Mohammed V de Rabat
Mr.	NANOPOULOS Constantin	Université de Strasbourg
Mr.	NOBELIS Photis	Université de Paris X
Mr.	PARDOUX Etienne	C.N.R.S. le Chesnay
Mr.	PARIN William	Université d'Oran
Mr.	RAFTERY Adrian	Université de Paris VI
Mr.	ROUX Daniel	L.T.E.M. de Thiers
Mr.	ROYNETTE Bernard	Université de Nancy I
Mr.	SANTIBANEZ-ROMELLON Jorge	Université de Strasbourg
Mme	SANZ-SOLE Marta	Ecole Technique Supérieure d'Architecture de Barcelone
Mr.	STRICKER Christophe	I.R.M.A. de Strasbourg
Mr.	SZNITMAN Alain-Sol	E.N.S. de Paris
Mr.	SZPIRGLAS Jacques	C.N.E.T. de Bagneux
Mr.	TOUATI Abdou	Université de Paris-Nord
Mr.	UPPMAN Are	Université de Rouen
Mr.	YOR Marc	Université de Paris VI
Mme	ZEBOULON Héliette	Lycée Carnot de Paris.

TABLE DES MATIERES

QUELQUES ASPECTS DE LA STATISTIQUE ROBUSTE

Par P.J. BICKEL

1. Introduction

Dans la théorie classique de la statistique on suppose que les
observations viennent d'une expérience aléatoire dont la structure
probabiliste est connue à l'exception de quelques paramètres. C'est un
modèle paramétrique. Etant donné ce modèle nous voulons employer les
observations pour estimer les paramètres, faire des tests d'hypothèses
qui les concernent, etc. Si nous précisons nos buts avec un espace de
décisions et une fonction de perte, il est naturel d'employer des
méthodes qui sont "optimales" (dans le sens minimax, de Bayes, etc.)
pour le modèle et la fonction de perte donnés.

La statistique robuste examine ce qui ce passe si la structure de
nos expériences n'est pas tout à fait comme nous l'avons supposée et
cependant où,

   (i) Les observations n'indiquent pas clairement que le modèle
        paramétrique est en défaut ; ou

   (ii) Ils l'indiquent mais il n'y a pas de modèle alternatif
        satisfaisant à employer.

On construit un supermodèle dans lequel nous prenons compte de
déviations plausibles de nos hypothèses. Dans le contexte de ce supermodèle nous réexaminons les méthodes optimales dans le modèle paramétrique.
Il est clair qu'une telle méthode optimale n'est pas satisfaisante si elle
fonctionne très mal dans le supermodèle. Si ça se passe on cherche des
méthodes qui ne sont pas les meilleures dans le modèle paramétrique mais
qui fonctionnent "assez bien" dans tout le supermodèle. C'est ce qu'on
appelle des méthodes robustes.

Les résultats qu'on obtient ainsi dépendent naturellement de nos
réponses à quelques questions :

(a) Quelles déviations sont importantes?

(b) Quels sont nos buts? Quelles fonctions de perte et quels critères allons nous employer?

(c) Quelles classes de méthodes allons nous examiner?

Nous illustrons les types de questions qui se posent en considérant le problème le plus connu de la statistique robuste, l'estimation d'un paramètre de translation.

Le modèle paramétrique de base consiste en n variables aléatoires, $X_1, \ldots, X_n$, qu'on suppose,

(1) Indépendantes

(2) Ayant la même distribution qui est,

(3) Gaussienne : $N(\theta, \sigma^2)$ où θ et $\sigma^2 > 0$ sont complètement inconnus.

Notre but principal est d'estimer θ. L'estimateur de choix est naturellement $\bar{X}$, la moyenne des observations.

Il n'est pas difficile de trouver des exemples où la première hypothèse n'est pas bien satisfaite (les observations sont prises par un seul observateur) ni la seconde (les observations sont prises en bloc par plusieurs observateurs).

La troisième hypothèse n'est jamais parfaitement satisfaite puisque les observations sont toujours bornées et discrètes. Plus importantes en pratique sont les observations fausses, fautes d'instrument, fautes de transcription, etc. En tout cas ce sont justement les déviations du type gaussien qui peuvent être difficiles à apercevoir dans des échantillons pas trop grands et néanmoins ont un effet sérieux sur $\bar{X}$. C'est la déviation du type qui a été la plus étudiée dans la statistique robuste et que nous poursuivrons maintenant et pour la plupart de ce cours.

Alors en définissant un supermodèle nous supposons encore que $X_1, \ldots, X_n$ sont indépendantes et ont la même distribution F où $F \in \mathcal{F}$, une famille de distributions (qui contient le famille des distribution gaussiennes). Préciser le supermodèle c'est préciser $\mathscr{F}$.

Un problème central en formulant un supermodèle ici et dans toutes les études de statistique robuste est le sens du paramètre θ. Il s'agit dans le problème du paramètre de translation de deux types de situation assez différents qu'on essaye d'abstraire.

I.   Nous avons un échantillon qui vient d'une population avec distribution F quelconque. Nous adoptons le modèle gaussien faute de mieux.

II.   Il y a une quantité objective θ qu'on peut seulement mesurer avec erreur et qui nous intéresse. Nous écrivons,

$$X_i = \theta + \varepsilon_i, \quad i = 1, \ldots, n$$

et l'expérience, le théorème limite central, etc. nous mènent à supposer que la distribution commune des erreurs, ε_i, est à peu près gaussienne.

Dans le premier cas il y a encore deux possibilités :

(i)   On s'intéresse vraiment à la moyenne de la population; par exemple nous avons pris un échantillon d'une population de factures d'un établissement commercial pour estimer la somme totale d'argent qui est exigible. En ce cas c'est naturel de choisir une fonction de perte comme le carré de la distance entre notre décision t et $\int x dF(x)$ et on est mené (voir par exemple Hodges - Lehmann (1950)) à $\bar{X}$ comme estimateur de choix.

(ii) Nous nous intéressons à θ comme mesure descriptive du "centre" de la population. Si on prend pour $\mathscr{F}$ une grande famille de distributions pas nécessairement symétriques, il y a beaucoup de fonctionnelles $\theta(F)$ comme la moyenne, la médiane, etc. qui sont des candidats plausibles pour "centre de population". Bickel-Lehmann (1975-1979) développent une théorie pour choisir dans des cas pareils. Ce n'est pas tout à fait satisfaisant mais on va en parler plus tard brièvement.

Le cas (ii), où on suppose qu'on est proche d'un modèle paramétrique

et que le paramètre a une interprétation objective, est le vrai sujet de la
statistique robuste et celui que nous traiterons essentiellement. Dans ce cas,
on est mené à ce que nous appelons des modèles locaux.

Ex. 1 : Modèle contaminé (Huber (1964))

$$\mathcal{F} = \{ F : F = (1-\varepsilon) \, N \, (\theta, \, \sigma^2) + \varepsilon H, \, H, \theta, \, \sigma > 0, \text{ quelconques} \}$$

Voisinage métrique (Huber (1964), Hampel (1968))

Soit ρ une distance entre des lois de probabilité sur R;

$$\mathcal{F} = \{ F : \rho(F, N(\theta, \sigma^2)) \leqslant \varepsilon, \theta, \, \sigma > 0 \text{ quelconques} \}$$

Naturellement on suppose ε ici "connu par expérience" et assez
petit. On dira quelles distances sont pertinentes plus tard.

Puisque θ a une identité objective, il est convenable de choisir des
fonctions de perte comme le carré de la distance entre notre estimateur
T et θ (fonction de perte quadratique).

Malheureusement le paramètre θ n'est pas identifiable dans ces
modèles pour n'importe quel $\varepsilon > 0$. C'est à dire que, pour le voisinage
métrique, il existe F tel que $\rho(F, \, N(\theta_1, \sigma_1^2)) \leqslant \varepsilon$ et $\rho(F, \, N(\theta_2, \sigma_2^2)) \leqslant \varepsilon$
avec $\theta_1 \neq \theta_2$.

Le risque asymptotique (pour la perte quadratique) d'un estimateur
est alors typiquement dominé par le biais carré qui est $O(1)$ tandis que
la variance est $O(\frac{1}{n})$. Cette observation mène à l'optimalité asymptotique
de la médiane des observations (Huber (1977) p.29). Ce n'est pas très
satisfaisant puisque la médiane est loin de l'optimalité quand le modèle
gaussien est correct.

Un autre point de vue, dû aussi à Huber (1964), est de considérer
seulement les lois dans $\mathcal{F}$ qui sont symétriques autour de θ et de trouver
des estimateurs qui réduisent au minimum le maximum (sur $\mathcal{F}$) de la
variance asymptotique (normalisée). Cette théorie (voir Astérisque
(1976) Ch. X par exemple) qui a réussi à établir des concurrents
intéressants à $\bar{X}$ n'est pas non plus tout à fait satisfaisante.

(i) Il n'y a aucune raison de supposer que la déviation de la loi gaussienne est symétrique.

(ii) Si on considère les lois symétriques autour de θ on peut construire (Beran (1974), Stone (1975)) des estimateurs adaptatifs qui atteignent (asymptotiquement) le minimum possible de la variance (normalisée) pour chaque modèle paramétrique $\{F_o(. - \theta)\}$ quelle que soit la loi F_o symétrique autour de 0. Ces estimateurs rendent les solutions de Huber asymptotiquement inadmissibles dans le sens de la théorie de la décision statistique.

Un autre point de vue est de considérer les voisinages infinitésimaux. Ce sont seulement des modèles locaux pour lesquels on étudie la théorie asymptotique en faisant $\varepsilon = 0(n^{-1/2})$ quand $n \to \infty$. De tels modèles ont été étudiés par Jaeckel (1971) (Contamination infinitésimale), Beran (1977) (Voisinages de Hellinger), Huber-Carol (1970), et Rieder (1978) (Voisinages de variation totale), voir aussi Huber (1968). On peut justifier ce point de vue de la façon suivante : On considère le modèle gaussien puisque les observations sont 'à peu près gaussiennes", c'est à dire qu'un test classique disons celui de Kolmogorov-Smirnov ne contredit pas l'hypothèse du type gaussien. Mais ça a lieu précisément si la distance de Kolmogorov entre la vraie loi F et le modèle gaussien est d'ordre pas plus grand que $n^{-1/2}$. Cela suggère qu'on étudie le problème de réduire au minimum le risque maximum sur des voisinages de Kolmogorov infinitésimaux ou des voisinages analogues.

On verra que pour les "bons" estimateurs le maximum du biais et de l'écart (normalisés) sur de tels voisinages sont tous les deux du même ordre ($n^{-1/2}$) que le maximum de l'écart (normalisé) sur le modèle gaussien. La conjonction de ces deux remarques (qu'on ne peut pas distinguer des déviations du modèle à distance d'ordre moindre que $n^{-1/2}$ et que le maximum du risque sur de tels voisinages est du même ordre que le maximum sur le modèle de base) suggère que c'est une bonne théorie asymptotique.

Nous finissons en illustrant l'effet important de déviations petites de la loi gaussienne sur le risque de $\bar{X}$.

Nous considérons $\bar{X}$ et la médiane M comme concurrents en estimant θ quand le type de F est la loi τ_k de Student avec k "degrés de liberté", $(\tau_\infty = N(0,1))$.

La table suivante donne le maximum (entre 9 tests de validité de l'ajustement de la puissance contre τ_k au niveau .10 pour l'hypothèse H : F = N(0,1). Tous les tests importants de validité de l'ajustement bien entendu celui de Kolmogorov-Smirnov, sont parmi les 9. La table vient de Shapiro-Wilk (1969).

k	n = 20	n = 50
2	.81	.92
4	.30	.60
10	.18	.28

Voici la table comparative des variances normalisées.

k	n Var $\bar{X}$	n Var M
2	∞	2.0
4	2	1.78
10	1.25	1.65
∞	1.00	1.57

M fait beaucoup mieux que $\bar{X}$ pour k = 2 une loi qui pour n = 20,50 n'est pas triviale à distinguer et mieux que $\bar{X}$ pour k = 4 qui est difficile à distinguer. M n'est pas satisfaisant à cause de sa grande

variance pour k = ∞ mais on connait beaucoup d'estimateurs (Andrews et.
al. (1970)) qui sont bien meilleurs que $\bar{X}$ sauf quand k est très grand et
presque aussi bons que $\bar{X}$ quand k = ∞.

2.   Théorie de la robustesse pour les voisinages infinitésimaux

Dans toute cette section nous supposons qu'on observe X_1, ..., X_n
variables aléatoires indépendantes à valeurs dans R^k, ayant une loi
commune, F. Nous emploierons la même lettre F pour la mesure sur R^k et
la fonction de répartition.

Le modèle paramétrique de base est $F \in \mathcal{F}_o$ où,
$$\mathcal{F}_o = \{ F_\theta : \theta \in \Theta \} , \Theta \subset R^p.$$

Nous écrivons P_F (resp. P_θ) pour la mesure produit sur l'espace
$(R^k)^\infty$ pour laquelle X_1, X_2, ... sont indépendantes de loi commune
F (resp. F_θ).

Etant donné une loi F nous définissons les voisinages suivants :

i) Voisinage contaminé ε
$$\mathcal{F}^c(\theta,\varepsilon) = \{ F : F = (1-\varepsilon)F_\theta + \varepsilon H, \text{ pour H quelconque } \}$$

ii) Voisinages métriques ε
$$\mathcal{F}^\rho(\theta,\varepsilon) = \{ F : \rho(F,F_\theta) \leq \varepsilon \}$$

où ρ est une distance sur l'espace des lois de probabilité sur R^k. Nous
considérons trois choix de ρ.

(a) Variation totale
$$V(F,G) = \sup \{ |F(A) - G(A)| : A \text{ borelien} \}$$
$$= \frac{1}{2} \int |f - g| \, d\mu$$
où
$$f = \frac{dF}{d\mu} , \quad g = \frac{dG}{d\mu} , \text{ pour } \mu >> F,G \text{ quelconques.}$$

(b) <u>Distance de Hellinger</u>

$$H(F,G) = \left(\int (\sqrt{f} - \sqrt{g})^2 d\mu \right)^{1/2}$$

où f,g sont comme ci-dessus.

(c) <u>Distance de Kolmogorov</u>

$$K(F,G) = \sup_x |F(x) - G(x)| \ .$$

Pour les voisinages infinitésimaux nous mettrons $\varepsilon = tn^{-1/2}$ où t est fixe et nous écrirons $\mathcal{F}_t^c(\theta)$ (ou $\mathcal{F}_t^c$) pour $\mathcal{F}^c(\theta, tn^{-1/2})$, etc.

<u>NOTES</u> : (1) Les voisinages de contamination et variationnels ont une interprétation intéressante. Par exemple, $F \in \mathcal{F}_t^V$ si et seulement si on peut construire un vecteur aléatoire (Y,X) tel que $Y \sim F_\theta$ ("Y est la valeur correcte inobservable"), $X \sim F$ ("X est la valeur observable"), et $P\left[X \neq Y\right] \leqslant \varepsilon$. Cela résulte d'un théorème de Strassen (1965).

(2) Il est facile de démontrer que,

$$\mathcal{F}_{t_1}^c \subset \mathcal{F}_{t_2}^V \subset \mathcal{F}_{t_3}^K$$

$$\mathcal{F}_{t_1}^H \subset \mathcal{F}_{t_2}^V$$

si et seulement si $t_1 \leqslant t_2 \leqslant t_3$.

Nous supposerons nos modèles paramétriques de base réguliers dans le sens suivant,

P1 : La fonction $\theta \to F_\theta$ est injective (<u>Hypothèse d'identifiabilité</u>)

P2 : Θ est ouvert

P3 : Toutes les mesures F_θ sont équivalentes l'une à l'autre. Pour une mesure μ équivalente nous écrivons, $f_\theta = \dfrac{dF_\theta}{d\mu}$.

P4 : La fonction $\theta \to f_\theta(x)$ est absolument continue Lebesgue p.p.μ. Nous écrivons,

$$\dot{f}_\theta = (\frac{\partial f_\theta}{\partial \theta_1} , \ \ldots, \ \frac{\partial f_\theta}{\partial \theta_p})$$

où $\qquad \theta = (\theta_1, \ldots, \theta_p)$,

$$\ell_\theta = \log f_\theta$$
$$\dot{\ell}_\theta = \frac{\dot{f}_\theta}{f_\theta}$$

le logarithme de la vraisemblance et sa dérivée.

P5 : a) $E_\theta \dot{\ell}_\theta(X_1) = 0$

b) La matrice $I(\theta)$, l'information de Fisher, donnée par

$$I(\theta) = E_\theta \dot{\ell}_\theta^T(X_1) \dot{\ell}_\theta(X_1)$$

existe et est non singulière pour chaque θ.

P6 : Ecrivons, pour $\delta_n = n^{-1/2}$, $h \in R^p$

$$\sum_{i=1}^n \left[\ell_{\theta + h\delta_n}(X_i) - \ell_\theta(X_i) \right]$$

$$= h\delta_n \left[\sum_{i=1}^n \dot{\ell}_\theta(X_i) \right]^T - \frac{1}{2} h I(\theta) h^T + Z_n(h,\theta).$$

Nous supposons que, pour tout $h \in R^p$, $\theta \in \Theta$, $Z_n(h,\theta) \xrightarrow{P_\theta} 0$.

Ce sont des hypothèses qui remontent à LeCam sous des formes encore plus faibles (voir par exemple LeCam (1969), Hàjek (1972)). LeCam (1966) démontre que si le processus aléatoire $S(t) = \left(\frac{f_t}{f_\theta} \right)^{1/2} (X_1)$ est différentiable en (P_θ) moyenne quadratique en θ avec dérivée $\frac{1}{2} \dot{\ell}_\theta(X_1)$ et $I(\theta)$ est non singulière alors les hypothèses P5 et P6 sont satisfaites. Il est facile de voir que cette hypothèse est beaucoup plus faible que les hypothèses de Cramer (Cramer (1946) ch.33) employées d'habitude dans la théorie asymptotique.

On trouvera les propriétés des modèles réguliers dans LeCam (1966, 1969) et (un traitement plus facile) dans Hàjek (1971, 1972). Nous les préciserons et employerons sans preuve dans la suite. Nous supposerons que tous les modèles qui nous concernent sont réguliers et supprimerons cette hypothèse dans la suite.

Les estimateurs :

Nous considérons le problème d'estimation de θ quand $p = 1$. Les problèmes d'estimation de paramètres vectoriels seront discutés brièvement plus tard.

Puisque nous nous intéressons à des propriétés asymptotiques, pour nous un estimateur T sera une suite $\{T_n\}$ $n \geqslant 1$ où T_n est une fonction réelle (mesurable) de $(X_1, \ldots, X_n)$. Nous étudierons l'optimalité dans la classe τ de tous les estimateurs mais la plupart de nos résultats seront obtenus pour une classe plus petite τ_L d'estimateurs que nous appellerons CULAN (Consistent linear uniformly asymptotically normal). C'est une classe un peu plus spéciale que la classe CUAN de Rao. Voici la définition.

Définition : T est CULAN s'il y a une fonction (mesurable en x),
$T' : \Theta x R^k \to R$ telle que pour tout θ

(i) $E_\theta \left[T'(\theta, X_1) \right]^2 < \infty$

(ii) $E_\theta T'(\theta, X_1) = 0$

et si on écrit

(1) $\quad T_n = \theta + n^{-1} \sum_{i=1}^{n} T'(\theta, X_i) + R_n(\theta)$

alors pour tout K compact $\subset \Theta$, uniformément pour $\theta \in K$

(iii) $P_\theta \left[|n^{1/2} R_n(\theta)| \geqslant \varepsilon \right] \to 0$

pour tout $\varepsilon > 0$ et

(iv) $\mathcal{L}_\theta (n^{-1/2} \sum_{i=1}^{n} T'(\theta, X_i)) \to N(0, E_\theta \left[T'(\theta, X_1) \right]^2)$

NOTES : (1) Voir aussi Beran (1977), Rieder (1978).

(2) Si T est CULAN, $\mathcal{L}_\theta (n^{1/2}(T_n - \theta)) \to N(0, E_\theta \left[T'(\theta, X_1) \right]^2)$

uniformément pour $\theta \in K$, c'est à dire T est CUAN au sens de Rao.

Ce type d'approximation linéaire est d'habitude valable pour les estimateurs asymptotiquement gaussiens intéressants pas seulement pour $F \in \mathcal{F}_o$. C'est à dire qu'il y a une famille $\mathcal{F} \supset \mathcal{F}_o$ assez grande telle que

$$(2) \quad T_n = T(F) + \frac{1}{n} \sum_{i=1}^{n} T'(F,X_i) + op_F(n^{-1/2})$$

où $T(F) : \mathcal{F} \to R$, $T' : \mathcal{F} \times R^k \to R$

$E_F[T'(F,X_1)]^2 < \infty$, $E_F T'(F,X_1) = 0$.

NOTES : (1) La constante $T(F)$ et la fonction $T'(F,.)$ sont définies
uniquement (p.p.F) par (2).

(2) Pour T CULAN on a par définition

$T(F_\theta) = \theta$, $T'(F_\theta,X) = T'(\theta,X)$.

(3) Si T satisfait (2), $\mathcal{L}(n^{1/2}(T_n - T(F))) \to N(0, E_F(T'(F,X_1))^2)$.

Nous indiquerons maintenant d'une façon non rigoureuse d'où sort
cette classe d'estimateurs.

Le cas le plus important où on s'attend à (2) est celui développé
par von Mises (1947). Nous suivons la thèse de Reeds (1976) brièvement.
On se donne une fonctionnelle T sur un domaine $\mathcal{D}$ de mesure réelles
(finies) sur R^k telle que les hypothèses suivantes soient satisfaites :

(i) $\mathcal{D} \supset$ les probabilités à support fini.

(ii) Définissons $T_n = T(\hat{F}_n)$ où $\hat{F}_n$ est la loi empirique de
l'échantillon $X_1, \ldots, X_n$. On suppose T_n mesurable.

(iii) Pour $F \in \mathcal{F}$, un ensemble de probabilités $\subset \mathcal{D}$, si $\nu + F \in \mathcal{D}$
et $\varepsilon > 0$ est assez petit, $F + \varepsilon \nu \in \mathcal{D}$.

(iv) $T(F + \varepsilon\nu) = T(F) + \varepsilon\dot{T}(F,\nu) + o(\varepsilon)$ quand $\varepsilon \to 0$ pour $\nu + F \in \mathcal{D}$
$F \in \mathcal{F}$.

La fonctionnelle $\dot{T}(F,\nu) = \frac{\partial}{\partial\varepsilon} T(F + \varepsilon\nu)|_{\varepsilon=0}$ est définie par (iv).

C'est la dérivée de Gâteaux dans la direction ν.

(v) $\dot{T}(F,\nu) = \int_{R^k} \dot{T}(F,x) \, d\nu(x)$ pour une fonction $\dot{T}(F,.)$ intégrable
(ν) pour tout $\nu + F \in \mathcal{D}$, $F \in \mathcal{F}$. On s'attend à (v) si $\mathcal{D}$ = {toutes
les mesures réelles finies} et $\dot{T}(F,.)$ est une fonctionnelle linéaire
continue.

Posons

$$(3) \quad T'(F,x) = T(F,x) - \int \dot{T}(F,x)dF = \dot{T}(F,\delta_x - F).$$ $T'(F,.)$ est la
courbe d'influence de Hampel. L'interprétation statistique de cette
fonction est bien développée dans Astérisque, Ch.XIV. Si maintenant on
prend $\varepsilon = \sqrt{\frac{1}{n}}$, $\nu = \sqrt{n} \, (\hat{F}_n - F)$ en (iv) et on applique (v) on trouve
formellement qu'on obtient (2). Naturellement, puisque ν dépend de n on
a besoin d'hypothèses supplémentaires d'uniformité en ν dans
l'approximation (iv) pour la validité de (2). Reeds (1976) ajoute de
telles hypothèses et vérifie l'approximabilité dans le sens (2) de
plusieurs types de statistiques de cette façon.

Etant donné un estimateur T_n qui est exprimable comme $T(\hat{F}_n)$, il est
facile de faire les calculs en (iv) et (v) qui mènent à (3), au moins
d'une façon formelle. D'habitude il est alors plus facile de vérifier
(2) d'une façon directe pour un domaine $\mathcal{D}$ approprié que de suivre la
méthode de Reeds. Nous précisons ce point de vue avec un exemple
classique.

Exemple 1 : La médiane

Soit $\mathcal{F}$ l'ensemble de toutes les lois de probabilité F sur R telles
que

(i)   L'équation $F(t) = \frac{1}{2}$ ait une solution unique que nous appelons
m(F) et

(ii)   F est différentiable en m(F) avec dérivée f(m(F)) > 0.

Soit   toutes les mesures réelles (finies) et
$$m(\nu) = \inf \{x : \nu[-\infty,x] \geqslant \frac{1}{2} \}$$
où m(ν) = $-\infty$ est admis. Alors $M \overset{def}{=} m(\hat{F}_n)$ est la médiane la plus petite
de l'échantillon $X_1, \ldots, X_n$.

Formellement, en différentiant l'équation (à peu près correcte!)
en $\varepsilon = 0$
$$(F + \varepsilon\nu) (m(F + \varepsilon\nu)) = \frac{1}{2}$$

on obtient aisément, en notant dorénavant $m(F) = m$:

$$\dot{m}(F, \nu) = -\frac{\nu(m)}{f(m)} = \int_{-\infty}^{\infty} -1_{(-\infty,m]}(x)d\nu \quad , \quad \frac{1}{f(m)}$$

d'où

$$m'(F,x) = -f^{-1}(m)(1_{(-\infty,m)}(x) - \frac{1}{2}) = \frac{\operatorname{sgn}(x-m)}{2f(m)}$$

Après ces calculs formels, nous vérifions maintenant précisément que M satisfait (2) pour $F \in \mathcal{F}$ et la courbe d'influence m' ci-dessus. Ecrivons P pour P_F. Alors, $M \xrightarrow{P} m$ d'après le théorème de Glivenko-Cantelli puisque F est continue et strictement croissante en m. Ecrivons

$$n^{1/2}(M-m) = (\frac{F(M)-1/2}{M-m})^{-1} \{-n^{1/2}(\hat{F}_n(M)-F(M)) + n^{1/2}(\hat{F}_n(M)) - 1/2)\}$$

De $|\hat{F}_n(M) - \frac{1}{2}| \leqslant n^{-1}$, la différentiabilité de F et comme $M \xrightarrow{P} m$ on déduit

(4) $\quad n^{1/2}(M-m) = (F^{-1}(m) + o_p(1)) \{-n^{1/2}(\hat{F}_n(M)-F(M)) + o_p(1)\}$

Soit,

$$Z_n(\cdot) = n^{1/2}(\hat{F}_n(\cdot) - F(\cdot))$$

le processus empirique normalisé pour un échantillon de F.

Il résulte de la convergence faible du processus empirique pour un échantillon de la distribution uniforme sur $(0,1)$ vers le pont Brownien, (Billingsley (1968) Th.13.1) que, pour tout point x_o de continuité de F, $Z_n(x_o + \varepsilon_n) = Z_n(x_o + o_p(1)$ si $\varepsilon_n = o_p(1)$.

En prenant $x_o = m$ et $\varepsilon_n = m-M$ et substituant en (4) nous obtenons

$$n^{1/2}(M-m) = -(f^{-1}(m) + o_p(1))(Z_n(m) + o_p(1))$$

ce qu'on a voulu démontrer. □

Nous nous intéressons pour des raisons qui deviendront claires bientôt à la classe de toutes les fonctions $\psi : R^k \times \textcircled{H} \to R$ telles que $\psi(\cdot,\theta) \in L_2(F_\theta)$ et

$$\int \psi(\cdot,\theta) F_\theta \, d\mu = 0 \quad , \quad \int \psi(\cdot,\theta) \dot{\ell}_\theta F_\theta \, d\mu = 1.$$

Nous donnons maintenant une construction qui fait correspondre formellement à chaque telle fonction ψ un estimateur $T(\hat{F}_n)$ tel que $T(F_\theta) = \theta$, $\forall \theta$ et de courbe d'influence $T'(F_\theta, .) = \psi(., \theta)$.

Exemple 2 : Les estimateurs (M) généralisés

Nous suivons Hampel (1968). Pour une fonction $\psi: R^k \times \theta \to R$, mesure η, nous définissons si c'est possible

$$\lambda(t, \eta) = \int \psi(x, t) d\eta(x)$$

Supposons que

(5) $\lambda(t, F_\theta) = 0 \Longleftrightarrow t = \theta$

et que $T(\eta)$ est une solution de

(6) $\lambda(t, \eta) = 0$

pour tout $\eta \in \mathcal{D}$ un domaine comme en (i). Nous dirons que $T(\hat{F}_n)$ est un estimateur de type (M) pour θ. Notons qu'en vue de (5),

$$T(F_\theta) = \theta$$

Si nous prétendons que $T(F + \varepsilon\nu)$ est la solution unique de (6) pour $\eta = F + \varepsilon\nu, \varepsilon$ assez petit, et que ψ satisfait des hypothèses convenables, nous pouvons appliquer le théorème des fonctions implicites et obtenir,

$$\dot{T}(F, \nu) = \frac{\partial T(F + \varepsilon\nu)}{\partial \varepsilon}\bigg|_{\varepsilon=0} = \frac{\lambda(T(F), \nu)}{-\int \dot{\psi}(x, T(F)) dF(x)}$$

où $\dot{\psi} = \frac{\partial \psi}{\partial \theta}$. Alors

$$T'(F, x) = \frac{\psi(x, T(F))}{-\int \dot{\psi}(x, T(F)) dF(x)}$$

puisque $\lambda(T(F), F) = 0$.

Notons aussi que puisque, pour tout θ,

$$0 = \lambda(\theta, F_\theta) = \int \psi(x, \theta) f_\theta(x) d\mu(x)$$

on s'attend à ce que

$$0 = \int \dot{\psi}(x, \theta) f_\theta(x) d\mu(x) + \int \psi(x, \theta) \dot{f}_\theta(x) d\mu(x).$$

Dans ce cas,

(7) $T'(F_\theta, x) = \psi(x,\theta) \, / \int \psi(x,\theta) \dot{\ell}_\theta(x) f_\theta(x) d\mu(x).$

L'exemple classique est $\psi(.,\theta) = \dot{\ell}_\theta \, I^{-1}(\theta)$ qui correspond au maximum de vraisemblance. Si $F_\theta(x) = \varphi(x-\theta)$, la médiane correspond à $\sqrt{\dfrac{2}{\pi}} \, \mathrm{sgn}(x-\theta)$ comme dans l'exemple 1.

Nous donnerons plus tard un théorème établissant que (sans des hypothèses supplémentaires) les estimateurs (M) se comportent de la façon décrite.

Optimalité pour les modèles réguliers (p = 1)

Le maximum de vraisemblance est (plus ou moins) optimal dans les modèles réguliers. On exprime cela pour la classe τ_L grâce au

Théorème A : Si $T \in \tau_L$, $E_\theta \big[T'(\theta, X_1) \big]^2 \geqslant I^{-1}(\theta)$

avec égalité $\iff T'(\theta, .) = I^{-1}(\theta) \dot{\ell}_\theta$ p.p. P_θ.

Ce théorème résulte du théorème B et du théorème 1 ci-dessus. Pour la classe τ on a un théorème de Hàjek (1972).

Soit $L : R \to R^+$

tel que,

(8) $L(x) = L(-x)$, $L\uparrow$ sur R^+.

Définissons,

$L_a = L\wedge a.$

Dans toute la suite, les résultats qui correspondent au risque quadratique, $L(x) = x^2$, sont indiqués entre crochets, par exemple, dans le théorème B ci-dessous, le minorant pour le risque quadratique (noté R.Q.) est $I^{-1}(\theta)$.

Théorème B : Si $T \in \tau$,

$\sup_{a>0} \sup_M \overline{\lim}_n \sup \{ E_{\theta+h\delta_n} L_a(\delta_n^{-1} |T_n - \theta - h\delta_n|) \; : \; |h| \leqslant M \} \geqslant EL(ZI^{-1/2}(\theta))$

$$\big[R.Q. : I^{-1}(\theta) \big]$$

où

$$\delta_n = n^{-1/2}, \quad Z \sim N(0,1). \quad \text{L'égalité a lieu}$$

$$\Longleftrightarrow \quad T_n = \theta + I^{-1}(\theta) \, n^{-1} \sum_{i=1}^{n} \dot{\ell}_\theta(X_i) + o_{P_\theta}(\delta_n).$$

Pour la classe τ_L le théorème A nous donne une forme plus simple du théorème B.

<u>Théorème B'</u> : Si $T \in \tau_L$,

$$\sup_a \overline{\lim}_n E_\theta L_a(\delta_n^{-1}(T_n - \theta)) \geqslant EL(ZI^{-1/2}(\theta)). \qquad [\text{R.Q.} : I^{-1}(\theta)]$$

<u>NOTE</u> : L'énoncé plus compliqué du théorème B est dû au phénomène de la sur efficacité qui peut arriver si les lois des estimateurs $\{T_n\}$ ne se comportent pas d'une façon assez uniforme en θ.

<u>Bornes inférieures pour le risque maximal sur les voisinages infinitésimaux.</u>

Nous voulons étudier le fonctionnement des estimateurs CULAN dans les voisinages infinitésimaux de leur modèle en donnant des bornes inférieures pour le risque maximal comme celui du théorème B'.

Soit,

$$\Psi(\theta) = \{\psi \in L_2(F_\theta) : \int \psi f_\theta = 0, \quad \int \psi \dot{\ell}_\theta f_\theta = 1\} \,.$$

Les fonctions $\psi(.,\theta) \in \Psi(\theta) \quad \forall \theta$ sont précisément celles qui peuvent être les courbes d'influence d'estimateurs (M).

$$\mathcal{H}_H^{(\theta)} = \{h \in L_\infty(F_\theta) : \int h f_\theta = 0, \quad \int h^2 f_\theta < 4t^2 \}$$

$$\mathcal{H}_c^{(\theta)} = \{h \in L_\infty(F_\theta) : \int h f_\theta = 0, \quad \text{ess inf } h > -t \}$$

$$\mathcal{H}_V^{(\theta)} = \{h \in L_\infty(F_\theta) : \int h f_\theta = 0, \quad \int |h| f_\theta < 2t \}$$

$$\mathcal{H}_K = \{h \in L_\infty(F_\theta) : \sup_X | \int_{-\infty}^{X} h(y) f_\theta(y) d\mu(y) | < t \} : \quad (k = 1)$$

Bien que tous ces ensembles dépendent de θ nous supprimerons la dépendance dans ce qui suit.

Pour $\psi \in L_2(F_\theta)$, $h \in L_\infty(F_\theta)$ soit ,

$$\sigma^2(\psi) = \int \psi^2 f_\theta, \quad b(\psi,h) = \int \psi h f_\theta$$

$$b_i(\psi) = \sup\{ |b(\psi,h)| \; : \; h \in \mathcal{H}_i\}$$

Si $\psi = T'(\theta,.)$ nous écrivons tout court, $\sigma^2(T')$ pour $\sigma^2(T'(\theta,.))$.

Soit

$$R_i(\theta,T) = \sup_a \overline{\lim_n} \sup \; \{E_F L_a(\delta_n^{-1}(T_n - \theta)) \; : \; F \in \mathcal{F}_t^i(\theta)\} \; .$$

Théorème 1 :   Si $T \in \tau_L$, L est comme en (8) pour i = H,c,V,K,

$$R_i(T,\theta) \geqslant E \; L(b_i(T') + \sigma(T')Z) \qquad \left[\, R.Q. \; : \; b_i^2(T') + \sigma^2(T') \, \right]$$

où $Z \sim N(0,1)$.

Lemme 1 :   Si $T \in \tau_L$, $\int T'(\theta,.)\dot{\ell}_\theta f_\theta = 1$.

Démonstration :   La régularité du modèle et $T \in \tau_L$ impliquent que

$$\mathcal{L}_\theta(\delta_n^{-1}(T_n-\theta), \; \sum_{i=1}^n \; [\ell_{\theta+s\delta_n}(X_i) - \ell_\theta(X_i)])$$

tend vers une loi gaussienne d'espérances 0, $\frac{s^2}{2} I(\theta)$, variances $\sigma^2(T')$, $s^2 I(\theta)$ et covariance $s\int T'(\theta,.)\dot{\ell}_\theta f_\theta$. Le troisième lemme de LeCam (Hàjek-Sidak (1968)) implique que,

$$\mathcal{L}_{\theta+s\delta_n} (\delta_n^{-1} (T_n - \theta)) \to N(s\int T'(\theta,.)\dot{\ell}_\theta f_\theta, \sigma^2(T'))$$

Mais la condition (iii) de CULAN implique que les seules lois limites de

$$\delta_n^{-1} (T_n - \theta) = \delta_n^{-1} (T_n - (\theta + s\delta_n)) + s$$

sous $P_{\theta+s\delta_n}$ sont des limites de $N(0,\sigma^2(T,F_{\theta+s\delta_n}))$. Le lemme en résulte. □

Nous introduisons une famille "dense" dans $\mathcal{F}_t^i(\theta)$. Pour $h \in L_\infty(F_\theta)$ nous définissons la probabilité G_n par $\frac{dG_n}{d\mu} = g_n$ donné par

$$g_n = f_\theta \exp\{ \delta_n h - c_n \}$$

où

$$c_n = \log \int f_\theta e^{\delta_n h} \; .$$

Lemme 2 :   Si $h \in \mathcal{H}_i$ alors $g_n \in \mathcal{F}_t^i(\theta)$ pour n assez grand.

<u>Démonstration</u> : Si $h \in L_\infty(F_\theta)$, $\int hf_\theta = 0$

$$\int f_\theta e^{\delta_n h} = \int f_\theta (1 + \delta_n h) + O(n^{-1})$$

$$= 1 + O(n^{-1}) \ .$$

Il s'ensuit que $c_n = O(n^{-1})$

Alors, en effet

$$g_n = f_\theta (1 + \delta_n h + r_n)$$

où $\sup_x |r_n(x)| = O(n^{-1})$

et la vérification du lemme est facile. Par exemple,

$$h \in \mathcal{H}_c \implies g_n - (1-t\delta_n)f = \delta_n \{(h+t) + r_n \delta_n^{-1}\} > 0$$

pour n assez grand $\implies g_n \in \mathcal{F}_t^c(\theta)$.

$$h \in \mathcal{H}_H \implies g_n^{1/2} - f_\theta^{1/2} = f_\theta^{1/2} (\tfrac{h}{2} \delta_n + \tilde{r}_n)$$

où $$\int \tilde{r}_n^2 f_\theta = O(n^{-2}) \implies \int (g^{1/2} - f_\theta^{1/2})^2 = \frac{\delta_n^2}{4} \int h^2 f_\theta + O(n^{-2}) \leqslant t^2 \delta_n^2$$

pour n assez grand. $\square$

<u>Démonstration du théorème</u> :

Par définition de G_n si $P_\theta^{(n)}$, $G^{(n)}$ sont les mesures produits sur $(R^k)^n$ correspondant à F_θ, G_n,

$$(9) \quad \log \frac{dG^{(n)}}{dP_\theta^{(n)}} = \delta_n^{-1} \sum_{i=1}^n h(X_i) - \frac{1}{2} \int h^2 f_\theta + O_{P_\theta}(1)$$

Alors, comme dans le lemme 1, $T \in \tau_L$ et (9) impliquent que $\mathcal{L}_\theta(\delta_n^{-1}(T_n - \theta)$, $\log (\frac{dG^{(n)}}{dP_\theta^{(n)}})$ tend vers une loi gaussienne d'espérance 0, $\frac{1}{2} \int h^2 f_\theta$, variances $\sigma^2(T')$, $\int h^2 f_\theta$ et covariance $\int T'(\theta,.)hf_\theta = b(T',h)$.

D'après le troisième lemme de LeCam,

$$(10) \quad \mathcal{L}_{G_n}(\delta_n^{-1}(T_n - \theta)) \rightarrow \mathcal{N}(b(T',h), \sigma^2(T')).$$

Le lemme 2, pour h $\in \mathcal{H}_i$, donne

(11) $\qquad \overline{\lim_n}$ sup $\{E_F \, L_a(\delta_n^{-1}(T_n - \theta)) : F \in \mathcal{F}_t^i(\theta)\}$

$\qquad\qquad \geqslant \overline{\lim_n} \; E_{G_n} \, L_a(\delta_n^{-1}(T_n - \theta)) = E \, L_a(b(T',h) + \sigma(T')Z)$

puisque L_a est bornée et continue p.p. Lebesgue.

Puisque $|a + \sigma Z|$ est stochastiquement plus petit que $|b + \sigma Z|$ si et seulement si $|a| \leqslant |b|$, pour tout $h \in \mathcal{H}_i$ la droite de (11) est majorée par $E \, L_a(b_i(T') + \sigma(T')Z)$. Le théorème en résulte. $\Box$

NOTE : $b_i(T')$ a l'interprétation naturelle de biais maximal de T sur $\mathcal{F}_t^i(\theta)$. Nous donnerons des conditions pour la validité de cette interprétation. La dérivée (en t) de $b_c(T')$ est essentiellement $\sup_x |T'(\theta,x)|$, la "gross error sensitivity" de Hampel (1968).

Théorème 2 : $\qquad$ Si $\psi \in \Psi$

(12) $\qquad b_H(\psi) = 2t \left[\int \psi^2 f_\theta \right]^{1/2}$

(13) $\qquad b_c(\psi) = t \text{ ess sup } |\psi|$

(14) $\qquad b_V(\psi) = t \left[\text{ess sup } \psi - \text{ess inf } \psi\right]$

Les ess sup, ess inf sont par rapport à μ.

Supposons que $f_\theta > 0$ et μ est la mesure de Lebesgue. Alors $b_K(\psi) < \infty \iff \exists$ une mesure réelle finie ν sur R et une constante c telles que

(15) $\qquad \psi(x) = \nu(-\infty, x) + c$ p.p. Lebesgue

et

(16) $\qquad b_K(\psi) = t \, ||\nu||$

$\qquad\qquad$ où

$\qquad\qquad ||\nu|| = \sup \{|\nu(B)| : B. \text{ Borel }\}$

Nous donnons une esquisse de la démonstration.

Pour (12) : Inégalité de Cauchy-Schwarz.

Pour (13) : $\left| \int \psi h f_\theta \right| = \left| \int \psi [h+t] f_\theta \right| \leqslant \text{ess sup } |\psi| \int (h+t) f_\theta = b_c(\psi)$

Pour (14) : $\int \psi h f_\theta = \int \psi h^+ - \int \psi h^-$

où $h^+ = h \vee 0$, $h^- = - [h \wedge 0]$

Puisque $\int h^+ f_\theta = \int h^- f_\theta = \frac{1}{2} \int |h| f_\theta \leqslant t$, (14) en résulte.

Pour (16) : Si ψ satisfait (16),

$$\int \psi h f_\theta = - \int H d\psi \quad \text{où} \quad H(x) = \int_{-\infty}^{x} h f_\theta .$$

et donc $b_K(\psi) = t||\nu||$. De l'autre côté si $b_K(\psi) < \infty$ on peut

approcher ψ par des fonctions de variation uniformément bornée.

On obtient (16) par le théorème de Alaoglu. □

NOTE : Les expressions (13), (14), sont implicites dans Hampel (1968).

Soit,

(17) $\qquad \mathcal{L}_i(\theta, t) = \inf \{ EL(b_i(\psi) + \sigma(\psi)Z) : \psi \in \Psi(\theta) \}$

Alors $\mathcal{L}_i$ est une borne inférieure du risque asymptotique de tout

$T \in \tau_L$ sur $\mathcal{F}_t^i(\theta)$. Le résultat suivant est essentiellement dû à

Beran (1977 b).

Théorème 3 :

(18) $\qquad \mathcal{L}_H(\theta, t) = EL(I^{-1/2}(\theta)(Z + 2t)).$

La borne $\mathcal{L}_H$ est atteinte dans $\Psi(\theta) \iff$

(19) $\qquad \psi(., \theta) = I^{-1}(\theta) \dot{\ell}_\theta,$

la courbe d'influence (formelle) du maximum de vraisemblance.

Démonstration : En vue de (12)

$$EL(\sigma(\psi)Z + b_H(\psi)) = EL (\sigma(\psi)|Z + 2t|).$$

Alors pour établir (18) on doit seulement montrer que

$\int \psi \dot{\ell}_\theta f_\theta = 1 \implies \int \psi^2 f_\theta \geqslant I^{-1}(\theta)$ avec égalité comme en (19). C'est

évident. □

NOTE : Le cas $t = 0$ nous donne le théorème B'. Il est aussi possible

de préciser $\mathcal{L}_c$, $\mathcal{L}_V$ et quelquefois $\mathcal{L}_K$.

Deux classes de courbes d'influence

Soit, $[y]_a^b = [y \wedge b] \vee a$ pour $a < b$

(20) $\psi(.,\beta,m_1,m_2,\theta) = [\dot{\ell}_\theta - \beta]_{m_1}^{m_2}$ pour $-\infty < m_1 < 0 < m_2 < \infty$

On peut montrer qu'il existe $\beta(m_1,m_2,\theta)$ tel que

(21) $\int \psi(.,\beta(m_1,m_2,\theta)m_1,m_2,\theta)\ f_\theta = 0$

Toutes les solutions β de (21) mènent à la même fonction ψ p.p.μ.

De plus

(22) $\alpha(\theta,m_1,m_2) = \int \psi(.,\beta(m_1,m_2,\theta),m_1,m_2,\theta)\dot{\ell}_\theta\ f_\theta > 0$

si $\dot{\ell}_\theta$ n'est pas constant.

Ecrivons

$\psi(x,m_1,m_2,\theta) = \psi(x,\beta(m_1,m_2,\theta)m_1,m_2,\theta)\ /\ \alpha(m_1,m_2,\theta)$

Alors $\psi(.,m_1,m_2,\theta) \in \Psi(\theta)$, $\forall\theta$, c'est à dire est (formellement) une courbe d'influence d'un estimateur (M).

Si on passe à la limite en $\psi(.,m_1,m_2,\theta)$ quand $m_1 \uparrow 0$, $m_2 \downarrow 0$ on obtient une autre famille de fonctions données par,

$\psi°(.,\rho,\theta) = [\alpha°(\rho,\theta)]^{-1}\{\frac{(1+\rho)}{2}\text{sgn}\ (\dot{\ell}_\theta - \beta°(\rho,\theta)) + \frac{(1-\rho)}{2}\}$

où

$P_\theta[\dot{\ell}_\theta > \beta°(\rho,\theta)] = \rho\ P_\theta[\dot{\ell}_\theta < \beta°(\rho,\theta)]$

$\alpha°(\rho,\theta) = \int(\dot{\ell}_\theta - \beta°(\rho,\theta))^+ f_\theta + \rho\int(\dot{\ell}_\theta - \beta°(\rho,\theta))^- f_\theta$

Si $\beta°$ existe, $\psi°$ dépend seulement de ρ et non de $\beta°$ et $\psi°(.,\rho,\theta) \in \Psi(\theta)$, $\forall\theta$.

Notons deux cas importants :

$m_1 = -\infty$, $m_2 = \infty$: $\psi = I^{-1}(\theta)\dot{\ell}_\theta$

$\rho = 1$: $\psi° = \text{sgn}\ (\dot{\ell}_\theta - \beta(\theta))\ /\int|\dot{\ell}_\theta - \beta(\theta)|\ f_\theta$

où

$P_\theta\ [\dot{\ell}_\theta > \beta(\theta)] = P_\theta[\dot{\ell}_\theta < \beta(\theta)]$

i.e., $\beta(\theta)$ est une médiane de $\dot{\ell}_\theta(X_1)$ si $P_\theta[\dot{\ell}_\theta(X_1) = \beta] = 0$.

C'est la courbe d'influence (formelle) de la médiane de l'échantillon si le modèle de base est $f_\theta(x) = \varphi(x-\theta)$. En général, c'est une valeur de θ pour laquelle la médiane de l'échantillon $\dot{\ell}_\theta(X_1), \ldots, \dot{\ell}_\theta(X_n)$ égale la médiane théorique de $\dot{\ell}_\theta(X_1)$ (sous F_θ).

L'importance des $\psi^\circ(.,m_1,m_2,\theta)$, $\psi(.,\rho,\theta)$ résulte du lemme suivant qui vient de Hampel (1968) (cf. aussi Rieder (1978, Th. 3.7).

__Lemme 3__ : Soit $\Psi_{\gamma_1,\gamma_2} = \{\psi \in L_2(F_\theta) : \gamma_1 = \text{ess inf } \psi \leqslant \text{ess sup } \psi = \gamma_2$,

$\quad -\infty < \gamma_1 \leqslant \gamma_2 < \infty$. Alors, ou

(i) $\quad \Psi \cap \Psi_{\gamma_1,\gamma_2} = \emptyset$

ou

(ii) $\exists\ m_i$ (resp.ρ) $i = 1,2$ tel que

$\quad \psi(.,m_1,m_2,\theta)$ (resp. $\psi^\circ(.,\rho,\theta)) \in \Psi \cap \Psi_{\gamma_1,\gamma_2}$

et en ce cas,

(iii) $\quad \psi(.,m_1,m_2,\theta)$ $(\psi^\circ(.,\rho,\theta))$ réduit au minimum

$$\int \psi^2 f_\theta \quad \text{pour} \quad \psi \in \Psi \cap \Psi_{\gamma_1,\gamma_2}$$

(iv) La fonction minimale en (iii) est unique (p.p. P_θ).

__Démonstration__ : (Esquisse)

Définissons $\varphi_i : \Psi_{\gamma_1,\gamma_2} \to R$ par

$$\varphi_0(\psi) = \int \psi^2 f_\theta$$

$$\varphi_1(\psi) = \int \psi f_\theta$$

$$\varphi_2(\psi) = \int \psi \dot{f}_\theta$$

Les fonctions φ_1, φ_2 sont linéaires et continues et φ_0 est convexe et s.c.i. sur Ψ_{γ_1,γ_2}, un ensemble convexe et compact pour la topologie faible. Puisque Ψ est fermé si $\Psi_{\gamma_1,\gamma_2} \neq \emptyset$, le minimum de φ_0 est atteint dans $\Psi \cap \Psi_{\gamma_1,\gamma_2}$. Il résulte du théorème 3, p. 82 (Neustadt (1976)) que

ψ_0 est la solution d'un problème de Lagrange, c'est à dire qu'il existe

$\lambda_0 \geqslant 0$, λ_1, λ_2 tels que

(23) $\qquad \sum\limits_{i=0}^{2} \lambda_i \, \varphi_i(\psi_0) = \min\{\; \sum\limits_{i=0}^{2} \lambda_i \, \varphi_i(\psi) : \psi \in \Psi_{\gamma_1,\gamma_2} \;\}.$

Ecrivant,

(24) $\qquad \sum\limits_{i=0}^{2} \lambda_i \, \varphi_i(\psi) = \int \left[\lambda_0 \psi^2 + (\lambda_1 + \lambda_2 \dot{\ell}_\theta)\psi \right] f_\theta$

il est facile de voir en minimisant l'intégrant en (24) que la fonction

$\psi_0 \in \Psi \cap \Psi_{\gamma_1,\gamma_2}$ est ou de type $\psi(.,m_1,m_2,\theta)$ ou $\psi^o(.,\rho,\theta)$ et (ii), (iii) en

résultent. L'unicité (iv) s'obtient en employant l'unicité de la solution du

problème de Lagrange (23) et le lemme 3, p.87 dans Lehmann (1959).

En effet la démonstration de ce lemme est tout à fait analogue à celle

du théorème 5, p.83 de Lehmann. □

<u>Théorème 4</u> : Si la fonction L est convexe et obéit à (8),

$\qquad \mathcal{L}_V(\theta,t) = \min \{EL(b_V(\psi) + \sigma(\psi)Z) : \psi = \psi(.,m_1,m_2,\theta)$

où $\qquad \psi = \psi^o(.,\rho,\theta), \; m_1 < 0 < m_2, \; \rho > 0\}$

$\qquad \mathcal{L}_c(\theta,t) = \min \{EL(b_c(\psi) + \sigma(\psi)Z) : \psi = \psi(., -m_1,m_1,\theta)$

où $\qquad \psi = \psi^o(.,1,\theta), \; m_1 \geqslant 0\}.$

<u>Démonstration</u> : Puisque $L \geqslant 0$ est continue il est facile de démontrer

que $\qquad \mathcal{L}_V(\theta,t) = \min \{EL(t(\gamma_2 - \gamma_1) + \sigma(\psi)Z) : \psi \in \Psi \cap \Psi_{\gamma_1,\gamma_2}, \gamma_1 < 0 < \gamma_2\}$

Si L est convexe la fonction $\sigma \to EL(\mu + \sigma Z)$ est croissante pour

tout μ. Le théorème suit pour $\mathcal{L}_V$ en résulte, et le traitement de $\mathcal{L}_c$ est

analogue. □

<u>NOTE</u> :

1) D'après le théorème il existe une fonction optimale $\psi_V(.,\theta)$ de forme

$\psi(.,m_1,(\theta),m_2(\theta),\theta)$ ou $\psi^o(.,\rho(\theta),\theta)$, telle que

$\qquad EL(b_V(\psi_V(.,\theta)) + \sigma(\psi_V(.,\theta))Z) = \mathcal{L}_V(\theta,t)$

pour tout $\theta \in \Theta$. On peut définir une fonction optimale ψ_c de la même

façon et nous avons déjà vu que la fonction optimale correspondant à H

$$\psi_H(\cdot, \theta) = \dot{\ell}_\theta I^{-1}(\theta).$$

2) Si $\dot{\ell}_\theta(x)$ est monotone en x pour tout θ, ψ_V est aussi optimale pour

K et

$$\mathcal{L}_K(\theta, t) = \mathcal{L}_V(\theta, t) \text{ pour tout } \theta.$$

Cela vient de ce que, dans ce cas, $b_K(\psi_V(\cdot, \theta)) = b_V(\psi_V(\cdot, \theta))$ et on a toujours

$$\mathcal{L}_K \geqslant \mathcal{L}_V.$$

Construction d'estimateurs (M) optimaux pour V,c.

Supposons que $\mathcal{F}_o$ satisfait les hypothèses P1 et P2 et aussi

l'hypothèse (qui vient de P3 - 4) que la fonction $\theta \to F_\theta$ est continue

pour la topologie induite par K sur $\mathcal{F}_o$. En ce cas, LeCam (voir par

exemple (1968) p. 103) a montré comment on peut construire des estimateurs

consistants de θ. Wong (1979) remarque que la même construction donne

quelque chose de plus,

Lemme L-W :   Sous les hypothèses ci-dessus il existe $\{\tilde{T}_n\}_{n \geqslant 1}$ tel que,

$$\tilde{T}_n - \theta = o_{P_F}(1)$$

uniformément pour $F \in \quad {}_t^K(\theta)$, $\theta \in C$ compact.

Nous donnons la démonstration dans l'appendice à la fin de cette

section.

Nous devons renforcer la condition P5 a) de la façon suivante,

P5' a) : f_θ est différentiable dans $L_1(u)$, de dérivée $\dot{f}_\theta$.

Etant donné une fonction $\psi : R^k \times \Theta \to R$ telle que,

A1 : $\psi(\cdot, \theta) \in \Psi(\theta)$, $\forall \theta$,

nous définissons l'estimateur (M) correspondant à ψ ; $T = \{T_n\}$ par

$T_n = $ la racine la plus proche de $\tilde{T}_n$ de l'équation

$$\sum_{i=1}^{n} \psi(X_i, \theta) = 0$$

s'il y a une racine,

$$T_n = \tilde{T}_n \text{ autrement.}$$

Soit, pour ψ tel que ci-dessus

$$\lambda(s,F) = E_F \psi(X_1, s)$$

Théorème 5 : Supposons que le modèle est régulier, satisfait P5' a) et que ψ satisfait A1 et,

A2 : $\sup_x |\psi(x,\theta)| \leqslant C_1(\theta)$

et

A3 : $\sup_x |\psi(x,\theta+h_1) - \psi(x,\theta+h_2)| \leqslant C_2(\theta) |h_2 - h_1|$

pour tout $|h_1|$, $|h_2| \leqslant \varepsilon$ où $\varepsilon > 0$ est fixe et $|c_1(\theta)|$, $|c_2(\theta)|$ sont bornées pour $\theta \in C$ compact.

Alors si T correspond à ψ

$$\mathscr{L}_F(\delta_n^{-1}(T_n - \theta - \lambda(\theta,F))) \text{ tend vers } \mathscr{N}(0, \sigma^2(\psi(.,\theta)))$$

uniformément pour $F \in \mathscr{F}_t^V(\theta)$, $\theta \in C$ compact.

Esquisse de démonstration : La démonstration se fait comme dans Huber (1967) et LeCam (1969). Un lemme analogue est paru dans Rieder (1978).

1) $h^{-1}(\lambda(s,F_\theta) - \lambda(0,F_\theta)) = -\int \psi(.,\theta) [f_{\theta+h} - f_\theta] h^{-1}$
    $$- \int (\psi(.,\theta+h) - \psi(.,\theta))(f_{\theta+h} - f_\theta) h^{-1}.$$

De P5' a), A2 et A3 on déduit que λ est différentiable en $s = 0$ et que

$$\frac{\partial}{\partial s} \lambda(s,F_\theta)\Big|_{s=0} = -\int \psi(.,\theta) \dot{\ell}_\theta F_\theta = -1$$

d'après A1.

2) Puisque $\lambda(\theta, F_\theta) = 0$, on peut employer la loi des grands nombres et 1) pour constater que $T_n \xrightarrow{P_F} \theta$ et $P_F[T_n = \tilde{T}_n] \to 0$ uniformément en F comme ci-dessus.

3) $Z_n(s) = n^{-1/2} \sum_{i=1}^n (\psi(X_i, s) - \lambda(s,F))$

Alors

$$\sup\{|Z_n(s) - Z_n(\theta)| : |s - \theta| < \varepsilon_n\} \xrightarrow{P_{F_\theta}} 0$$

En effet :

$$E_F\left[(Z_n(s) - Z_n(\theta))^2\right] \leqslant \text{Var}_F\left[\psi(X_1,s) - \psi(X_1,\theta)\right]$$

$$\leqslant \sup_x\left(\left[\psi(x,s) - \psi(x,\theta)\right]^2\right)$$

$$\leqslant C(\theta)\ (\theta - s)^2\ \text{d'après (A3).}$$

Si $s_n \to \theta$, $Z_n(s_n) - Z_n(\theta) \xrightarrow{P_F} 0$.

Mais on veut remplacer s_n par un argument stochastique . L'inégalité de Billingsley - Kolmogorov - Chensov entraîne que, puisque $E_F\left[(Z_n(s_2) - Z_n(s_1))^2\right] \leqslant C(\theta)\ (s_2 - s_1)^2$, la convergence en probabilité a lieu aussi pour le sup :

$$\{\sup\ |Z_n(s) - Z_n(\theta)|,\ |s-\theta| < \epsilon_n\} \xrightarrow{P_F} 0$$

4) $$\sum_{i=1}^n \psi(X_i, T_n) = 0$$

$$\sqrt{n}\ \lambda(T_n, F) = -\ Z_n(T_n) = -\ Z_n(\theta) + (Z_n(\theta) - Z_n(T_n))$$

or $$Z_n(\theta) \xrightarrow{F} N(0, \sigma_\psi^2)$$

et $$Z_n(\theta) - Z_n(T_n) = o_{P_F}(1)\ \text{d'après 2) et 3).}$$

Finalement ;

$$\sqrt{n}\ \lambda(T_n, F) = \sqrt{n}(\lambda(T_n, \theta) + \lambda(\theta, F)) + \int \left[\psi(.,T_n) - \psi(.,\theta)\right]\ d(\sqrt{n}(F - F_\theta))$$

Le second terme tend vers 0 en P_F probabilité car $F \in \mathcal{F}_t^V$, et à cause de A3 et 2) la démonstration est complète. $\square$

NOTE : Si on remplace les $\sup_x$ en A2 et A3 par la norme variationnelle des fonctions traitées comme mesures finies sur R, la conclusion du théorème reste valable uniformément pour $F \in \mathcal{F}_t^K(\theta)$, $\theta \in C$ compact.

COROLLAIRE : Si T correspond à ψ satisfaisant A1 - A3, alors

$$T \in \tau_L\ \text{et}\ R_i(\theta, T) = EL(b_i(\psi(.,\theta)) + \sigma(\psi(.,\theta))Z),\ \text{pour}\ i = V, c.$$

Démonstration : En vue du théorème 5, nous devons seulement démontrer que

$$(25) \qquad \sup \{ \delta_n^{-1} | \lambda(\theta,F) | : F \in \mathcal{F}_t^i (\theta) \} \leqslant b_i (\psi)$$

c'est à dire que le biais maximal de T est vraiment $b_i(\psi)$.

Mais,

$$(26) \qquad \delta_n^{-1} \lambda(\theta,F) = \int \psi(.,\theta) \, d\delta_n^{-1} (F-F_\theta)$$

$$= \int \psi(.,\theta) \, h_n d\nu$$

où $\nu >> F, F_\theta$ et $h_n = \dfrac{d}{d\nu} \delta_n^{-1} (F-F_\theta)$. L'inégalité (25) en découle comme dans le théorème 2. □

Il résulte du théorème 5 que, si ψ_V (resp. ψ_c, ψ_H) satisfait A2 et A3, pour l'estimateur T correspondant à ψ_V, $R(\theta,T) = \mathcal{L}_V(\theta,t)$ pour tout θ et est optimal dans la classe τ_L.

Exemple : La loi gaussienne

a) Estimation de la moyenne ; écart connu

$$f_\theta(x) = \frac{1}{\sigma} \varphi \left(\frac{x-\theta}{\sigma} \right), \ \sigma \text{ fixe.}$$

$$\dot{\ell}_\theta(x) = \sigma^{-2}(x-\theta)$$

Il résulte des propriétés de la loi gaussienne que

$$\psi(x,-m,m,\theta) = \sigma h \left(\frac{x-\theta}{\sigma} , m \right) / \alpha(m)$$

où

$h(x,m)$ est la fonction d'Huber définie par,

$$h(x,m) = x, \ |x| \leqslant m$$

$$= m \ \mathrm{sgn} \ x, \ |x| > m.$$

$$\alpha(m) \quad = -\int h(x,m) \varphi'(x) dx = 2\Phi(m) - 1.$$

De plus $b_c(\psi(., -m,m,\theta))$, $\sigma^2(\psi(.,-m,m,\theta))$ ne dépendent pas de θ et il s'ensuit que la fonction optimale

$$\psi_c(x,\theta) = \sigma h \left(\frac{x-\theta}{\sigma}, m_0 \right) / \alpha(m_0)$$

où m_0 dépend seulement de L et t.

Par exemple si $L(s) = s^2$, m_0 réduit au minimum,

$$A(m) = \alpha^{-2}(m) \left[\int h^2(x,m) \varphi(x) dx + t^2 m^2 \right]$$

et

$$\mathscr{L}_c(\theta,t) = \sigma^2 A(m_o).$$

Il est facile de voir (Jaeckel (1971)) qu'en ce cas m_o est la solution unique de l'équation,

$$(1 + t^2) = 2\Phi(m) - 1 + \frac{2\,\varphi(m)}{m}$$

c'est à dire que m_o est la solution optimale (minimax) pour le problème de contamination **symétrique** de Huber avec $\varepsilon = \dfrac{t^2}{1 + t^2}$. La table 0 donne $\mathscr{L}_c(\theta,t)$ pour $\sigma = 1$,

et aussi l'efficacité d'estimateurs T correspondant à $\psi(.,-m,m,\theta)$ pour $m = 0$, .5, 1.0, 1.5, 2.0. Ici $m = 0$ veut dire $\psi^o(.,1,\theta)$ (la médiane) et $m = \infty$ veut dire $\dot{\ell}_\theta / I(\theta)$ (la moyenne). L'efficacité de T est naturelle- ment définie par $\mathscr{L}_c(\theta,t) / R_c(\theta,T)$

En ce cas la même table sert à étudier $\mathscr{L}_V$ et $\mathscr{L}_K$ puisque à cause de la symétrie du problème si $h(.,m_o(t))$ est optimale pour $\mathscr{F}_t^c$ $h(.,m_o(2t))$ est optimale pour $\mathscr{F}_t^V$ et

(27) $$\mathscr{L}_V(\theta,t) = \mathscr{L}_c(\theta,2t).$$

En outre puisque $\dot{\ell}_\theta(x)$ est croissante, $\mathscr{L}_K = \mathscr{L}_V$.

Notons que ces valeurs de t correspondent à des situations assez raisonnables.

(i) Si $25 \leqslant n \leqslant 100$, alors $.5 \leqslant t \leqslant 2.0$

correspond à une contamination entre 5% et 40%.

(ii) Au niveau 10% la puissance minimum sur $\left[\mathscr{F}_t^K\right]^c$ du test de Kolmogorov-Smirnov varie entre

.26 et .36   pour $t = .5$

.64 et .74   pour $t = 1.0$.

L'effet du biais est vraiment frappant. Si on croit que $\mathscr{L}_K$ ou $\mathscr{L}_V$ sont vraiment appropriés, alors (27) et (ii) mènent à $m = 1$ comme choix robuste dans le sens de notre première conférence.

La loi gaussienne : Fonction de perte quadratique

Table 0 : Estimation de la moyenne : écart connu (=1)

t	$\mathcal{L}_c(\theta,t)$	Efficacité				
		m=0	.5	1.0	1.5	∞
0	1.00	.64	.79	.90	.96	1
.5	1.64	.84	.97	1.0	.92	0
1.0	2.97	.96	1.0	.91	.73	0
1.5	5.00	.98	.98	.84	.64	0
2.0	7.79	.99	.96	.80	.60	0

Table 1 : Estimation de l'écart : moyenne connue[*]

t	$\frac{1}{\theta^2}\mathcal{L}_c(\theta,t)$	Efficacité			
		m=0	.5	1.5	∞
0	.50	.37	.50	.73	1
.5	1.27	.75	.91	.99	0
1.0	2.52	.93	1.0	.82	0
1.5	4.30	.97	.98	.71	0
2.0	6.73	.98	.96	.65	0

[*] Je remercie Paul Wang pour les calculs ménant à cette table.

b) Estimation de l'écart : moyenne connue.

$$f_\theta(x) = \frac{1}{\theta} \phi(\frac{x-\mu}{\theta}), \mu \text{ fixe}, \theta > 0.$$

$$\dot{\ell}_\theta(x) = \theta^{-1} [\{\frac{x-\mu}{\theta}\}^2 - 1]$$

Ici $\psi(x, -\frac{m}{\theta}, \frac{m}{\theta}, \theta) = \theta h (\{\frac{x-\mu}{\theta}\}^2 - \beta(m), m) / \tilde{\alpha}(m)$

où $\beta(m)$ est la solution unique de,

$$(28) \qquad \int h(z^2 - \beta(m), m)\phi(z)dz = 0$$

$$\tilde{\alpha}(m) = \int h(z^2 - \beta(m), m)z^2 \phi(z)dz$$

Il est encore vrai qu'on peut déterminer une valeur optimale $\frac{m'}{\theta}$ qui dépend seulement de L et t mais $\beta(m')$ doit être déterminée de façon itérative. La table 1 donne $\frac{1}{\theta^2} \mathcal{L}_c(\theta,t)$ pour la fonction de perte quadratique et aussi les efficacités de T pour m = 0, .5, 1.5. Notez que m = 0 correspond à T = médiane $\{|X_i - \mu|\} / \Phi^{-1}$ (.75) tandis que m = .5, 1.5 correspondent plus ou moins à la proposition 2 de Huber (1964) pour k = 1, 1.5.

On peut obtenir $\mathcal{L}_v$ de la même façon en déterminant m_1, m_2 optimaux qui ne dépendent pas de θ et employant $\psi(., \frac{m_1}{\theta}, \frac{m_2}{\theta}, \theta)$.

c) Régression à une variable indépendante

On prend comme modèle de base,

$$X_i = (A_i, Y_i), i = 1, ..., n \quad \text{où}$$

$$f_\theta(a,y) = h(a) \frac{1}{\sigma} \phi(\frac{y-a\theta}{\sigma})$$

où σ et h sont connus. Comme dans l'exemple (a) qui est plus ou moins un cas particulier de (c)

$$(29) \qquad \psi(x, -m, m, \theta) = \sigma a \, h(\frac{y-a\theta}{\sigma}, \frac{m}{a}) / \alpha(\frac{m}{a})$$

et $\tilde{m}$ optimal pour $\mathcal{L}_c$ dépend seulement de L, h, t. Pour $L(s) = s^2$, $\tilde{m}$ réduit au minimum, pour A(.) donné dans l'exemple (a),

$$B(m) = \int_{-\infty}^{\infty} h(a) \, a^2 \, A(\frac{m}{a})da.$$

Notons les cas particuliers d'estimateurs (29) :

$$m = \infty \; : \; T_n = \sum_{i=1}^{n} A_i Y_i \; / \; \sum_{i=1}^{n} A_i^2 \; , \; \text{l'estimateur classique}$$

$$m = 0 \; : \; T_n = \text{médiane} \left\{ \frac{Y_i}{A_i} \right\} .$$

Huber (1973) a proposé des estimateurs robustes pour la régression qui sont d'un type essentiellement différent avec $\psi(x,\theta)$ de la forme $\sigma a \; h(\frac{y-a\theta}{\sigma}, m) \; / \; \alpha(m)$. Par exemple, pour $m = 0$ son estimateur est la médiane de la distribution donnant la masse $|A_i| \; / \; \sum_{i=1}^{n} |A_i|$ à $\frac{Y_i}{A_i}$ plutôt que n^{-1}. C'est que Huber ne permet que des écarts par rapport au type de la loi de $Y_i - A_i\theta$ tandis que $\mathcal{F}_t^c$ permet la dépendance de $Y_i - A_i\theta$ et A_i c'est à dire qu'on n'a plus nécessairement la structure linéaire.

NOTES :

1)   Les hypothèses A2 et A3 sont satisfaites pour $0 < m < \infty$ dans l'exemple 1. Mais on a des difficultés avec les cas limites $m = 0, \infty$. (i) $m = \infty$.

Evidemment $\mathring{\ell}_\theta(.)$ n'est pas bornée et n'obéit pas à A1 (ni à A2 pour l'estimation de l'écart). En effet $\overline{X}$ a même $R_H(\theta,\overline{X}) = \infty$ si $t > 0$. Mais on peut construire un estimateur T correspondant à $\sigma h(\frac{x-\theta}{\sigma}, m_n \; / \; \alpha(m_n)$ tel que $m_n \to \infty$ assez lentement et $R_H(\theta,T) = L_H(\theta,t)$ (Beran (1977 a)). (ii) $m = 0$.

Evidemment $\psi^o(.,1,\theta)$ ne satisfait pas A2. Bien que dans cet exemple l'estimateur correspondant soit bien défini ($\neq \tilde{T}_n$) en général puisque ψ^o n'est pas continue en θ, la définition n'est pas satisfaisante. Cependant dans cet exemple et le suivant on peut démontrer que la conclusion du théorème 5 reste valable pour les estimateurs naturels correspondant à $m = 0$. En général il est **poss**ible de définir un estimateur de type "one step" comme dans Bickel (1975) qui correspond à $\psi^o(.,1,\theta)$ dans le sens de théorème 5.

En général la construction d'estimateurs optimaux et le calcul de $\mathcal{L}_c$ semble assez compliqué. Par exemple pour la perte quadratique en déterminant l'estimateur optimal on doit résoudre simultanément trois équations, pour les inconnues (β, m, θ)

$$\int \psi(.,\beta,-m,m,\theta) f_\theta = 0$$

$$\frac{\partial}{\partial m} \left\{ \alpha^{-2}(\theta,-m,m) \left[\int \psi^2(.,\beta,-m,m,\theta) f_\theta + m^2 t^2 \right] \right\} = 0$$

$$\sum_{i=1}^{n} \psi(X_i, \beta, -m, m, \theta) = 0.$$

Mais on peut borner $\mathcal{L}_c$ (et $\mathcal{L}_v$) assez bien pour la fonction de perte quadratique par

(30) $$\frac{(1+t^2)}{I(\theta)} \leq \mathcal{L}_c(\theta, t) \leq \frac{(1+t^2)}{J(\theta)}$$

où

$$J(\theta) = \left(\int |\dot{\ell}_\theta - \beta(\theta)| f_\theta \right)^2$$

et $\beta(\theta)$ est une médiane de la loi de $\dot{\ell}_\theta(X_1)$. D'ailleurs

(31) $$\mathcal{L}_c(\theta, t) = I^{-1}(\theta) + \sigma(1), \quad t \to 0$$
$$= t^2 J^{-1}(\theta) + o(t^2), \quad t \to \infty$$

La fonction $|t| J^{-1/2}(\theta)$ est le biais maximal de l'estimateur correspondant à $\psi^o(.,1,\theta)$, dont la borne supérieure est le risque. On appellera cet estimateur "médiane généralisée".

Les tables 0 et 1 suggèrent que la borne supérieure est approchée assez vite. On peut l'employer en mesurant l'efficacité d'estimateurs robustes non optimaux mais plus simples par exemple correspondant à $\psi(.,-m(\theta), m(\theta), \theta)$ où $m(\theta) = k I^{-1/2}(\theta)$ comme suggéré par Huber (1977) p. 33.

La classe τ :

Nous connaissons deux généralisations de ces résultats à la classe τ. Les démonstrations paraîtront ailleurs.

<u>Théorème</u> : Si L est convexe, obéit à (8), et $L(s) = 0(s^b)$ pour un $b < \infty$ quand $|s| \to \infty$ alors pour tout $T \in \tau$, $\theta \in \Theta$

$$\sup_{a>0} \sup_M \overline{\lim}_n \sup \{E_F L_a(\delta_n^{-1} (T_n - \theta - h\delta_n)) :$$

$$F \in \mathcal{F}_t^H (\theta + h\delta_n), \ |h| \leqslant M\} \geqslant \mathcal{L}_H(\theta, t)$$

<u>Théorème</u> : Si 0 est une médiane de la loi de $\dot{\ell}_\theta(X_1)$ et $L(s) = s^2$ alors pour tout $T \in \tau$,

$$\sup_a \sup_M \overline{\lim}_n \sup \{E_F(n(T_n - \theta - h\delta_n)^2 \wedge a) :$$

$$F \in \mathcal{F}_t^c (\theta + h\delta_n) : |h| \leqslant M\} \geqslant \mathcal{L}_c(\theta, t) + o(\mathcal{L}_c(\theta, t)$$

quand $t \to \infty$.

En vue de (32) cela signifie que la médiane généralisée réduit le biais maximal sur $\mathcal{F}_t^c$ au minimum pour t grand. C'est l'analogue d'un résultat de Huber (1977, p.29) pour l'estimation d'un paramètre de position.

Nous ne savons pas si la condition que la médiane de $\dot{\ell}_\theta(X_i)$ égale 0, qui est satisfaite si le modèle de base est $\varphi(x-\theta)$ **mais pas** en général, est nécessaire. Aussi on ne sait pas si les bornes $\mathcal{L}_c(\theta, t)$, $\mathcal{L}_V(\theta, t)$ sont valables pour la classe τ pour t fixe.

<u>L'estimation des paramètres vectoriels :</u>

Si $\theta = (\theta_1, \ldots, \theta_p) \in R^p$ il est naturel de dire qu'un estimateur $T = (T^{(1)}, \ldots, T^{(p)})$ est CULAN si pour $j = 1, \ldots, p$, l'estimateur $T^{(j)} = \{T_n^{(j)}\}$ est CULAN comme estimateur de θ_j. Si on écrit, $T' = ([T^{(1)}]', \ldots, [T^{(p)}]')$ où $[T^{(j)}]'$ est la courbe d'influence de $T^{(j)}$ il résulte de (i) - (iv) des conditions CULAN que,

$$\mathcal{L}_\theta(\delta_n^{-1}(T_n - \theta)) \to N_p(0, E\{[T'(\theta, X_1)]^T T'(\theta, X_1)\})$$

uniformément pour $\theta \in K$, compact. Ici $N_p(\mu, \Sigma)$ est la loi gaussienne dans R^p de moyenne le vecteur μ_{1xp} et de matrice de covariances Σ.

(L'uniformité en résulte puisque (iv) implique que les conditions de Lindeberg-Feller multivariées sont uniformément vérifiées).

Il en découle aussi exactement comme dans le lemme 1 que si T est CULAN et le modèle régulier,

(33)
$$\int \left[T'(\theta,.)\right]^T \dot{\ell}_\theta \, f_\theta = I_{pxp}$$

où

I_{pxp} est l'identité. Soit,

$$\Psi(\theta) = \{\psi = (\psi^{(1)}, \ldots, \psi^{(p)}) \in L_2(F_\theta) \times \ldots \times L_2(F_\theta) :$$

$$\int \psi f_\theta = 0_{1xp}, \quad \int \psi^T \dot{\ell}_\theta f_\theta = I_{pxp}\} .$$

Définissons pour $\psi \in \Psi(\theta)$, $h \in L_\infty(F_\theta)$, le vecteur $b(\psi,h) = \int \psi h f_\theta$ et la matrice

$$\Sigma(\psi) = \int \psi^T \psi f_\theta$$

Comme dans le théorème 1, (b(T',h) est le vecteur des biais de T si $F = G_n$ et $\Sigma(T')$ est sa matrice des covariances. Il est facile de démontrer le théorème suivant.

Théorème 5 :   Soit $L : R^p \to R$ continue p.p. Lebesgue. Alors, pour i = H,c,V,K,

$$\sup_{a>0} \overline{\lim}_n \sup \{E_F L_a(\delta_n^{-1}(T_n - \theta)) : F \in \mathcal{F}_t^i\} \geqslant \mathcal{L}_i(\theta,t)$$

où

$$\mathcal{L}_i(\theta,t) = \inf \{\sup \{EL(b(\psi,h) + Z\Sigma^{1/2}(\psi) : h \in \mathcal{H}_i(\theta)\} : \psi \in \Psi(\theta)\}$$

où

$$\left[\Sigma^{1/2}(\psi)\right]^T \Sigma^{1/2}(\psi) = \Sigma(\psi) \text{ et } Z \simeq N(0,I_{pxp}).$$

On peut aussi généraliser le théorème 3,

Théorème 6 :   Si L est convexe

(34)
$$\mathcal{L}_H(\theta,t) = \max \{EL(a+ZI^{-1/2}(\theta)) : aI(\theta) a^T \leqslant 4t^2\}$$

où $I(\theta)$ est la matrice d'information de Fisher.

Le minimum est atteint seulement pour

$$\psi = \dot{\ell}_\theta I^{-1}(\theta) \text{ p.p.,}$$

c'est à dire pour la courbe d'influence du maximum de vraisemblance.

La situation pour $\mathcal{F}_t^c$ et $\mathcal{F}_t^V$ semble très compliquée. Un résultat intéressant est dû à Krasker (1976), Hampel (1978).

Soit $||.||$ la norme euclidienne sur R. Etant donné $\gamma > 0$. β_{1xp}, α_{pxp} définissons,

(35) $\psi(.,\alpha,\beta,\gamma) = \dot{\ell}_\theta\alpha - \beta$ si $||\dot{\ell}_\theta\alpha - \beta|| \leqslant \gamma$

$= \gamma(\dot{\ell}_\theta\alpha - \beta) / ||\dot{\ell}_\theta\alpha - \beta||$ autrement.

$\psi^\circ(.,\alpha,\beta) = (\dot{\ell}_\theta\alpha - \beta) / ||\dot{\ell}_\theta\alpha - \beta||$.

Théorème : (Krasker-Hampel)

S'il existe $\alpha(\theta,\gamma)$, $\beta(\theta,\gamma)$ tels que $\psi(.,\alpha(\theta,\gamma),\beta(\theta,\gamma),\gamma)$ (resp. ψ°) $\in \Psi(\theta)$, cette fonction réduit au minimum $\int ||\psi||^2 f_\theta$ parmi tous les $\psi \in \Psi(\theta)$ avec ess sup $||\psi|| \leqslant \gamma$. La solution est unique p.p.

La démonstration est tout à fait analogue à celle du lemme 3 et on peut même en déduire l'existence de $\alpha(\theta,\gamma)$, $\beta(\theta,\gamma)$ s'il existe $\psi \in \Psi(\theta)$ tel que ess sup $||\psi|| \leqslant \gamma$.

Le résultat est intéressant de notre point de vue puisque $||b(\psi,h)|| \leqslant t||\psi||$ pour $h \in \mathcal{H}_c$, et des courbes d'influence du type (35) sont probablement presque optimales pour L convexe et $\mathcal{F}_t^c$.

Voici un autre type de solution optimale. Ecrivons comme d'habitude $(y_1, \ldots, y_p)$ pour $y \in R^p$ quelconque. Pour α_{pxp}, β_{1xp}, $\gamma = (\gamma_1, \ldots, \gamma_p)$, $\gamma_j > 0$, $j = 1, \ldots, p$ définissons $\tilde{\psi}(.,\alpha,\beta,\gamma)$ par,

(36) $\tilde{\psi}_j = [(\dot{\ell}_\theta\alpha - \beta)_j]_{-\gamma_j}^{\gamma_j}$ $j = 1, \ldots, p$.

Théorème 7 : Etant donné γ, s'il existe $\alpha(\theta,\gamma)$, $\beta(\theta,\gamma)$ tels que $\tilde{\psi} \in \Psi(\theta)$, alors $\tilde{\psi}$ réduit au minimum simultanément $\int \psi_j^2 f_\theta$, $j = 1, \ldots, p$ parmi tous les $\psi \in \Psi(\theta)$ tels que ess sup $|\psi_j| \leqslant \gamma_j$, $j = 1, \ldots, p$.

On peut employer ce résultat en construisant des courbes d'influence qui réduisent simultanément au minimum le maximum sur $\mathcal{F}_t^c$ de l'erreur quadratique en estimant θ_j pour chaque j.

Comme pour p = 1, on peut employer des estimateurs (M) pour atteindre ces courbes d'influence. Les estimateurs du type (35) ont été appliqués à la régression multilinéaire. La proposition 2 de Huber (1964) pour estimer la moyenne et l'écart de la loi gaussienne simultanément sont du type (36).

Les démonstrations des théorèmes 5 - 7 paraîtront ailleurs.

En tout cas il est clair qu'il n'y a pas de généralisation unique des solutions pour p = 1 et les calculs sont difficiles.

Quels sont les voisinages pertinents?

Nous avons vu, même pour p = 1, que la forme de la solution optimale dépend du type de voisinage. Les voisinages de Hellinger nous mènent essentiellement au maximum de vraisemblance tandis que les autres demandent qu'on ait des courbes d'influence uniformément bornées. Dans cette section nous étudions un critère qui suggère que les voisinages de Hellinger sont vraiment trop petits.

Etant donné F_θ, $0 < \alpha < 1$, et une distance ρ, soit,

$$\Phi_{\alpha,n} = \{0 \leqslant \phi(X_1, \ldots, X_n) \leqslant 1 : E_\theta \phi(X_1, \ldots, X_n) \leqslant \alpha\}$$

$$\beta_n(t,\alpha) = \sup \{\inf \{E_f \phi(X_1, \ldots, X_n) : F \in [\mathcal{F}_t^\rho(\theta)]^c\} : \phi \in \Phi_{\alpha,n}\}$$

, la puissance du test maximin de H : $F = F_\theta$ contre K : $\rho(F, F_\theta) > t\delta_n$ et

$$\beta(t,\alpha) = \underline{\lim}_n \beta_n(t,\alpha),$$

la puissance asymptotique.

Définition : F_θ est identifiable (à l'échelle δ_n en ρ) si

$$\forall 0 < \alpha < 1, \exists\, t < \infty \ni \beta(t,\alpha) > \alpha.$$

NOTE : L'identifiabilité contre les alternatives fixes a été étudiée par

Hoeffding (1956) et Hoeffding-Wolfowitz (1958).

La proposition suivante montre que cette notion d'identifiabilité

est raisonnable.   Soit $\delta_n = n^{-a}$, $a > 0$.

Proposition : F_θ est identifiable $\longleftrightarrow$ $\forall 0 < \alpha \leqslant 1$

$$\lim_{t\to\infty} \beta(t,\alpha) = 1$$

La démonstration paraîtra ailleurs.

Le théorème suivant montre que les voisinages de Hellinger sont

trop petits.

Théorème 8 : F_θ est identifiable à l'échelle $n^{-1/2}$ en H $\longleftrightarrow$ le support

de F_θ est fini.

C'est un résultat un peu surprenant puisqu'on peut montrer que si

$H(F_\theta,G) \geqslant tn^{-1/2}$ la puissance du test de Neymann-Pearson de niveau α de

H : $F = F_\theta$ contre K : $F = G$ n'est pas moindre que $1 - \alpha^{-1}e^{-t^2}$.

Esquisse de démonstration :

1) Si le support de F_θ n'est pas fini on peut pour tout $\ell < \infty$

trouver une partition $A_{1\ell}$, ..., $A_{\ell\ell}$ de R^k telle que $P_{F_\theta}[X_1 \in A_{j\ell}] \overset{\text{def}}{=} P_{j0} > 0$,

$j = 1, ..., \ell$.

2) En considérant seulement $F \in \left[\mathcal{F}_t^H(\theta)\right]^c$ tels que $\frac{dF}{dF_\theta}$ est constant

sur A_ℓ, $j = 1, ..., \ell$, $\beta_n(t,\alpha)$ est dominée par $\beta_n(t,\alpha,p_{10}, ..., p_{\ell 0})$,

la puissance maximin au niveau α dans le problème de test suivant:

$\underset{\sim}{N}$ a une distribution multinomiale à n épreuves et probabilités

$(p_1, ..., p_\ell)$.   L'hypothèse est H : $p_j = p_{j0}$, $j = 1, ..., \ell$ contre

l'alternative   K : $\sum_{j=1}^{\ell} (\sqrt{p_j} - \sqrt{p_{j0}})^2 > t^2 n^{-1}$.

3)   D'après un résultat de Wald (1943), la solution

asymptotique du problème de 2) est le test chi carré de Pearson.   C'est

à dire $\lim_n \beta_n(t,\alpha,p_{10}, ... p_{\ell 0}) = 1 - G_{\ell-1}(x(1-\alpha), 4t^2)$

où $G_{\ell-1}(x,\delta^2)$ est la distribution chi carré non centrale de paramètre de non centralité δ^2 et $\ell-1$ degrés de liberté et $x(1-\alpha)$ est le quantile

$(1-\alpha)$ de $G_{\ell-1}(.,0)$.

    4)   Il est facile de voir que,

$$\lim_{\ell \to \infty} 1 - G_{\ell-1}(x(1-\alpha), 4t^2) = \alpha$$

pour tout t.

    5)   Si F_θ a exactement ℓ points dans son support

$$\beta(t,\alpha) = 1 - G_{\ell-1}(x(1-\alpha), 4t^2) > \alpha \text{ si } t \neq 0. \quad \square$$

NOTES :

    1)   Malheureusement F_θ continue n'est pas identifiable à l'échelle $n^{-1/2}$ pour V non plus -- la démonstration paraîtra ailleurs.

    2)   Le test de Kilmogorov-Smirnov a la puissance minimum contre $\mathcal{F}_t^K(\theta) > \alpha$ pour t,n suffisamment grands et il s'ensuit que F_θ est identifiable à l'échelle $n^{-1/2}$ pour K. Puisque $\mathcal{L}_K$ et $\mathcal{L}_V$ semblent comparables, la théorie infinitésimale pour V et c semble plus pertinente dans la pratique que celle pour H bien que les résultats pour ce dernier cas soient plus élégants.

    3)   Notre notion d'identifiabilité peut être étendue aux hypothèses composées telles que $\mathcal{F}_o$. Les résultats sont comparables.

Appendice :   Démonstration de l'existence d'estimateurs consistants

    D'après P2 écrivons $\boxed{H} = \bigcup_{j=1}^{\infty} \boxed{H}_j$ où $\{\boxed{H}_j\}$ est une suite croissante de compacts.

    Soit T_{nj} tel que,

(A1) $K(\hat{F}_n, F_{T_{nj}}) \leqslant \inf \{K(\hat{F}_n, F_\theta) : \theta \in \boxed{H}_j\} + n^{-1}$

(Nous évitons les questions de mesurabilité de tels "estimateurs". Elles peuvent toujours être résolues en remplaçant $\boxed{H}_j$ par des sous ensembles finis dépendant de n et asymptotiquement denses dans $\boxed{H}_j$).

    Soit,

(A2) $T_n = T_{nJ}$

où J = premier j tel que $K(\hat{F}_n, F_{T_{nj}}) \leq n^{-1/4}$

= 1 si un tel j n'existe pas.

Il est bien connu que, (par exemple Durbin (1973))

$$n^{1/2} K(\hat{F}_n, F) = 0_{P_F}(1)$$

uniformément en F. Il s'ensuit que pour $F \in \mathcal{F}_t^K(\theta)$ uniformément en θ .

(A3) $n^{1/2} K(\hat{F}_n, F_\theta) = 0_{P_F}(1)$.

De (A3) on déduit que si $J(\theta)$ = premier j tel que $\theta \in \textcircled{H}_j$.

(A4) $P_F[J = J(\theta)] \to 1$

uniformément pour $F \in \mathcal{F}_t^K(\theta)$, $\theta \in C$, compact.

De (A4),

(A5) $P_F[T_n = T_{nJ(\theta)}] \to 1$

uniformément en F comme ci-dessus. Mais sans les hypothèses du lemme la

fonction $t \to F_t$, pour chaque θ, a une inverse continue sur l'image de

$\textcircled{H}_{j(\theta)}$. Puisque (A1) et (A3) impliquent que $K(F_\theta, F_{T_n}) = 0_{P_F}(1)$

uniformément en F comme ci-dessus, (A5) complète la démonstration du

lemme (L-ω). $\square$

3. L'adaptation

Soit $\mathcal{F}$ = {F : F(x-θ) = G(x) $\forall$x, pour un $\theta \in R$, $G \in \mathcal{J}$} où $\mathcal{J}$ =

{Lois symétriques autour de 0}. C'est le plus grand modèle global

naturel dans lequel on peut identifier le paramètre de translation θ.

Un résultat bien connu de Stone (1975) (suivant Takeuchi (1971),

Van Eeden (1970), Beran (1974)) est le suivant. Soit,

(1) $\qquad I(G) = \int (\frac{g'}{g})^2 g$

si G est absolument continue et a une densité g absolument continue avec

dérivée g'.

$\qquad\qquad = \infty$ autrement.

Il est bien connu, Hàjek (1971), que le modèle $\mathcal{F}_{G_o}$ = {F $\in \mathcal{F}$: G = G$_o$}

est régulier $\Longleftrightarrow$ I(G$_o$) < ∞ et que I(G$_o$) est l'information de Fisher

(qui ne dépend pas de θ) pour ce modèle.

<u>Théorème de Stone (1975)</u> : Il existe un estimateur $T = \{T_n^*\}$ tel que

$$\mathcal{L}_F^{\cdot}(n^{1/2}(T_n^* - \theta)) \rightarrow N(0, I^{-1}(G))$$

quelle que soit F $\longleftrightarrow$ (θ, G) dans $\mathcal{F}$.

Cet estimateur emploie l'échantillon pour s'adapter à la forme inconnue de G. Comme nous l'avons déjà noté, il rend l'estimateur de Huber (1964) inadmissible asymptotiquement dans le modèle où il est minimax.

Dans cette conférence nous suivrons les idées fondamentales de Stein (1956) en étudiant des conditions nécessaires et formellement suffisantes pour l'adaptation dans les problèmes non paramétriques assez généraux.

<u>Formulation du problème de l'adaptation</u>

Supposons que $\mathcal{F}$ peut être paramétré par (θ, G) où $\theta \in \Theta$, un ouvert de R^p, et $G \in \mathcal{G}$ - une famille de distributions sur un espace fixe. Ecrivons $F_{(\theta, G)}$ pour $F \in \mathcal{F}$ correspondant à (θ, G). Supposons aussi que $\mathcal{F}$ est dominé par une mesure μ et écrivons $f(., \theta, G)$ pour la densité à de $F_{(\theta, G)}$ par rapport à μ.

Définissons si c'est possible,

$$I(\theta, G) = || E_{(\theta, G)} \frac{\partial}{\partial \theta_i} \log f(X_1, \theta, G) \frac{\partial}{\partial \theta_j} \log f(X_1, \theta, G) ||$$

l'information de Fisher pour le modèle

$$\mathcal{F}_G = \{F_{(\theta, G)} : \theta \in \Theta\}.$$

Nous dirons que $T = (T^{(1)}, \ldots, T^{(p)})$ est un <u>estimateur adaptatif</u> de θ si pour tout $G \in \mathcal{G}$ tel que $\mathcal{F}_G$ soit régulier, pour tout $\theta \in \Theta$,

$$(2) \quad \mathcal{L}_{(\theta, G)}(n^{1/2}(T-\theta)) \rightarrow N_p(0, I^{-1}(\theta, G)).$$

Alors un estimateur adaptatif de θ est, pour tout $G \in \mathcal{G}$, optimal pour $\mathcal{F}_G$, le modèle où on suppose G est connu.

Les conditions (à peu près) nécessaires pour l'adaptation :

I : (Identifiabilité) Si $F_{(\theta_o, G_o)} = F_{(\theta_1, G_1)}$ alors

(i) $\theta_o = \theta_1$,

(ii) $G_o = G_1$.

Puisque (2) implique que T, dont la loi dépend seulement de $F_{(\theta, G)}$, tend en probabilité vers θ, I(i) est clairement nécessaire. La condition I(ii) est un peu plus forte qu'une autre condition nécessaire $F_{(\theta, G_o)} = F_{(\theta, G_1)} \implies I(\theta, G_o) = I(\theta, G_1)$. La condition I est à peu près suffisante pour l'existence de $\{\tilde{T}_n\}$, $\{\hat{G}_n\}$ tels que $\tilde{T}_n - \theta$ et $d_p(\hat{G}_n, G)$, où d_p est la distance de Prokhorov, tendent vers 0 en $P_{(\theta, G)}$ probabilité, (voir Wolfowitz (1957)).

1. **Paramètre de translation**

C'est le problème par lequel nous avons commencé. $\Theta = R$, $G = \{$lois absolument continues (Lebesgue) symétriques autour de 0$\}$

$$f(x, \theta, G) = g(x - \theta), \; g = G'.$$

2. **Régression avec variables stochastiques indépendantes**

Ici, sous F, $X_1 = (C_1, Y_1)$ où C_1 est 1xp, Y_1 est scalaire, $\theta = (\theta_1, \ldots, \theta_p)$,

$$Y_1 = C_1 \theta^T + \varepsilon_1$$

Soit $\Theta = R^p$. Nous supposons que C_1 et ε_1 sont toujours indépendants, que la loi G de ε_1 est absolument continue arbitraire (pas nécessairement symétrique) mais que celle de C_1 est fixe et telle que la matrice des covariances de C_1 est non singulière. L'identifiabilité et même l'existence de $\tilde{T}$ tels que $\tilde{T}_n - \theta = 0_p(n^{-1/2})$ pour tout G découlent par exemple du théorème 2 de Huber (1973).

On ajoute un paramètre θ_{p+1} et emploie un estimateur $T = (T^{(1)}, \ldots, T^{(p+1)})$ qui réduit au minimum $\sum_{i=1}^{n} \rho(Y_i - C_i \theta^T - \theta_{p+1})$ pour ρ strictement convexe, symétrique avec $|\rho^{(i)}|$, $i = 1,2,3$ uniformément bornés.

Alors $T_n^{(j)} - \theta_j = 0_p(n^{-1/2})$ pour $j = 1, \ldots, p$. Cette démonstration est due à M. K.C. Li.

Stein (1956) observe qu'on a besoin d'une autre condition nécessaire et formellement suffisante pour l'adaptation.

Condition S : Soit H ouvert de R^t et $\eta \to G_\eta$, une fonction de H dans $\mathcal{J}$ telle que le modèle paramétrique $\{F_{(\theta,G_\eta)} : \theta \in \Theta, \eta \in H\}$ soit régulier. Alors, si $\eta = (\eta_1, \ldots, \eta_t)$,

$$(3) \quad E_{(\theta,G_\eta)}\left[\frac{\partial}{\partial\theta_i} \log f(X_1,\theta,G_\eta) \frac{\partial}{\partial\eta_j} \log f(X_1,\theta,G_\eta)\right] = 0$$

pour $i = 1, \ldots, p$, $j = 1, \ldots, t$, $\theta \in \Theta$, $\eta \in H$.

NOTE : La condition de Stein doit être valable pour tous les sous modèles paramétriques $\{f(.,\theta,G_\eta)\}$ réguliers.

Démonstration de la nécessité de la condition S (dans les cas réguliers):

Ecrivons l'information pour le modèle $\{f(.,\theta,G_\eta) : \theta \in \Theta, \eta \in H\}$

$$I(\theta,\eta) = \left\|\begin{array}{cc} I_{11} & I_{12} \\ I_{21} & I_{22} \end{array}\right\| \quad (p + t) \times (p + t)$$

où $I_{11} = \|I(\theta,G_\eta)\|_{p\times p}$

$I_{12} = \left\|E \frac{\partial}{\partial\theta_i} \log f(X_1,\theta,G_\eta) \frac{\partial}{\partial\eta_j} \log f(X_1,\theta,G_\eta)\right\|_{p\times t}$

$I_{21} = I_{12}^T$

$I_{22} = \left\|E \frac{\partial}{\partial\eta_i} \log f(X_1,\theta,G_\eta) \frac{\partial}{\partial\eta_j} \log f(X_1,\theta,G_\eta)\right\|_{t\times t}$

et

$$I^{-1}(\theta,\eta) = \left\|\begin{array}{cc} I^{11} & I^{12} \\ I^{21} & I^{22} \end{array}\right\|$$

On a toujours $I^{-1}(\theta,G_\eta) \leqslant I^{11}$ où $A \leqslant B$ si $B - A$ est réelle hermitienne, non négative. Dans les cas réguliers (par exemple si $I(\theta,G)$ est continue en θ), l'adaptation implique que

$$I^{-1}(\theta, G_\eta) = I^{11}$$

c'est à dire,

(4) $I_{11}^{-1} = I^{11}.$

Mais pour les matrices réelles hermitiennes, positives,

(5) $I^{11} = (I_{11} - I_{12} \, I_{22}^{-1} \, I_{21})^{-1}$

De (4) et (5) il s'ensuit que,

$$I_{12} \, I_{22}^{-1} \, I_{21} = 0$$

et la condition de Stein en résulte puisque I_{22}^{-1} est réelle non singulière, hermitienne, positive.

Les deux problèmes d'adaptation que nous avons introduits et les autres dont nous parlerons obéissent à une condition de convexité.

C : Pour tout $G_0, G_1 \in \mathcal{G}$, θ, $0 \leqslant \varepsilon \leqslant 1$, $(1-\varepsilon)G_0 + \varepsilon G_1 \in \mathcal{G}$,

et

(6) $f(.,\theta,(1-\varepsilon)G_0 + \varepsilon G_1) = (1-\varepsilon)f(.,\theta,G_0) + \varepsilon f(.,\theta,G_1).$

En ce cas on peut "remplacer" S par la condition suivante.

S^* : Pour tout G_0, $G_1 \in \mathcal{G}$, $\theta \in \Theta$

(7) $E_{(\theta,G_0)} \dfrac{\partial}{\partial \theta_j} \log f(X_1, \theta, G_1) = 0$, $j = 1, \ldots, p$

Les calculs suivants sont formels.

"S $\Longrightarrow$ S^*" : Prenons $G_\eta = (1 - \eta)G_0 + \eta G_1$, $0 < \eta < 1$,

Supposons que le modèle $F_{(\theta, G_\eta)}$ est régulier. Alors pour $0 < \eta < 1$

(8) $\dfrac{\partial}{\partial \eta} \log f(X_1, \theta, (1-\eta)G_0 + \eta G_1) = \dfrac{(f(X_1, \theta, G_1) - f(X_1, \theta, G_0))}{f(X_1, \theta, G_\eta)}$

en vue de (6). La substitution de (8) dans (3) donne

$$E_{(\theta, G_1)} \frac{\partial}{\partial \theta_j} \log f(X_1, \theta, G_\eta) = E_{(\theta, G_0)} \frac{\partial}{\partial \theta_j} \log f(X_1, \theta, G_\eta)$$

Passant formellement à la limite quand $\eta \downarrow 0$ nous donne (7) puisque

$$E_{(\theta, G_0)} \frac{\partial}{\partial \theta_j} \log f(X_1, \theta, G_0) = 0.$$

"S* $\implies$ S" : Dans les cas réguliers,

$$E_{(\theta_0, G_{\eta_0})} \left\{ \frac{\partial}{\partial \theta_i} \log f(X_1, \theta, G_\eta) \frac{\partial}{\partial \eta_j} \log f(X_1, \theta, \eta) \bigg|_{\theta=\theta_0, \ \eta=\eta_0} \right\}$$

$$= -E_{(\theta_0, G_{\eta_0})} \left[\frac{\partial}{\partial \theta_i \partial \eta_j} \log f(X_1, \theta, G_\eta) \bigg|_{\theta=\theta_0, \ \eta=\eta_0} \right]$$

$$= \frac{\partial}{\partial \eta_j} \left\{ E_{(\theta_0, G_{\eta_0})} \left[\frac{\partial}{\partial \theta_i} \log f(X_1, \theta, G_\eta) \bigg|_{\theta=\theta_0} \right] \right\}_{\eta = \eta_0}$$

et S* est satisfaite. $\square$

Exemple 1 : (S*) est valable.

$$E_{(\theta, G_0)} \frac{\partial}{\partial \theta} \log f(X_1, \theta, G_1) = E_{(\theta, G_0)} \left(-\frac{g_1'}{g_1}(X_1 - \theta) \right) = 0$$

puisque $X_1 - \theta$ a la distribution symétrique G_0 et $\frac{g_1'}{g_1}$ est antisymétrique.

Exemple 2 : (S*) est valable $\iff$ EC$_1$ = 0

puisque

(9) $\qquad E_{(\theta, G_0)} \frac{\partial}{\partial \theta} \log f(X_1, \theta, G_1) = E_{G_0} \left(C_1^T \frac{g_1'}{g_1}(\varepsilon_1) \right)$

$$= \left[EC_1 \right]^T E_{G_0} \left(\frac{g_1'}{g_1}(\varepsilon_1) \right).$$

Cet exemple montre que I $\implies$ S*.

Notez aussi que l'adaptation devient possible si $\mathscr{I}$ = {lois absolument continues symétriques autour de 0} même si EC$_1 \neq 0$.

Considérons T^0 un estimateur de type (M) qui est une solution de,

$$\sum_{i=1}^{n} \psi(X_1, T, G_0) = 0$$

où

$$\psi(x, \theta, G_0) = \frac{\partial}{\partial \theta} \log f(x, \theta, G_0), \ G_0 \in \mathscr{I} \ .$$

La condition S* garantit que (sous des conditions de régularité), la loi de $n^{1/2}(T_n^0 - \theta)$ tend vers une loi Gaussienne de moyenne 0 pour tout $G \in \mathscr{I}$ pas seulement pour $G = G_0$. D'ailleurs si G_n tend vers G, formellement, la matrice des covariances asymptotiques de $n^{1/2}(T_n^0 - \theta)$ sous G_n tend vers $I^{-1}(\theta, G)$. Cela suggère qu'on essaye d'adapter en estimant G par $\hat{G} \in \mathcal{J}$ avec une petite partie de l'échantillon et employant l'estimateur correspondant à $\psi(.,\theta,\hat{G})$ pour le reste de l'échantillon. Malheureusement la fonction $G \to \psi(.,\theta,G)$ n'est pas continue pour les topologies convenables et on doit modifier cette approche assez sérieusement. Cependant, Stone (1975) dans l'exemple 1 et Picard (Astérisque, Ch. 16) dans un cas spécial d'exemple 2 avec G symétrique ont réussi avec des estimateurs (M) modifiés. (D'autres estimateurs adaptatifs ont été construits pour l'exemple 2 par Weiss-Wolfowitz (1971)).

Généralisation du problème de l'adaptation

Etant donné une fonction $q : \Theta \to R^m$, $m \leqslant p$, ayant une différentielle $\dot{q} = \left\| \dfrac{\partial q_j}{\partial \theta_i} \right\|_{p \times m}$ pour tout $\theta \in \Theta$ nous dirons que $q^* = \{q_n^*(X_1, \ldots, X_n)\}$, où $q_n^* : (R^k)^n \to R^m$, est un __estimateur adaptatif de q__ si pour tout $\mathcal{J}_G$ régulier, pour tout $\theta \in \Theta$,

(10) $\qquad \mathcal{L}_{(\theta, G)} (n^{1/2} (q_n^* - q(\theta))) \to N_m(0, \dot{q}^T(\theta) I^{-1}(\theta, G) \dot{q}(\theta))$.

Supposons que l'image de q, Q, est ouverte et que comme d'habitude on peut construire une correspondance bijective, continûment différentiable entre Θ et $Q \times T$ où T est ouvert $\subset R^{p-m}$ telle que $\theta \Longleftrightarrow (q,t) \Longrightarrow q(\theta) = q$. Ecrivons $F_{(q,t,G)}$ pour $F_{(\theta, G)}$ si $\theta \longleftrightarrow (q,t)$.

Dans les cas intéressants où $m < p$ la paramétrisation $(\theta, G) \to F_{(\theta, G)}$, $(\theta, G) \in \textcircled{H} \times \mathcal{G}$ n'est pas identifiable bien que $g(\theta)$ le soit. On est amené à la généralisation suivante de I:

Les conditions (à peu près) nécessaires pour l'adaptation (généralisée)

I : Il existe un sous ensemble $\mathcal{H}$ de $\mathcal{G}$ tel que

a) Pour chaque $G \in \mathcal{G}$, il existe $H \in \mathcal{H}$ tel que $\mathcal{J}_G = \mathcal{J}_H$ et une correspondance bijective continûment différentiable $\tau(q,t,G) : Q \times T \to T$

telle que $F_{(q,t,G)} = F_{(q,\tau(q,t,G), H)}$, $\forall q, t$

et

b)   La paramétrisation $(q,t,H) \to F_{(q,t,H)}$ est injective et surjective

(identifiable) de $Q \times T \times \mathcal{H}$ en $\mathcal{F}$.

NOTE : Il résulte de I que si $F_{(\theta_o, G_o)} = F_{(\theta_1, G_1)}$

alors $q(\theta_o) = q(\theta_1)$ et de plus,

$$\dot{q}^T(\theta_o)\ I^{-1}(\theta_o, G_o)\ \dot{q}(\theta_o) = \dot{q}(\theta_1)\ I^{-1}(\theta_1, G_1)\ \dot{q}(\theta_1).$$

Il s'ensuit puisqu'on doit alors avoir H_o, $H_1 \in \mathcal{H}$ tels que,

$$F_{(q(\theta_o),\ \tau(q(\theta_o),\ t(\theta_o),\ G_o), H_o)} = F_{(q(\theta_1),\ \tau(q(\theta_1),\ t(\theta_1),\ G_1), H_1)}$$

d'où

$$q(\theta_o) = q(\theta_1),\ H_o = H_1 \text{ et les modèles paramétriques } \mathcal{F}_{G_o},\ \mathcal{F}_{G_1}$$

sont obtenus à partir du modèle $\mathcal{F}_{H_o}$ par une reparamétrisation $(q,t) \to (q,\tau(q,t))$

qui laisse la quantité $\dot{q}^T I^{-1}(\theta_o, H_o)\dot{q}$ invariante.

Exemple 3 : Régression avec constante

Supposons le modèle de l'exemple 2 mais qu'au lieu d'être non

singulière, C_1 a la forme,

$$C_1 = (1,\ C_{[2p]})$$

où la matrice des covariances du vecteur $(p-1)$, $C_{[2p]}$ est non singulière

bien que celle de C_1 est nécessairement singulière. Soit,

$$q(\theta) = \theta_{[2p]} \overset{\text{déf.}}{=} (\theta_2, \ldots, \theta_p).$$

Si G est la loi de ε_1 et $\mathcal{G}$ = {lois absolument continues} il est clair

que la paramétrisation $(\theta, G) \to F_{(\theta, G)}$ n'est pas identifiable. Mais le

raisonnement de l'exemple 2 montre que si $F_{(\theta_o, G_o)} = F_{(\theta_1, G_1)}$ alors

$q(\theta_o) = q(\theta_1)$ et il existe une constante V telle que $G_o(. - V) = G_1(.)$.

Il s'ensuit que si nous prenons $t = \theta_1, \mathcal{H}$ = {lois absolument continues de

médiane 0} et nous définissons, $\tau(t,G) = t + \text{mediane } (G)$ la condition I

est satisfaite.

Dans cette situation plus générale si C est valable le raisonnement de Stein mène à

S^* : Pour tout G_0, G_1 "réguliers", θ

$$E_{(\theta,G_0)}|| \frac{\partial}{\partial\theta_i} \log f(X_1,\theta,G_1)|| _{1xp} \quad I^{-1}(\theta,G_1) \ \dot{q}(\theta) = 0$$

NOTES :   1) On peut montrer que la condition S^* est formellement équivalente, en présence de C, à la condition (Lemme, p. 189) de Stein (1956).

2) On peut étendre la "méthode" suggérée pour l'estimation adaptative de θ à ce cas aussi.

Exemple 3 (continué)

Reparamétrons   par $\tilde{\theta} = (\theta_1 + EC_{[2p]}\theta^T_{[2p]}, \ ^{\theta}_{[2p]})$

$= (\tilde{\theta}_1, \theta_2, \ldots, \theta_p)$.

Alors

$$(\frac{\partial}{\partial\tilde{\theta}_1}, \ldots, \frac{\partial}{\partial\theta_p}) \log f(X_1,\tilde{\theta},G) = - \frac{g'}{g} (\varepsilon_1)(1, \ C_{[2p]} - EC_{[2p]})$$

où g est la densité de G.   Il s'ensuit que

$$I(\tilde{\theta},G_1) = \begin{pmatrix} 1 & 0 \\ 0 & \sum_{(p-1)x(p-1)} \end{pmatrix} I(g)$$

où $I(g) = \int (\frac{g'}{g})^2 g$ et $\sum = E(C_{[2p]} - EC_{[2p]})^T(C_{[2p]} - EC_{[2p]})$.

et

$$E_{(\tilde{\theta},G_0)} (\frac{\partial}{\partial\tilde{\theta}_1}, \ldots, \frac{\partial}{\partial\theta_p}) \log f(X_1,\tilde{\theta},G_1) = (-\int \frac{g'_1}{g_1} g_0, \ 0_{1x(p-1)})$$

Il s'ensuit que S^* est satisfaite.

Exemple 3 :   Problème des deux échantillons de tailles stochastiques
            (d'après Stein)

Ici $X_1 = (C_1,Y_1)$ où C_1,Y_1 sont scalaires.
$$Y_1 = \theta_1 + \theta_2 C_1 + e^{\theta_3 + \theta_4 C_1} \varepsilon_1,$$

et

$\Theta = R^4$, C_1 et ε_1 sont indépendants, la loi G de ε_1 est absolument continue, symétrique autour de 0 et $P[C_1 = 1] = p = 1 - P[C_1 = 0]$, où $0 < p < 1$.

L'équivalence est celle du type, $G_o \equiv G_1 \Longleftrightarrow \exists \mu, \sigma > 0$ tels que $G_o(x) = G_1 (\frac{x-\mu}{\sigma})$, $\forall x$. Si $q(\theta) = (\theta_2, \theta_4)$ et, par example, $t(\theta) = (\theta_1, \theta_3)$, $\mathcal{H} = \{$lois absolument continues, symétriques autour de 0 d'intervalle interquartile 1$\}$, la condition I est satisfaite. En effet si nous considérons les observations Y_i avec $C_i = 0$ comme un échantillon et celles avec $C_i = 1$ comme un autre θ_2 est la différence entre les centres de symétrie des deux échantillons et θ_4 est le logarithme du rapport de leurs écarts. Ce problème a été introduit par Stein (1956) qui montre que sa condition (équivalente à S^*) est satisfaite (même si G est arbitraire – mais en ce cas l'interprétation de θ_2 manque). Il est facile de démontrer S^* directement. Des estimateurs adaptatifs ont été construits par Wolfowitz (1974) sous des conditions fortes.

On peut démontrer la validité de S^* dans quelques problèmes importants où aucun estimateur adaptatif n'est encore connu. Stein montre que la condition est valable dans un problème célèbre d'économétrie dû à Reiersol. On peut montrer aussi que I et S^* ont lieu pour le problème (introduit par Huber (1977)) d'estimation de la matrice normalisée des covariances d'une distribution obtenue par une transformation linéaire quelconque d'une distribution sphériquement symétrique arbitraire. La démonstration paraîtra ailleurs.

Un résultat négatif de Klaassen

Pour le problème de l'estimation d'un paramètre de translation Stone et Beran ont construit des estimateurs $\{T^*\}$ équivariants par translation (et homothétie) tels que

$$(11) \qquad \lim_n P_{(\theta,G)} \left[n^{1/2} I^{1/2}(G) \left| T_n^* - \theta \right| \leqslant x \right] = 2\Phi(x) - 1$$

pour tout $x \geqslant 0$, G symétrique autour de 0 où $I(G)$ est donné par (1).
Klaassen (1978) démontre un manque d'uniformité dans le passage à la
limite dans (11).

Soit $\widetilde{\mathcal{J}} = \{G$ symétrique autour de 0, $I(G) < \infty\}$, $\mathcal{J}_o \subset \widetilde{\mathcal{J}}$.

<u>Définition</u> : $\mathcal{J}_o$ a la propriété A si $\forall \varepsilon > 0$, $\delta > 0$

$$\exists G_o \in \mathcal{J}_o, \; \widetilde{G} \in \widetilde{\mathcal{J}} \ni V(G_o, \widetilde{G}) \leqslant \varepsilon, \; I(\widetilde{G}) \leqslant \delta I(G_o).$$

<u>Théorème</u> : (Klaassen (1978)) Si $\mathcal{J}_o$ a la propriété A et T_n est
équivariant par translation alors

$$(12) \qquad \inf \left\{ P_{(\theta,G)} \left[n^{1/2} I^{1/2}(G) \left| T_n^* - \theta \right| \leqslant x \right] : G \in \mathcal{J}_o \right\} = 0$$

pour tout $x \geqslant 0$.

<u>Proposition</u> : (i) $\widetilde{\mathcal{J}}$ a la propriété A.

(ii) $\mathcal{J}_o = \{G \in \widetilde{\mathcal{J}} : I(G) = 1\}$ a la propriété A.

<u>Démonstration</u> : (i) Huber (1964) montre que la fonction $G \to I(G)$ de
$\mathcal{J} = \{$lois symétriques autour de $0\}$ dans $R^+ \cup \{\infty\}$ est s.c.i.
pour la topologie faible sur $\mathcal{J}$. Soit $\widetilde{G} \in \widetilde{\mathcal{J}}$. Alors il existe
$\{\widetilde{G}_m\}$ $m \geqslant 1$ tel que $V(\widetilde{G}_m, \widetilde{G}) \to 0$ quand $m \to \infty$ et tel que $\widetilde{G}_m$ n'est pas
absolument continue, et par suite $I(\widetilde{G}_m) = \infty$. De la même façon, il
existe $\{\widetilde{G}_{mn}\}$ $n \geqslant 1$ tel que $V(\widetilde{G}_{mn}, \widetilde{G}_m) \to 0$ quand $n \to \infty$ et $\widetilde{G}_{mn} \in \widetilde{\mathcal{J}}$, $\forall m, n$.
Il résulte de la semicontinuité que $\underline{\lim}_n I(\widetilde{G}_{mn}) = \infty$. Prenons m
suffisamment grand pour que $V(\widetilde{G}_m, \widetilde{G}) \leqslant \frac{\varepsilon}{2}$, et puis $n(m)$ tel que
$I(\widetilde{G}_{mn}) \leqslant \delta I(G)$ et $V(\widetilde{G}_{mn}, \widetilde{G}_m) \leqslant \frac{\varepsilon}{2}$. Alors $\widetilde{G}$ et $G_o = \widetilde{G}_{mn(m)}$ nous donnent la
propriété A.

(ii) Soit pour $G \in \widetilde{\mathcal{J}}$, $a > 0$, $G^a(.) = G(\frac{.}{a})$. Alors,
$I(G^a) = I(G)/a^2$, $V(G^a, H^a) = V(G, H)$. Etant donné $G \in \widetilde{\mathcal{J}}$, $H \in \widetilde{\mathcal{J}}$ tels
que $V(G, H) \leqslant \varepsilon$ $I(G) \leqslant \delta I(H)$ soit $a = I^{1/2}(G)$. Alors $G^a \in \mathcal{J}_o$ et $G_o = G^a$,
$\widetilde{G} = H^a$ nous donnent la propriété A. $\square$

Le théorème repose sur le lemme suivant.

Lemme : Si T_n est équivariant par translation et $G \in \tilde{\mathcal{J}}$, la loi de T_n est absolument continue (Lebesgue) et la densité de $n^{1/2} I^{1/2}(G)(T_n - \theta)$ est bornée par $\frac{1}{2}$.

Démonstration :

$$(13) \qquad P_{(\theta,G)} \left[T_n - \theta \leqslant y \right]$$

$$= \int \cdots \iint_{[T_n \leqslant 0]} \prod_{i=1}^{n} g(x_i + y) \, dx_1 \cdots dx_n$$

d'après l'equivariance de T_n. Puisque $\int_{-\infty}^{\infty} |g'(x)| \, dx < \infty$ pour $G \in$ on peut montrer par un argument classique que,

$$(14) \quad \lim_{h \to 0} \int \cdots \int \left| \frac{\prod_{i=1}^{n} g(x_i+y+h) - \prod_{i=1}^{n} g(x_i+y) - \prod_{i=1}^{n} g(x_i+y) \sum_{j=1}^{n} \frac{g'(x_j+y)}{g(x_j+y)}}{h} \right|$$

$$dx_1 \cdots dx_n = 0$$

De (13) et (14) on déduit que $(T_n - \theta)$ a une densité qui est donnée par,

$$(15) \quad E_G \left[I_{[T_n \leqslant y]} \sum_{i=1}^{n} \frac{g'}{g}(X_i) \right]$$

Puisque $E_G \frac{g'}{g}(X_1) = 0$,

$$(16) \quad \left| E_G \left[I_{[T_n \leqslant y]} \sum_{i=1}^{n} \frac{g'}{g}(X_i) \right] \right| = \left| E_G \left[I_{[T_n > y]} \sum_{i=1}^{n} \frac{g'}{g}(X_i) \right] \right|$$

$$\leqslant \frac{1}{2} E_G \left| \sum_{i=1}^{n} \frac{g'}{g}(X_i) \right| \leqslant \frac{1}{2} E_G^{1/2} (\sum_{i=1}^{n} \frac{g'}{g}(X_i))^2 = \frac{1}{2} n^{1/2} I^{1/2}(G).$$

La lemme résulte de (15) et (16). □

Démonstration du théorème : Etant donné $\varepsilon > 0$, $\delta > 0$ choisissons $\tilde{G} \in \tilde{\mathcal{J}}$, $G_o \in \mathcal{J}_o$ ayant la propriété A. Alors pour T_n équivariant,

$$(17) \quad \inf \{ P_{(\theta,G)} \left[n^{1/2} I^{1/2}(G) |T_n - \theta| \leqslant x \right] : G \in \mathcal{J}_o \}$$

$$\leqslant P_{G_0} \left[n^{1/2} I^{1/2}(G_o) |T_n| \leqslant x \right] \leqslant P_{\tilde{G}} \left[n^{1/2} I^{1/2}(G_o) |T_n| \leqslant x \right]$$

$$+ V(G_o^{(n)}, \tilde{G}^{(n)})$$

où $G_o^{(n)}$, $\tilde{G}^{(n)}$ sont les mesures produits sur R^n et P_G veut dire $P_{(0,G)}$.

Mais,

$$V(G_o^{(n)}, \tilde{G}^{(n)}) \leqslant n \ V(G_o, G_1) \leqslant n \ \varepsilon \qquad \text{d'après}$$

la propriété A et

$$P_{\tilde{G}} \left[n^{1/2} I^{1/2}(G_o) \ |T_n| \leqslant x \right] = P_{\tilde{G}} \left[n^{1/2} I^{1/2}(\tilde{G}) \ |T_n| \leqslant x \ \left(\frac{I(\tilde{G})}{I(G_o)} \right)^{1/2} \right]$$

$$\leqslant x \ \left(\frac{I(\tilde{G})}{I(G_o)} \right)^{1/2} \leqslant x\delta^{1/2}$$

en vue du lemme et de la propriété A. Il s'ensuit que

$$\inf \{ P_{(\theta,G)} \left[n^{1/2} I^{1/2}(G) \ |T_n - \theta| \leqslant x \right] : G \in \mathcal{J}_o \} \leqslant n\varepsilon + x\delta^{1/2}$$

pour tout ε, $\delta > 0$ et le théorème est démontré. $\square$

NOTE : Ce résultat intéressant n'est pas tout à fait satisfaisant. La convergence en (11) n'est pas uniforme parce que pour chaque n il y a beaucoup de lois $G_o \in \mathcal{J}_o$ pour qui $n^{-1}I^{-1}(G_o)$ sous-estime sévèrement la "variance" de l'estimateur optimal -- même si on connaissait G_o! La démonstration repose sur l'existence d'autres lois $\tilde{G}$ très proches de G_o pour qui $n^{-1}I^{-1}(\tilde{G})$ est beaucoup plus grand, et n'est peut être pas la meilleure mesure de ce qu'on peut vraiment atteindre pour τ. Il semble qu'il reste d'intéressants problèmes à formuler ici outre l'extension de ce résultat à d'autres problèmes où l'adaptation est possible.

3. Statistique descriptive dans les modèles non paramétriques

Dans l'introduction nous avons parlé des situations assez fréquentes où on ne peut pas supposer que la population dont on a un échantillon est symétrique mais cependant on veut avoir une mesure du centre de la population, qui n'est pas nécessairement la moyenne. Suivant Takeuchi, Lehmann et Bickel (1973-78) ont essayé de formuler une théorie pour choisir des mesures raisonnables du centre et de l'échelle de populations arbitraires. D'autres aspects comme l'asymétrie et l'aplatissement restent à étudier.

Mesures de centralité : (Bickel-Lehmann (B-L) (1975))

Nous avons un modèle global de distributions sur R qui contient au moins toutes les distributions à support fini et est convexe et fermé pour les opérations du groupe affine. C'est à dire que si $F \in \mathcal{F}$ et $X \sim F$ alors la loi de $aX + b$ est dans $\mathcal{F}$ pour tout a,b. Une mesure de centralité est une fonctionnelle θ sur $\mathcal{F}$ qui a les propriétés suivantes. Nous écrivons $\theta(X)$ pour $\theta(F)$ où $X \sim F$, etc.

(i) $\theta(X + b) = \theta(X) + b$, $\forall b$, $F \in \mathcal{F}$.

(ii) $\theta(aX) = a\theta(X)$ $\forall a$, $F \in \mathcal{F}$.

Ecrivons $F \leqslant G$ si X, de loi F, est stochastiquement inférieure ou égale à G (c'est à dire, $F(x) \geqslant G(x)$, $\forall x$).

(iii) $F \leqslant G \Longrightarrow \theta(F) \leqslant \theta(G)$ pour F, $G \in \mathcal{F}$.

(iv) θ est continue sur $\mathcal{F}$ pour la topologie faible.

La propriété (i) exprime la notion minimale de "centre" et (ii) est également à peu près intuitive. La propriété (iii) que le centre doit grandir si les membres grandissent n'est pas aussi claire et suscite des difficultés comme nous le verrons. La propriété de stabilité (iv) est due à Hampel. Elle semble raisonnable mais élimine la moyenne. Voici quelques exemples. Nous ne préciserons pas $\mathcal{F}$ qui est au moins l'enveloppe convexe des probabilités à support fini.

Mesures de centralité (L) :

Soit

$F^{-1}(t) = \inf \{x : F(x) \geqslant t\}$, $0 < t < 1$, M, une mesure finie sur $(0,1)$

θ est par définition la mesure de centralité (L) correspondant à M

si

$$\theta(F) = \int_0^1 F^{-1}(t)\,dM(t).$$

Il est facile de voir que θ obéit à :

(i) si $M(0,1) = 1$,

et (ii) si M est symétrique autour de $\frac{1}{2}$

et   (iii)   si M est une mesure de probabilité

et   (iv)   si M est non atomique et pour un $0 < \alpha < \frac{1}{2}$, $M(0,\alpha) = 0$

Ces fonctionnelles correspondent, en faisant $F = \hat{F}_n$, la distribution empirique de l'échantillon, aux combinaisons linéaires de statistiques d'ordre. Les exemples les plus importants sont :

a)   M est la distribution uniforme sur $(0,1)$: La moyenne

b) $M = \delta_{1/2}$: La médiane

c)   M est la distribution uniforme sur $(\alpha, 1-\alpha)$, $0 < \alpha < \frac{1}{2}$:
   La moyenne tronquée "$\alpha \,{}^0/_0$ ".

Clairement , seule   la moyenne tronquée satisfait tous nos axiomes.

Mesures de centralité (M) :

Soit $\psi : R \to R$, croissante, continue et $\psi(-\infty) < 0 < \psi(\infty)$.
Alors par définition (dans cette section) la mesure de centralité (M) correspondant à $\psi,\theta(F)$, est la moyenne de l'intervalle de solutions $\{t\}$ de l'équation $\int \psi(x-t)dF(x) = 0$. Il est facile de voir que θ satisfait (i) et (iii) en tout cas et satisfait (iv) si et seulement si ψ est absolument bornée. Malheureusement θ satisfait (ii) essentiellement si et seulement si

(1) $\psi(x) = |x|^p \, \mathrm{sgn} \, x, \ p \geqslant 0$

et alors ne satisfait pas (iv).

Les θ qui correspondent à (1) réduisent au minimum $\int |x-t|^{p+1} dF(x)$. Nous les appellerons mesures L_p.

On peut construire des mesures de type (M) qui satisfont (i), (ii) et (iv) comme d'habitude en remplaçant $\psi(.)$ par $\psi(\frac{.}{\sigma(F)})$ où $\sigma(F)$ est une fonctionnelle telle que $\sigma(aX+b) = |a|\sigma(X)$. Mais typiquement les fonctionnelles $\theta(.)$ qu'on obtient n'obéissent pas à (iii). La difficulté vient peut être autant de la notion d'ordre stochastique sur laquelle l'axiome s'appuie que des fonctionnelles. Notons qu'on peut construire

F, G telles que $F \leqslant G$ mais si $X \sim F$, $Y \sim G$ la loi de $X \mid X \leqslant A$ est stochastiquement plus grande que celle de $Y \mid Y \leqslant A$ pour un A fixe. Par exemple, prenons les densités suivantes f,g pour F,G concentrés sur $(0,1)$.

$$g(x) = 1, \ 0 < x < 1$$

$$f(x) = 1, \ 0 < x < t_o < 1$$

$$= \frac{(1-t_o)}{(t_1-t_o)} , \ t_o < x < t_1 < 1$$

$$= 0, \ x > t_1$$

et $t_o < A < t_1$.

On peut aussi définir des mesures de centralité correspondant à des estimateurs (R) comme dans Astérisque Ch. V. Ils sont discutés dans B-L (1975) mais ne sont pas satisfaisants.

Le choix entre les mesures de centralité

Pour principe de choix dans la classe de mesures de centralité nous adoptons la facilité avec laquelle on peut les estimer en employant un échantillon. Plus précisément si θ_1, θ_2 sont deux mesures de centralité telles que pour $i = 1, 2$, et $\hat{F}_n$, la distribution empirique,

$$\mathcal{L}_F(n^{1/2}(\theta_i(\hat{F}_n) - \theta_i(F))) \to N(0, \sigma_i^2(F))$$

alors on préfère θ_1 à θ_2 pour F si

$$\sigma_2^2(F) > \sigma_1^2(F).$$

Clairement il n'y a aucune mesure de centralité qui soit préférable à toutes les autres pour F dans une grande classe $\mathcal{F}$. Définissons l'efficacité de θ_1, (relative à la moyenne) par,

$$e(F) = \sigma^2(F) \ / \ \sigma_1^2(F)$$

où $\sigma^2(F)$ est la variance de F. Une mesure θ_1 est alors satisfaisante si

(a) $e(\Phi)$ est proche de 1

(b) $\inf_{\mathcal{F}_1} e(F)$ est positif et assez grand

(c) $\sup_{\mathcal{F}_1} e(F) = \infty$

(d) $e(F) > 1$ pour des lois raisonnables.

où $\mathcal{F}_1 \subset \mathcal{F}$ est un grand ensemble de lois F telles que la convergence vers une loi Gaussienne soit valable pour $n^{1/2}(\theta_1(\hat{F}_n) - \theta_1(F))$. Dans la suite, nous **prenons** pour $\mathcal{F}_1$ l'ensemble des lois continues telles que $\theta_1(\hat{F}_n)$ le développement satisfasse (2) de la première section, c'est à dire

$$(2) \quad \hat{\theta}_1(\hat{F}_n) = \theta_1(F) + n^{-1} \sum_{i=1}^{n} \theta^1(F, X_i) + o_{P_F}(n^{-1/2})$$

où
$$\theta^1(F, x) = \frac{\partial}{\partial \varepsilon} \theta(F + \varepsilon(\delta_x - F)) \Big|_{\varepsilon=0}.$$

Nous dirons qu'en ce cas θ_i peut être approchée au sens de V. Mises en F.

Dans B-L (1975) nous démontrons que les moyennes tronquées pour $.05 \leqslant \alpha \leqslant .10$ semblent satisfaisantes. Voici deux résultats dans cette direction.

<u>Théorème</u> : Si θ_1 est la moyenne tronquée "$\alpha\,{}^0/_0$" ,

$$(3) \quad \inf_{\mathcal{F}_1} e(F) = (1 - 2\alpha)^2$$

$$\sup_{\mathcal{F}_1} e(F) = \infty.$$

(On sait d'après Stigler (1973) que dans ce cas on peut prendre $\mathcal{F}_1 = \{F : F \text{ continue}, F^{-1}(\alpha), F^{-1}(1-\alpha) \text{ uniques}\}$).

<u>Démonstration de (2)</u> : On peut montrer davantage. Soient θ_1, θ_2 deux fonctionnelles (L) correspondant à des mesures M_1, M_2 absolument continues de densités m_1, m_2 telles que $0 \leqslant m_1(t) \leqslant K\, m_2(t)$, $0 < t < 1$.

Alors, si, pour $i = 1,2$, θ_i peut être approchée au sens de V. Mises en F et $\sigma_i^2(F)$ est l'intégrale (en F) du carré de la courbe d'influence de θ_i,

$$(4) \quad \sigma_1^2(F) \leqslant K^2 \sigma_2^2(F).$$

Si nous **faisons** $m_2(t) \equiv 1$, et $m_1(t) = (1 - 2\alpha)^{-1}$, $\alpha \leqslant t \leqslant 1 - \alpha$ et 0 autrement il s'ensuit que l'inf dans (3) est $\geqslant (1 - 2\alpha)^2$. Pour démontrer (4) nous employons la formule connue, (<u>Astérisque</u>, Ch. VI, Théorème 3.1 et (3.5)),

$$\sigma_i^2(F) = \text{Var } U_i(T)$$

où T a une distribution uniforme sur $(0,1)$ et

$$(5) \quad U_i(t) = \int_{1/2}^{t} m_i(t)dF^{-1}(t).$$

Cette formule est en accord avec la formule connue pour $\theta_i^1(F,.)$ (Exemple 8, Ch. XIV, <u>Astérisque</u>).

Soient T_1, T_2 indépendants et uniformément distribués sur $(0,1)$. Alors,

$$\text{Var }(U_1(T)) = \frac{1}{2} E(U_1(T_2) - U_1(T_1))^2$$

$$= \frac{1}{2} E\left(\int_{T_1}^{T_2} m_1(t)dF^{-1}(t)\right)^2 \leqslant \frac{K^2}{2} E\left(\int_{T_1}^{T_2} m_2(t)dF^{-1}(t)\right)^2$$

$$= K^2 \text{ Var } U_2(T).$$

L'inégalité (4) en résulte.

La démonstration de (4) montre aussi qu'on peut se rapprocher de la borne $(1 - 2\alpha)^2$ dans notre cas en considérant des lois F telles que la masse 2α au dehors de $F^{-1}(\alpha)$, $F^{-1}(1 - \alpha)$ soit placée de plus en plus près de $F^{-1}(\alpha)$, $F^{-1}(1 - \alpha)$.

La seconde assertion de (3) est évidente. $\square$

On trouvera dans B-L (1975) d'autres inégalités. Par exemple, si on considère la famille $\mathcal{J}$ de distributions qu'on peut obtenir en mélangeant des distributions Gaussiennes de moyenne 0 et $\theta(.)$ est une moyenne tronquée, alors,

$$\inf_{\mathcal{J}} e(F) = e(\Phi).$$

La famille $\mathcal{J}$ contient les lois de "Student", et celle de Laplace et la loi logistique. Voir Efron-Olshen (1978) pour des propriétés de $\mathcal{J}$.

B-L (1975) contient aussi des résultats analogues pour les mesures L_p de même que des résultats numériques pour toutes ces fonctionnelles.

<u>Mesures d'échelle</u> : (Bickel-Lehmann (B-L) (1976))

Soit $\mathcal{F}$ un ensemble convexe de distributions symétriques autour de 0 contenant au moins toutes celles qui sont à support fini. Tout tel ensemble correspond uniquement à un ensemble de distributions sur R^+ par la correspondance qui envoie la loi de X, disons F, dans la loi de $|X|$, disons F^+. Nous appellerons l'ensemble correspondant $\mathcal{F}^+$. Alors <u>une mesure d'échelle</u> τ est une fonctionnelle sur $\mathcal{F}$ (ou $\mathcal{F}^+$) telle que,

(i) $\tau(F) \geqslant 0$

(ii) Si $X \sim F \in \mathcal{F}$, $\tau(aX) = |a|\tau(X)$

(iii) Si $F^+ \leqslant G^+$, $\tau(F) \leqslant \tau(G)$

(iv) τ est continue pour la topologie faible sur $\mathcal{F}$.

Une classe d'exemples correspondant aux mesures de centralité (L) est celle des fonctionnelles,

$$(6) \quad \tau(F) = \left\{ \int_0^1 ([F^+]^{-1}(t))^\gamma \, dM(t) \right\}^{1/\gamma}$$

où $\gamma > 0$, M est une probabilité sur $(0,1)$. Tous les axiomes sont satisfaits si et seulement si M est non atomique et $M(\alpha,1) = 0$ pour $\alpha > 0$. Cette fois aussi les mesures d'échelle les mieux connues, l'écart quadratique moyen ($\gamma = 2$, $dM(t) = dt$) et l'écart absolu ($\gamma = 1$, $dM(t) = dt$) ne satisfont pas (iv).

B-L (1976) introduisent l'écart quadratique doublement tronqué correspondant à $\gamma = 2$, $dM(t) = dt(1 - \alpha - \beta)^{-1}$, $0 < \alpha \leqslant t \leqslant \beta < 1$, $= 0$ $t < \alpha$ ou $t > \beta$.

Nous examinons le fonctionnement d'une mesure τ_1 du point de vue de son efficacité relative à l'écart quadratique moyen, $\sigma(F)$. Si $_F(n^{1/2}(\tau_1(\hat{F}_n) - \tau_1(F)))$ tend vers $N(0, V_1(F))$ nous définissons cette efficacité par,

$$(7) \quad \tilde{e}(F) = [W(F) / \sigma^2(F)] [V(F) / \tau_1^2(F)]^{-1}$$

où $W(F) = \frac{1}{4} \text{Var}_F X_1^2$

est la variance asymptotique de $\sigma(\hat{F}_n)$. La définition (7) est prônée

dans B-L (1976). Elle semble être la seule définition raisonnable cohérente

avec la définition correspondante pour les mesures de centralité. B-L

(1976) montrent que l'écart doublement tronqué est satisfaisant du point

de vue numérique pour beaucoup de distributions raisonnables mais

inf $\underset{1}{\mathscr{F}}$ e(F) = 0 pour n'importe quelle troncature. Les seuls résultats

théoriques positifs qu'on trouve sont des bornes inférieures positives pour

l'efficacité de l'écart absolu par rapport à l'écart quadratique moyen pour $\mathscr{F} =$

{distributions symétriques}, {distributions symétriques unimodales},

{mélanges de lois Gaussiennes de moyenne 0}.

    Ces résultats peuvent être étendus aux mesures d'échelle quand la

distribution F est symétrique autour d'un centre de symétrie inconnu.

Le cas asymétrique est traité dans Bickel-Lehmann (1978; Mémorial à

J. Hàjek).

4.   Robustesse des plans de sondage contre la dépendance

    Je veux discuter une question de robustesse tout à fait différente

de celles que nous avons regardées dans les conférences précédentes.

    Nous commençons par un problème classique. On se donne un intervalle

$[0,T]$. Sur cet intervalle nous pouvons choisir n points d'observation,

$0 \leqslant t_1 \leqslant t_2 \ldots \leqslant t_n \leqslant T$. Si on choisit t on observe,

(1) $Y(t) = \theta t + \varepsilon(t)$

où θ est inconnu et $\varepsilon(t) \sim N(0,\sigma^2)$, σ^2 inconnu. On suppose que les

observations $Y(t_1)$, ..., $Y(t_n)$ sont indépendantes. Le problème est de

choisir un plan de sondage, c'est à dire t_1, ..., t_n de telle façon qu'on

puisse estimer θ, sans biais, aussi bien que possible du point de vue

de la variance. La solution est bien connue et très simple :

Quel que soit le plan de sondage on emploie l'estimateur de Markoff,

(2) $\hat{\theta}_2 = \sum_{i=1}^{n} t_i Y(t_i) \Big/ \sum_{i=1}^{n} t_i^2$

et le meilleur plan de sondage est de mettre **toutes** les observations en T.

Nous avons déjà vu le manque de robustesse de cet estimateur contre des écarts par rapport à la forme hypothétique de la loi de Y(t), i.e., ou la loi Gaussienne de $\varepsilon(t)$ ou la dépendance linéaire de EY(t) en t. Mais le plan de sondage est encore moins satisfaisant.

(i) Il ne nous donne aucun moyen de conclure si la dépendance linéaire de EY(t) en t est vraiment valable.

(ii) Il est **très** sensible aux types de dépendance familiers où la variable t est le temps d'observation, et les observations prises au même temps sont très dépendantes.

Des plans de sondage robustes contre le premier type d'écart dans une classe de tels problèmes ont été étudiés par Huber (1975). Nous nous intéressons au second type (Bickel- Herzberg (1979) (B-H), et Bickel, Herzberg, Schilling (1979) (B-H-S)).

<u>Le modèle</u> : Comme ci-dessus, nous devons choisir $0 \leqslant t_1 \leqslant \ldots \leqslant t_n \leqslant T$ et alors observons $Y_1(t_1), \ldots Y_n(t_n)$

où

(3) $Y_i(t_i) = \theta f(t_i) + \varepsilon_i(t_i)$, i = 1, ..., n

et

(i) f est connue, θ est inconnu.

(ii) $(Y_1(t_1), \ldots, Y_n(t_n))$ obéit à une loi gaussienne multivariée avec

(a) $E\varepsilon_i(t_i) = 0$ (b) $\text{Var } \varepsilon_i(t_i) = \sigma^2 < \infty$

(c) $\text{cov} (\varepsilon_i(t_i), \varepsilon_j(t_j)) = \gamma\rho(t_i - t_j)$ pour tous $i \neq j$,

où $0 \leqslant \gamma \leqslant 1$ et ρ est une fonction de corrélation qui est continue. C'est à dire que ρ est continue et symétrique, $\rho(0) = 1$ et la matrice

$||\rho(t_i - t_j)||_{1 \leqslant i \leqslant m, \ 1 \leqslant j \leqslant m}$ est hermitienne positive pour tout
$- T \leqslant t_1, \ldots, t_m \leqslant T$.

Ce modèle correspond à la situation suivante : La variation
stochastique $\varepsilon_i(t_i)$ de $Y_i(t_i)$ a deux parties :

$$\varepsilon_i(t_i) = \varepsilon'(t_i) + \varepsilon_i''$$

où $\varepsilon'(.)$ est un processus stochastique gaussien continu en moyenne
quadratique avec $\mathrm{cov}(\varepsilon'(s), \ \varepsilon'(t)) = \sigma^2 \rho(t - s)$ tandis que $\varepsilon_1'', \ldots, \varepsilon_n''$
sont des "erreurs" indépendantes, l'une de l'autre et de $\varepsilon'(.)$ qui ont la
loi commune $N(0, (1 - \gamma)\sigma^2)$.

Si ρ et γ sont connus le choix de $\left[t_1, \ldots, t_n \right]$ est dicté par la
minimisation de la variance de l'estimateur efficace de θ qui est donnée
par $\sigma^2 \left[f_{1xn} U_{nxn} f_{nx1}^T \right]^{-1}$ où

$$f = (f(t_1), \ldots, f(t_n)), \quad U = ||\gamma \rho(t_i - t_j) + (1 - \gamma)\delta_{ij}||.$$

Il est difficile d'obtenir des solutions explicites de ce problème puisque
U dépend de $(t_1, \ldots, t_n)$ d'une façon compliquée. Une théorie asymptotique
a été développée par Sacks-Ylvisaker (1966) pour $n \to \infty$, T fixe, $\gamma = 1$.
Mais les solutions qu'on obtient ne sont pas très explicites et dépendent
assez fortement de la forme de ρ.

Nous nous intéressons à des situations où γ et la forme de ρ ne sont
pas bien connus mais sont tels que la dépendance entre $Y(s)$ et $Y(t)$ pour
$s \neq t$ est petite. Cela nous mène à une théorie asymptotique où ρ dépend
de n,

(4) $\quad \rho_n(t) = \rho_1(nt)$

et $\rho_1(t) \to 0$ quand $t \to \infty$.

Dans ce cas nous étudierons la variance asymptotique de l'estimateur
de Markoff,

(5) $\quad \hat{\theta} = \sum_{i=1}^{n} f(t_i) Y_i(t_i) \ / \ \sum_{i=1}^{n} f^2(t_i)$

donnée par,

(6) $\qquad \sigma_n^2 = \sigma^2 (fUf^T)(ff^T)^{-2}$

Puis nous employerons les formules obtenues dans le choix de plans optimaux et robustes contre des écarts par rapport à la forme hypothétique de ρ et de γ.

On peut justifier cette théorie asymptotique de trois points de vue:

1) La variance σ_n^2 , et a fortiori celle des estimateurs efficaces, est d'ordre n^{-1} comme lorsque $\gamma = 0$ plutôt que $O(1)$ comme dans Sacks-Ylvisaker. Cela nous permet de comparer honnêtement la perte d'efficacité sous l'indépendance et le gain pour un $\gamma \neq 0$.

2) Cette théorie est équivalente pour f un polynôme à une variable où on fixe ρ mais on laisse T varier comme n. C'est raisonnable puisque quand le nombre d'observations à prendre grandit, d'habitude, l'intervalle dans lequel on peut observer grandit aussi.

3) Cette théorie donne une bonne approximation pour n fixe.

Puisque nous ne voulons pas supposer une connaissance trop précise de γ, et de ρ_1, et que ρ_n est proche du cas de l'indépendance, il est raisonnable de considérer l'estimateur de Markoff plutôt que l'estimateur efficace. Aussi peut on montrer pour quelques plans de sondage que la variance asymptotique des deux estimateurs est en effet la même.

Théorie asymptotique :

Soit a : $[0,1] \rightarrow [0,T]$, croissante et continue.

Définissons une suite de plans de sondage $[t_{1n} \leqslant \ldots \leqslant t_{nn}]_{n \geqslant 1}$ par

(7) $\qquad t_{in} = a\left(\frac{i-1}{n-1}\right)$, $i = 1, \ldots, n$.

La suite de plans et a(.) se déterminent l'une l'autre. Clairement tout plan de sondage peut être plongé dans une infinité de telles suites mais d'habitude il y a un choix "naturel" pour a(.). Par exemple le plan qui prend toutes les observations en T correspond à $a(t) \equiv T$ et le plan que nous appellerons "à intervalles égaux", $t_i = \frac{(i-1)}{n-1} T$, $i = 1, \ldots, n$

correspond naturellement à $a(t) = tT$. La fonction a est approximativement

l'inverse de la "mesure du plan" qui attache la masse n^{-1} à t_{in}, $i=1, \ldots, n$.

On a besoin de quelques conditions,

A : La fonction a est deux fois continûment différentiable et inf $a' > 0$

[Donc $0 < \inf a' \leqslant \sup a' < \infty$; $\sup |a''| < \infty$].

R : La fonction ρ_1 est continûment différentiable sur $(0,\infty)$,

(i) $\sup |\rho_1'| < \infty$, $\rho_1'(t) \leqslant 0$ pour t suffisamment grand

et

(ii) $\int_0^\infty |\rho_1(s)| ds < \infty$

F : La fonction f obéit à une condition de Lipschitz du premier ordre sur

$[0,T]$.

Soit, pour $t \geqslant 0$,

(8) $$Q(t) = \sum_{j=1}^\infty \rho_1(jt).$$

La condition R garantit que Q est bien défini et fini pour $t > 0$.

Théorème 1 : Si A, R, F sont vérifiées, f n'est pas égale à 0 p.p.,

$\int_0^1 f^2(a(t)) Q(a'(t)) dt$ est fini et $\{t_{in}\}_{n \geqslant 1}$ est défini par (7), alors

(9) $$n\sigma_n^2 \to \sigma^2 U(a)$$

où

$$U(a) = \left[\int_0^1 f^2(a(t)) dt \right]^{-2} \left\{ \int_0^1 f^2(a(t)) dt + 2\gamma \int_0^1 f^2(a(t)) Q(a'(t)) dt \right\}.$$

Démonstration : Nous donnons une esquisse. Les détails sont dans (B-H).

De (6) on tire

(10) $$n \frac{\sigma_n^2}{\sigma^2} = \left[n^{-1} \sum_{i=1}^n f^2(t_{in}) \right]^{-2} \left\{ n^{-1} \sum_i f^2(t_{in}) + n^{-1} \sum_{i \neq j} f(t_{in}) f(t_{jn}) \right.$$

$$\left. \rho_1(n(t_{in} - t_{jn})) \right\}.$$

Clairement,

$$(11) \qquad n^{-1} \sum_{i=1}^{n} f^2(t_{in}) \longrightarrow \int_0^1 f^2(a(t))dt.$$

Puis on écrit

$$(12) \qquad n^{-1} \sum_{i \neq j} f(t_{in})f(t_{jn})\rho_1(n(t_{in}-t_{jn})) = n^{-1} \sum_i f^2(t_{in}) \sum_{i \neq j} \rho_1(n(t_{in}-t_{jn}))$$

$$+ \quad n^{-1} \sum_j f(t_{jn}) \sum_{i \neq j} (f(t_{in}) - f(t_{jn}))\rho_1(n(t_{in} - t_{jn})).$$

Le second terme à droite est négligeable. On doit séparer la somme intérieure en deux parties, $|i - j| \leqslant r_n$ où $r_n = o(n^{1/3})$ et son complément. La première partie est négligeable en employant R, les bornes supérieures en A et la condition de Lipschitz sur f. La seconde est négligeable puisque f est absolument bornée, R est valable, et on a la borne inférieure sur a' en A.

De la même façon, on peut montrer que dans le premier terme à droite dans (12) on peut se limiter à $|j-i| \leqslant r_n$ où $r_n = o(n^{1/3})$. Pour de tels i, j, l'approximation $n(t_{in} - t_{jn}) \simeq a'((j - 1)/(n - 1)) (j - i)$ est valable. Par suite,

$$n^{-1} \sum_j f^2(t_{jn}) \sum_{i \neq j} \rho_1(n(t_{in} - t_{jn}))$$

$$\simeq \quad n^{-1} \sum_j f^2(t_{jn}) \sum_{k \neq 0} \rho_1(a'((j-1) / (n-1))k)$$

$$= \quad 2 \int_0^1 f^2(a(t))Q(a'(t))dt + o(1).$$

Le théorème résulte de ces observations et (10), (11) et (12). □

Plans optimaux

Le théorème nous mène aux deux problèmes suivants.

O : Trouver a^* qui réduise au minimum U(a) pour tout a satisfaisant A.

O' : Trouver a^* qui réduise au minimum U(a) pour tout a satisfaisant A et tel que $\int_0^1 f^2(a(t))dt \geqslant \lambda T^2$.

Le premier problème variationnel correspond à l'optimalité pure, le second à l'optimalité parmi les plans dont l'efficacité quand $\gamma = 0$ est au moins λ. Le second correspond au point de vue de la théorie de la robustesse.

A l'aide des multiplicateurs de Lagrange on peut résoudre ces problèmes sous des conditions supplémentaires.

R (iii) ρ_1 est strictement convexe sur $(0,\infty)$.

Il s'ensuit que Q est convexe et continûment différentiable avec

$$Q'(t) = \sum_{j=1}^{\infty} j\rho_1'(jt).$$

R (iv) $Q'(t) = \Omega(t^{-2})$ quand $t \downarrow 0$.

Un exemple important de ρ_1 satisfaisant R est la corrélation du processus gaussien de Markoff, $\rho_1(t) = e^{-\lambda|t|}$.

Soit,

(13) $\qquad\qquad H(t) = Q(t) - tQ'(t), \ t > 0.$

On peut montrer que, sous R(iii), H : $(0,\infty) \rightarrow (0,\infty)$ et H est strictement décroissante, $H(0+) = \infty$, $H(\infty) = 0$.

Soit, pour ρ satisfaisant R(i) - (iv),

(14) $\quad q(x,\mu,\tau) = \{H^{-1}[\mu(1-\tau f^{-2}(x))]\}^{-1}$ si $\mu(1-\tau f^2(x)) \geqslant 0$ et $0 \leqslant x \leqslant T$

$\qquad\qquad\qquad = 0$ autrement.

Théorème 2 : Si f est continue, et R(iii) et (iv) sont valables alors la solution a* de 0 existe. Elle est déterminée de la façon suivante :

Il existe μ^*, τ^* tels que,

$$\int_0^1 q(x,\mu^*,\tau^*)dx = 1$$

$$\int_0^1 Q([q(x,\mu^*,\tau^*)]^{-1})f^2(x)q(x,\mu^*,\tau^*)dx = \mu^* - \frac{1}{2\gamma}$$

Alors, a^* est défini par,

$$\int_0^{a^*(t)} q(x,\mu^*,\tau^*)dx = t, \ 0 < t < 1.$$

C'est à dire a^* est l'inverse de la distribution de densité $q(.,\mu^*,\tau^*)$.

Exemple 1 : Translation

Si $f(t) \equiv 1$, toute densité q est constante et il s'ensuit que la solution de 0 est le plan à intervalles égaux quel que soit ρ_1 satisfaisant R et γ.

En ce cas puisque quand $\gamma = 0$ tout plan de sondage a la même variance, il s'ensuit que ce plan est optimal pour tout 0'.

Exemple 2 : Régression

Si $f(t) = t$, la solution dépend de ρ_1, γ, et T. La forme est donnée par la figure 1.

Cependant (B-H) montrent que quand $T \to 0$ le plan à intervalles égaux devient asymptotiquement optimal pour ce problème aussi. (B-H-S), en étudiant les plans exactement optimaux pour n fixe et $\rho_1(t) = e^{-\lambda|t|}$, montrent dans la table suivante que ce plan est assez bon pour des valeurs de n, λ, γ, T raisonnables.

Nous renvoyons à (B-H) et (B-H-S) pour des généralisations, rapports avec d'autres travaux et diverses questions ouvertes.

La table suivante donne le rapport entre la variance de $\hat{\theta}$ pour le plan optimal et le plan à intervalles égaux pour $f(t) = t$, $\rho_1(t) = e^{-\lambda|t|}$, T = 1 et des valeurs sélectionnées de γ, λ et n. Le choix de ces valeurs de γ, λ et le rapport avec d'autres valeurs de T sont discutés dans (B-H-S).

Table : Efficacité du plan à intervalles égaux

$\gamma = 1$

λ \ n	10	20	∞
1.0	.908	.903	.897
0.8	.941	.937	.934
0.6	.961	.958	.965
0.4	.944	.946	.987
0.2	.897	.886	.998

$\gamma = 0.5$

λ \ n	10	20	∞
1.0	.773	.771	.770
0.8	.795	.803	.813
0.6	.807	.829	.862
0.4	.804	.842	.913
0.2	.762	.799	.964

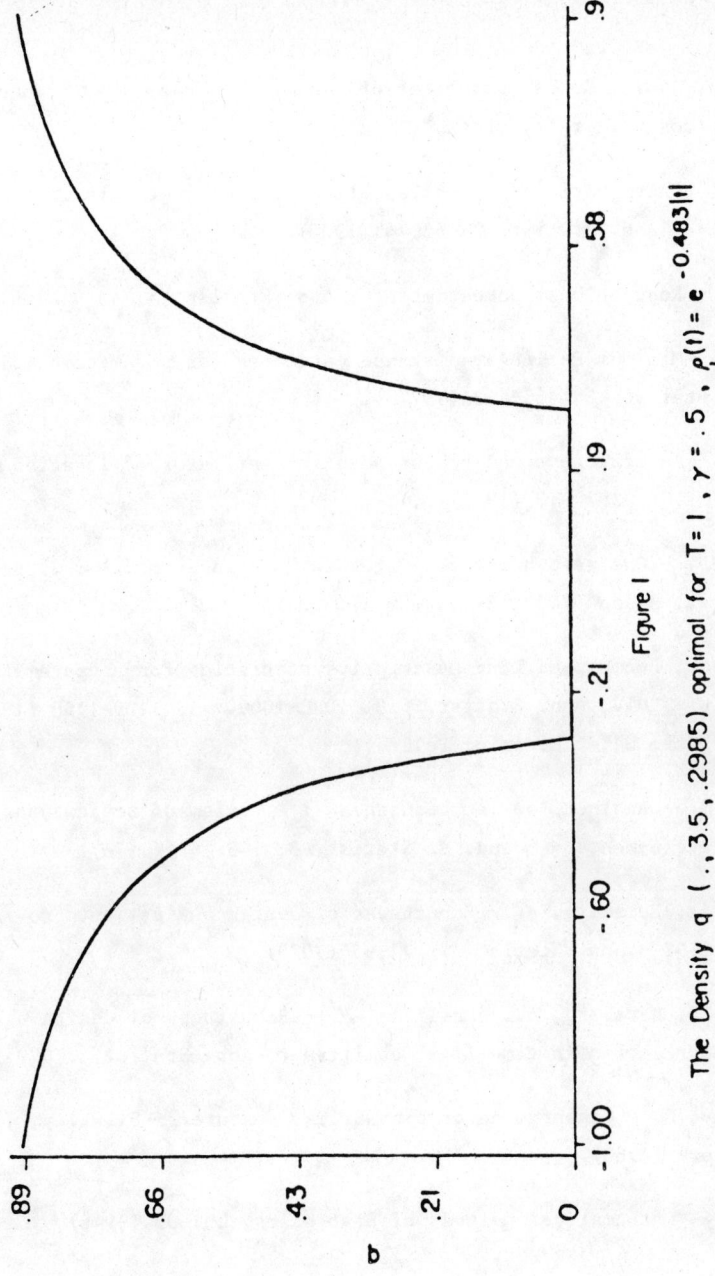

Figure I

The Density q (., 3.5, .2985) optimal for T=1, γ = .5, $\rho_i(t) = e^{-0.483|t|}$

Bibliographie

Andrews, D.F., Bickel, P.J., Hampel, F.R., Huber, P.J., Rogers, W.H., Tukey, J.W. - Robust estimates of location (Survey and Advances) - Princeton University Press, (1972).

Beran, R . - Asymptotic efficient adaptive rank estimates in location models - Ann. Statist. 2, 63-74 (1974).

Beran, R. - Robust location estimates - Ann. Statist. 5, 431-444 (1977a).

Beran, R. - Minimum Hellinger distance estimates for parametric models - Ann. Statist. 5, 445-463 (1977b).

Beran, R. - An efficient and robust adaptive estimator of location - Ann. Statist. 6, 292-313 (1978).

Bickel, P.J. - One step Huber estimates in the linear model - J. Amer. Statist. Assoc. 70, 428-434 (1975).

Bickel, P.J., Lehmann, E.L. - Descriptive statistics for nonparametric models - I-IV, Ann. Statist. : 3, 1038-1069 : 4, 1139-1158 (1976). A paraître Hàjek Memorial Volume.

Bickel, P.J. - Another look at robustness : A review of reviews and some new developments - Scand. J. Statist. 3, 145-168 (1976).

Bickel, P.J., Herzberg, A. - Robustness of design against auto-correlation in time I - Ann. Statist. 7, 77-95 (1979).

Bickel, P.J., Herzberg, A., Schilling, M. - Robustness of design against autocorrelation in time II - Submitted to Ann. Statist. (1979).

Billingsley, P. - Convergence of probability measures - J. Wiley, New York (1968).

Cramèr, H. - Mathematical methods of Statistics, Ch. 33 (1946).

Castelle, D., Dacunha, et. al. - Théorie de la robustesse (surtout Ch. I-VI, XIV-XVI), Astérisque, 43-44, pp. 1-300 (1977).

Durbin, J. - Distribution theory for tests based on the sample d.f. - S.I.A.M., Philadelphia (1973).

van Eeden, C. - Efficient robust estimation of location - Ann. Math. Statist. 41, 172-181 (1970).

Efron, B., Olshen, R. - How broad is the class of normal scale mixtures? - Ann. Statist. 6, 1159-1164 (1978).

Hàjek, J., Sidak, Z. - Theory of Rank Tests - Academic Press, New York, Ch. 6, Sect.1, (1967).

Hàjek, J. - Limiting properties of likelihoods and inference - Foundations of Statistics (D.A. Sprott and V. Godanbe, Eds.), (1971).

Hàjek, J. - Local asymptotic minimax and admissibility in estimation - Proc. Sixth Berkeley Symp. Math. Stat. Prob., (1972).

Hampel, F.R. - Contributions to the theory of robust estimation - Univ. of California, Berkeley (Thèse, 1968).

Hampel, F.R. - The influence curve and its role in robust estimation - J.A.S.A., 69, N°346, pp. 383-393 (1974).

Hampel, F.R. - Modern trends in the theory of robustness - Math. Operations forschung Statist. Ser. Statistics, 9, 425-442 (1978).

Hampel, F.R. - Optimally bounding the gross-error-sensitivity and the influence of position in factor space - Research Report 18, Fachgruppe fur Statistik, E.T.H. Zurich (1978).

Hodges, J.L., Lehmann, E.L. - Some problems in minimax point estimation - Ann. Math. Statist. 21, 182-197 (1950).

Hoeffding, W. - The role of assumptions in statistical decisions - Proc. III Berkeley Symp. Math. Stat. Prob., 105-116, Univ. California Press (1956).

Hoeffding, W., Wolfowitz, J. - Distinguishability of sets of distributions - Ann. Math. Statist. 29, 700-718 (1958).

Hogg, R. - Adaptive robust procedures - J. Amer. Statist. Assoc., 69, 909-921 (1974).

Hogg, R., et. al. - Special Issue on Robustness - Comm. in Statistics, A6, 9, 789-894 (1977).

Huber, C. - Etude asymptotique de tests robustes - Thèse à l'Ecole Poly-
technique Fédérale de Zurich (1970).

Huber, P.J. - Robust estimation of a location parameter - Ann. Math. Stat.,
35, 73-101 (1964).

Huber, P.J. - The behaviour of maximum likelihood estimates under non
standard conditions - Proc. Fifth Berk. Symp on Math. Stat. & Prob.,
Vol.1, pp. 221-233 (1967).

Huber, P.J. - Robust confidence limits - Z. Wahrscheinlichkeitstheorie verw.
Geb. 10, pp. 269-278 (1968).

Huber, P.J. - The 1972 Wald Lecture : robust statistics : a review -
Ann. Math. Stat. 43, pp. 1041-1067 (1972).

Huber, P.J. - Robust regression : asymptotic conjectures and Monte Carlo -
Ann. Math. Statist. Vol.1, N°5 (1973).

Huber, P.J. - Robustness and designs, in A survey of statistical design
and linear models. J. Srivastava, Ed., North Holland, Amsterdam (1975).

Huber, P.J. - Robust Statistical Procedures - S.I.A.M. (1977).

Huber, P.J. - Robust covariances - Statistical Decision Theory and Related
Topics, II, S.S. Gupta and D.S. Moore, Eds., Academic Press, New York
(1977).

Jaeckel, L.A. - Robust estimates of location (Thèse), Berkeley (1969).

Jaeckel, L.A. - Robust estimates of location : symmetry and asymmetric
contamination. Ann. Math. Statist. 42, N°3, 1020-1035, 1971.

Jeffreys, H. - Theory of Probability - Clarendon Press, Oxford (1939).

Klaassen, C.A.J. - Nonuniformity of the convergence of location estimators -
(Preprint) Math. Centrum, Amsterdam (1978).

Krasker, W. - Thèse, M.I.T. (1977).

Le Cam, L. - Likelihood functions for large numbers of independent
observations - Festschrift for J. Neyman (F.N. David, Ed.),
J. Wiley (1966).

Le Cam, L. - Théorie asymptotique de la décision statistique - Les Presses
    de l'Université de Montreal (1969).

Le Cam, L. - Notes on asymptotic methods in statistical decision theory -
    Centre de Recherches Mathématiques - Université de Montreal , 1969.

Lehmann, E.L. - Testing statistical hypotheses, Wiley, New York (1959).

von Mises, R. - On the asymptotic distribution of differentiable
    statistical functions. Ann. Math. Statist. 18, 309-348 (1947).

Neustadt, L. - Optimization - Princeton University Press (1976).

Reeds, J.W. - On the definition of von Mises functionals - Ph.D.,
    Dissertation, Harvard University (1976).

Rieder, H. - Estimates derived from robust tests (Submitted to Ann. Statist.)
    (1978).

Rieder, H. - A robust asymptotic testing model - Ann. Statist. 6, 1080-1094
    (1978).

Rieder, H. - A note on local asymptotic minimaxity and admissibility in
    robust estimation (Submitted to Ann. Statist.)

Sacks, J., Ylvisaker, D. - Designs for regression problems with correlated
    errors. Ann. Math. Statist., 37, 66-89 (1966).

Shapiro, S.S., Wilk, M.B., Chen, H.S. - A comparative study of various tests
    for normality - J. Amer. Statist. Assoc., 63, 1343-1372 (1969).

Stein, C. - Efficient nonparametric Testing and Estimation - Proceedings of
    the Third Berkeley Symposium on Math. Stat. & Prob., pp. 187-195 (1956).

Stone, C.J. -   Adaptive maximum likelihood of a location parameter - Annals
    of Statistics, 3, pp. 267-284 (1975).

Strassen, V. - The existence of probability measures with given marginals -
    Ann. Math. Statist., 36, pp. 423-439 (1965).

Takeuchi, K. - A uniformly asymptotically optimal estimate of a location
    parameter. J. Amer. Statist. Assoc., 66, 292-301 (1971).

Tukey, J.W. - A survey of sampling from contaminated distributions -
    Contrib. to Prob. and Stat., (Olkin, Ed.), pp. 448-485, Stanford
    University Press (1960).

Weiss, L., Wolfowitz, J. - Asymptotically efficient estimation of non-
    parametric regression coefficients - Statistical Decision Theory
    and Related Topics, (S. Gupta and J. Yackel, Eds.), Academic Press,
    New York, (1971).

Wald, A. - Tests of statistical hypotheses concerning several parameters
    when the number of parameters is large - Trans. Amer. Math. Soc.,
    54, 426-482 (1943).

Wang, P. - Thèse, Berkeley (1979).

Wolfowitz, J. - Asymptotically efficient nonparametric estimators of
    location and scale parameters. Z. Warscheinlichkeitstheorie u.i.
    Grenz, 30, 117-128 (1974).

LES ASPECTS PROBABILISTES DU CONTROLE STOCHASTIQUE

Par N. EL KAROUI

TABLE DES MATIERES

INTRODUCTION

La théorie du contrôle stochastique est un carrefour
où se rencontrent des chercheurs venus de branches variées des
Mathématiques: Probabilités, équations aux dérivées partielles
et Analyse Numérique, optimisation, applications,.....
Aussi les livres sur ce sujet ne manquent-ils pas, trois venant
de sortir simultanément.
Par rapport à cette littérature abondante, l'objectif de ce cours
est d'insister sur les apports des techniques probabilistes, éventuellement poussées assez loin, à cette théorie. Entendons-nous:
les méthodes probabilistes permettent des études très fines sur
les trajectoires, qui dans tous les cas permettent de simplifier
les hypothèses assurant l'existence d'un contrôle optimal. Toutefois, elles ne permettent pas aisément d'établir la régularité
des fonctions importantes que nous construisons, fonction de
valeurs ou enveloppe de Snell. D'autre part, nous avons choisi une
présentation différente de celle habituellement retenue, rappro-
chant systématiquement les problèmes d'arrêt optimal et de contrôle
continu. La confrontation est enrichissante, et permet entre autre
de montrer que dans le cas markovien, la fonction de valeurs
associée à un problème de contrôle continu peut s'obtenir à partir
des solutions d'une suite de problèmes d'arrêt optimal.
Le plan du cours est alors bien naturel:
Dans le premier chapitre, nous essayons de mettre en évidence un
modèle général de contrôle, qui permette de rendre compte des
principales situations envisagées. Soulignons que le simple fait
d'éxiger que les hypothèses de compatibilité portent sur les t.a.
et non seulement sur les temps fixes rend le modèle directement
opératoire,(sans hypothèse supplémentaire du type ε-treillis.).
Le deuxième chapitre a une ampleur un peu éxagérée si on ne s'in-
teresse qu'aux problèmes de contrôle proprement dit. Nous avons

essayé d'y rassembler les propriétés essentielles des surmartingales fortes, puis des fonctions α-fortement surmédianes, car il est
difficile de trouver dans la littérature une étude exhaustive
de ces processus ou fonctions dont le rôle est tout à fait fondamental dans la résolution du problème d'arrêt optimal, mais aussi
dans de nombreux problèmes probabilistes.

A partir de cette étude, le problème d'arrêt optimal se résoud
très simplement, l'étude fine sur les trajectoires permettant de
préciser le défaut exact d'optimalité. Toutefois le cas markovien
abordé en toute généralité est assez difficile à traiter, mettant
en oeuvre la théorie des fonctions analytiques.

Ce chapitre a été rédigé de manière autonome par rapport à l'ensemble du cours de manière à permettre au lecteur uniquement in-
téressé par la notion de réduite ou d'enveloppe de Snell d'y avoir
accès directement. Par ailleurs, si les raffinements un peu grands
de la théorie rebutent le lecteur préoccupé avant tout d'existence
effective de contrôle optimal, on pourra se borner, sans grand
dommage, à ne lire que le paragraphe de ce chapitre, rédigé lui
aussi de manière autonome, qui traite du problème d'arrêt optimal
lorsque le processus de gain est continu à droite et limité à gauche, et où apparaissent toutes les idées fondamentales.

<u>Le troisième chapitre</u> est l'étude du contrôle continu(ou instan-
tané) d' un processus dont la loi reste équivalente à une probabilité donnée. Le critère d'optimalité permet de donner des conditions suffisantes, mais presque nécessaires d'optimalité, sous
forme de minimisation de fonctions appelées les hamiltoniens du
système. La relative compacité de l'ensemble des densités, établie
grâce à des propriétés fines des exponentielles de martingales
joue un rôle très important.

Le cas markovien se résoud simplement grâce à cette étude, une fois
établi que la fonction de valeurs est de la forme $w(X)$. Pour
ce faire, nous montrons qu'on peut se limiter à une étude portant
sur des contrôles étagés le long d'intervalles stochastiques.
Nous ramenons alors la construction de la fonction de valeurs à

celle des solutions d'une suite de problèmes d'arrêt optimal dépendant d'un paramètre.

Nous traitons évidemment les exemples très classiques de contrôle
de processus poctuel et de processus de diffusions à sauts, mais
la méthode proposée est susceptible d'être appliquée dans de nombreuses autres situations.

Nous résolvons ensuite un problème moins étudié dans la littérature car plus difficile, celui du contrôle mixte dans lequel on
cherche non seulement la politique à suivre optimale mais aussi
le meilleur moment pour s'arrêter. C'est un fort joli exercice
d'application des méthodes dégagées, et en arrêt optimal, et en
contrôle continu, qui permet de montrer qu'on peut choisir d'abord
le moment optimal d'arrêt et ensuite résoudre un problème classique
de contrôle continu.

Le plan détaillé de la table des matières précise le contenu exact
de ce cours.

Je tiens à remercier P.L.Hennequin pour son chaleureux
accueil à l'Ecole d'Eté de Saint-Flour où ce travail a fait l'objet d'un exposé oral,
J.P.Lepeltier et B.Marchal qui m'ont initiée à la théorie du contrôle
impulsionnel, et contribué largement à la conception de certaines
parties de ce cours,
mon mari et mes enfants qui se posent de sérieuses questions sur
l'efficacité des théories exposées ici, s'ils en jugent par la mani-
ére dont j'ai optimalisé le moment d'arrêter de travailler tout
au long de cette année.

CHAPITRE I

GENERALITES SUR LE CONTROLE STOCHASTIQUE

        Nous présentons un modèle général permettant de rendre
compte des principales situations étudiées en contrôle stochastique,
notamment les problèmes d'arrêt optimal et de contrôle continu de
diffusions, que nous utiliserons comme exemples dans ce chapitre
pour illustrer les principales notions introduites. Le paragraphe
fondamental est évidemment celui où on établit un critère nécessaire et suffisant d'optimalité, qui peut être considéré comme la
version probabiliste du principe d'optimalité de Bellmann.

        L'intérêt de ces recherches de modélisation tient essen-
tiellement à l'analogie mise en évidence entre plusieurs situations
à priori fort disparates; aussi le lecteur devra s'attacher davan-
tage aux idées générales ainsi dégagées, qu'à la lettre du modèle
proposé.

        Le fondement du problème est simple: il s'agit de préciser
si on peut contrôler l'évolution d'un processus de manière optimale, c'est-à-dire en minimisant un coût associé à chaque opération
de contrôle.

DEFINITION D'UN SYSTEME CONTROLE

1.1   Le contrôleur agit sur la loi d'un processus, défini sur un
espace $(\Omega, \underline{\underline{F}}_{oo})$, qui évolue au cours du temps. Son histoire, décrite
par une famille croissante de sous-tribus $\underline{\underline{F}}_t$ de $\underline{\underline{F}}_{oo}$, nous intéresse jusqu'à un temps terminal ζ , fini ou infini. (Nous préciserons
au fûr et à mesure les hypothèses de régularité à faire sur cette
famille de tribus, qui n'est pas nécessairement continue à droite.)
Toutefois le contrôleur peut n'avoir accès qu'à une information partielle sur l'évolution du processus, décrite par une sous-tribu $\underline{\underline{A}}$

de $\underline{\underline{B}}(R^+) \times \underline{\underline{F}}_{oo}$, appelée <u>tribu des processus observables</u>, qu'il est évidemment naturel de supposer $\underline{\underline{F}}_t$ -adaptés. Par ailleurs, le système ne peut être observé qu'à des instants S appelés <u>temps d'observation</u>, appartenant à une classe $\underline{\tau}$ de variables aléatoires sur laquelle **nous** faisons les hypothèses suivantes:

1.2   DEFINITIONS ET HYPOTHESES: Soit $(\Omega, (\underline{\underline{F}}_t)_{t \in R^+}, \underline{\underline{F}}_{oo})$ l'espace filtré associé au processus à contrôler.

<u>La tribu des processus observables</u> $\underline{\underline{\Lambda}}$ est une sous-tribu, définie sur $R^+ \times \Omega$, des processus mesurables par rapport à $\underline{\underline{B}}(R^+) \times \underline{\underline{F}}_{oo}$, (où $\underline{\underline{B}}(R^+)$ désigne la tribu borélienne sur R^+),

    i) engendrée par des processus continus à droite, limités à gauche, (en abrégé càdlàg), adaptés à $\underline{\underline{F}}_t$

    ii) contenant la tribu déterministe $B(R^+) \times \{\Omega, \emptyset\}$

    iii) stable par arrêt à des temps fixes, ce qui signifie que:

    si $X \in \underline{\underline{\Lambda}}$ et $s \in R^+$, le processus $t \to X_{s \wedge t}$ appartient à $\underline{\underline{\Lambda}}$

<u>Un temps d'observation</u> est un $\underline{\underline{\Lambda}}$-temps d'arrêt, c'est à dire une v.a. S telle que le processus $1_{\{S \le \bullet\}}$ appartient à $\underline{\underline{\Lambda}}$.

Une variable Y est dite <u>observable à l'instant</u> S, s'il existe un processus X, $\underline{\underline{\Lambda}}$-mesurable tel que $X_S = Y$. <u>Les événements observables à l'instant</u> S forment une tribu notée $\underline{\underline{G}}_S$. On peut montrer que c'est aussi la tribu des événements H, tels que le temps S_H défini par:

$$S_H = S \text{ sur } H , \quad +oo \quad \text{sur } H^c$$

soit un $\underline{\underline{\Lambda}}$ -temps d'arrêt.

On pose par convention $\underline{\underline{G}}_{oo} = \bigvee_t \underline{\underline{G}}_t$

<u>L'ensemble</u> $\underline{\tau}$ <u>des temps d'observation</u> est une $\underline{\underline{\Lambda}}$ -chronologie, soit une famille de $\underline{\underline{\Lambda}}$ -temps d'arrêt, qui contient o, stable par sup et inf finis, et contenant une suite S_n telle que sup $S_n = \infty$.

On la suppose <u>stable par découpage</u>, c'est à dire que si S appartient à $\underline{\tau}$, et H à $\underline{\underline{G}}_S$, S_H appartient à $\underline{\tau}$.

On supposera aussi que <u>le temps terminal</u> ζ appartient à $\underline{\tau}$, et que les temps d'observation sont oo après ζ, soit

    si $S \in \underline{\tau}$ $\{\zeta < S\} \subset \{S = oo\}$

REMARQUE: Nous avons choisi d'utiliser le cadre défini en $[L_1]$,
pour définir la tribu des processus observables. L'article cité
contient une étude exhaustive de ces tribus, à laquelle on pourra
se reporter utilement.

DEFINITION: Il y a contrôle à observation complète, lorsque la tribu
Λ contient les processus continus, F_t-adaptés, contrôle à observation
partielle, sinon.

REMARQUE: Dans tous les cas, Λ étant engendrée par des processus F_t
adaptés et càdlàg, les Λ-temps d'arrêt sont des temps d'arrêt des
tribus F_t, et la définition des tribus G_S montre immédiatement l'inclusion $G_S \subseteq F_S$, pour tout Λ - temps d'arrêt.

1.3   Contrôler l'évolution du système, c'est faire choix,(suivant
un critère que nous préciserons ultérieurement) d'une probabilité
P^μ , définie sur l'espace (Ω, F_{oo}), dans une famille Π de probabilités qui rend compte de toutes les manières à priori possibles de contrôler. Les éléments de Π sont indexés par un ensemble $\mathcal{D}$, appelé
ensemble des contrôles admissibles . Une politique de contrôle est
décrite par la donnée d'un élément u de $\mathcal{D}$ et de la probabilité P^μ
associée dans Π .

1.4   Puisque le contrôleur ne peut décider qu'en fonction de ce
qu'il connait à un instant donné de la stratégie à suivre, une politique de contrôle doit évoluer au cours du temps de manière observa-
vable. Aussi nous supposerons toujours que:
HYPOTHESE : L'ensemble $\mathcal{D}$ des contrôles admissibles est un sous-ensemble des processus Λ -mesurables, à valeurs dans un espace lusinien
$(U , \underline{U})$. On adjoint à U un point cimetière ∂ , sur lequel on envoie
les contrôles après ζ . (C'est à dire que si $\zeta < t$ u(t) = ∂)
Nous supposerons de plus toujours qu'à l'instant o tous les contrôles
admissibles prennent la même valeur.
REMARQUE: Nous exprimons par cette dernière condition le fait qu'on

contrôle un processus, dont la loi au départ est indépendante de toutes les politiques de contrôle.

1.5   Nous devons traduire également par une condition portant sur les éléments de Π cette éxigence d'une politique de contrôle adaptative, en imposant qu'à un temps d'observation S une politique de contrôle (u, P^u) , restreinte à l'histoire du processus à l'instant S, c'est à dire à la tribu $\underline{F}_S$, ne dépend que des valeurs prises par le contrôle u pour des instants antérieurs à S.

Pour préciser ceci, nous introduisons les notations suivantes:

DEFINITION: Soient u un contrôle admissible et S un_ temps d'observation. Le processus u^S , défini par: $u^S(t) = u(S\wedge t)$, est appelé contrôle arrêté à l'instant S. Ce n'est pas nécessairement un contrôle admissible. L'ensemble des contrôles admissibles, qui coincident avec u jusqu'à l'instant S est désigné par:

$$\mathcal{D}(u,S) = \{ v\epsilon\mathcal{D} ; \quad v^S = u^S \}$$

La condition d'adaptation peut se formuler simplement en:

DEFINITION: L'ensemble $\mathcal{D}$ des contrôles admissibles est dit compatible avec la base $\mathcal{B} = (\Omega, \underline{F}_t , \underline{A} , \zeta)$ si, pour tout contrôle admissible u de $\mathcal{D}$, tout temps d'observation S de $\underline{\tau}$, et tout élément C de la tribu $\underline{F}_S$,

(1.5.1) $P^u (C) = P^v(C)$ pour tout v de $\mathcal{D}$ (u,S)

Cette hypothèse naturelle est loin d'être anodine, comme nous le verrons tout au long de cette étude.

Dans un premier temps, nous en déduisons surtout une propriété de cohérence   des probabilités admissibles.

Précisons que l'écriture,[u=v sur A, si u et v appartiennent à $\mathcal{D}$] signifie que: pour tout $\omega\epsilon$ A , $u(t,\omega) = v(t,\omega)$ pour tout t .

LEMME: L'ensemble des probabilités P^v, lorsque v appartient à $\mathcal{D}$(u,S) est $\underline{G}_S$ -stable au sens suivant:

(1.5.2)   si $v\epsilon\mathcal{D}$(u,S) et v = u sur $A\epsilon$ $\underline{G}_S$ $P^u(C\cap A) = P^v(C\cap A)$
        pour tout C de $\underline{F}_{\infty}$

PREUVE : L'ensemble des éléments v de $\mathcal{D}(u,S)$,égaux à u sur A, est identique à l'ensemble $\mathcal{D}(u, S_A c)$, où $S_A c$ désigne comme en (1.2)le $\underline{\underline{\Lambda}}$-temps d'arrêt égal à S sur A^c, et à +oo sinon. Mais, par définition, la tribu $\underline{\underline{F}}_{S_A c}$ est identique à $\underline{\underline{F}}_{oo}$ sur A. La condition (1.5.2) est alors une conséquence immédiate de (1.5.1) appliquée au temps $S_A c$, qui est encore un temps d'observation, puisque par hypothèse l'ensemble $\underline{\underline{\tau}}$ est stable par découpage.(1.2). CQFD.

1.6   Il nous reste à exiger un minimum de richesse sur la structure de l'ensemble $\mathcal{D}$ des contrôles admissibles par rapport à la base stochastique $\mathcal{B}$,(1.5), en particulier la possibilité de modifier un contrôle admissible à un temps d'observation donné, sur un ensemble donné,sans sortir de la classe des controles admissibles.

DEFINITION:L'ensemble $\mathcal{D}$ des contrôles admissibles est dit stable par bifurcation, si étant donnés un temps d'observation S un élément A de la tribu $\underline{\underline{G}}_S$, pour tout u de $\mathcal{D}$ et tout v de $\mathcal{D}(u, S)$, le processus $u/S_A/v$ défini par :

(1.6.1) $u/S_A/v = v$ sur A , $= u$ sur A^c

est un contrôle admissible.

On a alors: pour tout C de $\underline{\underline{F}}_{oo}$

(1.6.2) $P^{u/S_A/v}(C) = P^v(C\cap A) + P^u(C\cap A^c)$

REMARQUE: Par construction, le contrôle $u/S_A/v$ appartient à l'ensemble $\mathcal{D}(u,S)$, puisque u et v appartiennent à cette classe, et même plus précisément à l'ensemble$\mathcal{D}(u,S_A)$, car il est égal à u sur A^c .Nous avons ainsi une caractérisation de l'ensemble

(1.6.3) $\mathcal{D}(u,S_A) = \{ u/S_A/v \; ; \; v \in \mathcal{D}(u,S) \}$

1.7   La définition suivante résume les hypothèses faites sur le modèle :

DEFINITION: On appelle système controlé, le terme $(\Omega, \underline{\underline{F}}_{oo}, \underline{\underline{F}}_t, \zeta, \underline{\underline{\Lambda}}, \underline{\underline{\tau}}, P^u, u \in \mathcal{D})$ où l'ensemble $\mathcal{D}$ des

contrôles admissibles est supposé compatible avec la base
(1.5) et stable par bifurcation (1.6)

       Afin de rendre moins formelles les notions introduites
ci-dessus, nous traitons deux exemples que nous suivrons tout au
long de ce chapitre, et redévelopperons ensuite.

1.8.   EXEMPLE A : ARRET OPTIMAL

Le problème est de trouver le moment optimal de s'arrêter, compte-
tenu d'un critère que nous préciserons par la suite.

L'espace contrôlé $(\Omega, \underline{\underline{F}}_{oo}, \underline{\underline{F}}_t, P)$ satisfait aux conditions habituelles de la Théorie générale des Processus, c'est à dire que la
tribu $\underline{\underline{F}}_o$ contient tous les ensembles P-négligeables de $\underline{\underline{F}}_{oo}$, et
que la filtration $\underline{\underline{F}}_t$ est continue à droite. Nous nous plaçons
en situation d'observation complète, où la tribu des processus
observables est la tribu optionnelle $\underline{0}$, et les temps d'observation les temps d'arrêt de $\underline{\underline{F}}_t$. (Le temps terminal ζ est supposé oo)
Un contrôle admissible est un processus croissant, continu à gau-
che, associé à un temps d'arrêt U par la formule :

$$u(t) = 1_{\{U < t\}}$$

Il est donc adapté et ne croit que par un saut de 1 à l'instant U.
Les opérations d'arrêt et de bifurcation sont simples à définir:

    si le contrôle admissible u est associé au temps d'arrêt U,
et si S est un temps d'arrêt, le contrôle u^S vaut:

$$u^S(t) = 1_{\{U < t \wedge S\}} = 1_{\{U < S\}} \, 1_{\{U < t\}}$$

il est donc associé au t.a $U_{\{U < S\}}$

L'ensemble $\mathcal{D}(u,S)$ des contrôles qui coincident avec u jusqu'à
l'instant S est l'ensemble des processus associés à des t.a.
V qui satisfont à : $U_{\{U < S\}} = V_{\{V < S\}}$
Les ensembles $\{U < S\}$ et $\{V < S\}$, en particulier sont égaux.

    Si A est un élément de $\underline{\underline{F}}_S$ et V un temps d'arrêt associé
à un élément de $\mathcal{D}(u,S)$, le contrôle $u/S_A/v$ est associé
au temps $U/S_A/V = V$ sur A et $= U$ sur A^c
C'est bien un temps d'arrêt, car il vaut U sur $\{U < S\}$,

et l'ensemble $\{S{\leq}U\} \cap A$ est à la fois $\underset{=}{F}_U$ et $\underset{=}{F}_V$ mesurable.

La seule action du contrôleur étant d'arrêter le processus, à chaque contrôle admissible u , nous associons la même probabilité P. Le terme $(\Omega, \underset{=}{F}_{oo}, \underset{=}{F}_t, \underset{=}{0}, P, \mathcal{D})$ est un système contrôl

1.9   EXEMPLE B : CONTROLE CONTINU DE DIFFUSION

On contrôle l'évolution d'un processus de diffusion X, modélisé comme solution d'une équation stochastique,
$$X_t = x + \int_o^t \sigma(s,\omega)\, dB_s \quad , \text{ où}$$
B est un mouvement brownien d-dimensionnel défini sur un espace $(\Omega, \underset{=}{F}_{oo}, \underset{=}{F}_t, P)$, et σ une matrice dxd prévisible à laquelle nous associons la matrice symétrique prévisible $a = \sigma\, \sigma^t$.
(la matrice σ^t désigne la transposée de la matrice σ .)

L'action du contrôleur fait apparaitre un terme de dérive, que nous décrivons en nous donnant un processus défini sur l'espace $R^+{\times}\Omega{\times}U$, (où U est un espace lusinien muni de sa tribu borélienne $\underset{=}{U}$) à valeurs dans R^d, $\varphi(s,\omega,u)$, supposé $\underset{=}{P}{\times}\underset{=}{U}$ mesurable, $\underset{=}{P}$ désignant la tribu prévisible sur $\Omega{\times}R^+$. Nous identifions φ à la matrice colonne de ses coordonnées.

Un contrôle admissible u est un processus prévisible à valeurs dans U , et le processus $\varphi^t(s,\omega,u(s,\omega))\, a(s,\omega)$ représen l'intensité de la dérive sous l'action du contrôle u. La loi de X est alors transformée en celle de la semi-martingale
$$X_t^u = x + \int_o^t \sigma(s,\omega)\, dB_s + \int_o^t \varphi^t(s,\omega,u(s,\omega))\, a(s,\omega)\ ds$$

Plutôt que de modéliser cette étude en utilisant des changements de trajectoires du processus étudié, nous travaillons sur l'espace $(\Omega, \underset{=}{F}_{oo}, \underset{=}{F}_t)$ muni de la famille P^u de probabilités définies sur la tribu $\underset{=}{F}_\zeta$, (où le temps terminal ζ est un $\underset{=}{F}_t$ -temps d'arrêt),

par $\qquad P^u \underset{\overline{=}}{} Z_\zeta^u \cdot P \qquad$ avec

(1.9.1) $Z_t^u = \exp\,[\int_o^t \varphi(s,\omega,u(s,\omega))\, dX_s(\omega) -$

$\qquad\qquad 1/2 \int_o^t \varphi^t(s,\omega,u(s,\omega))\, a(s,\omega)\, \varphi(s,\omega,u(s,\omega))\, ds\ ]$

Plus précisément, l'ensemble $\mathcal{D}$ des contrôles admissibles est le sous-ensemble des processus prévisibles à valeurs dans U,u, pour

lesquels l'intégrale stochastique $\int_o^t \varphi(s,\omega,u(s,\omega))\,dX_s(\omega)$ est définie, et la semimartingale $Z^u_{t\wedge\zeta}$ est une martingale uniformément
intégrable et strictement positive.

Il est alors bien connu que la loi de X sous P^u est identique à la
loi de X^u sous P.

Le terme $(\Omega, \underset{=}{F}_{oo}, \underset{=}{F}_t, \underset{=}{P}, \zeta, P^u; u \in \mathcal{D})$ est un système contrôlé
En effet, l'ensemble $\mathcal{D}$ des contrôles admissibles est stable par
arrêt et compatible avec la base stochastique, car pour tout temps
d'arrêt S, $Z^u_{t\wedge S} = Z^u_t{}^S$ P. p.s . La restriction de P à la tribu
$\underset{=}{F}_S$ a pour densité $Z^u_{t\wedge S}$, et ne dépend donc que des valeurs prises
par le contrôle u pour des instants antérieurs à S .

$\mathcal{D}$ est stable aussi par bifurcation à un temps d'arrêt S, car si
$A \in \underset{=}{F}_S$ et si $v^S = u^S$., le contrôle $u(t)\,1_{\{t\leq S\}} + 1_{A \cap \{S<t\}}v(t) +$
$1_{A^c \cap \{S<t\}}u(t)$ est prévisible, et manifestement dans $\mathcal{D}$ si u et
v le sont.

REMARQUE: Lorsque $\sigma(s,\omega) = \bar\sigma(X_s(\omega))$ et $\varphi(s,\omega,u) = \bar\varphi(X_s(\omega), u)$,
modèle markovien, il semble naturel d'espérer trouver une politi-
que optimale markovienne, c'est à dire de la forme $u(X.)$. Toutefois la classe des contrôles markoviens n'est stable ni par arrêt
ni par bifurcation. Nous ne pourrons travailler directement avec
elle, et serons obliger d'utiliser des techniques assez différen-
tes, comme nous le verrons au chapitre III.

LES DIFFERENTES NOTIONS D'OPTIMALITE

Dans tout ce paragraphe, nous supposons donné une fois pour
toute, un système contrôlé $(\Omega, \underset{=}{F}_{oo}, \underset{=}{F}_t, \zeta, \underset{=}{\Lambda}, \underset{=}{\tau}, P^u, \mathcal{D})$

Avant toutes choses nous précisons un certain nombre de notions que
nous utiliserons fréquemment.

1.10   DEFINITIONS: Une famille de v.a.r. X(S,u), indéxée par les éléments
S de $\underset{=}{\tau}$, et les éléments u de $\mathcal{D}$ est appelée un $(\tau, \mathcal{D})$-système, si:
   i) sur $\{S = T\}$, $X(S,u) = X(T,u)$ P^u p.s.
   ii) les v.a. $X(S,u)$ sont $\underset{=}{G}_S$-mesurables

iii) si $v \in \mathcal{D}(u,S)$ et $u=v$ sur $A \in \underset{=}{G}_S$, $X(S,u) = X(S,v)$ sur A, P^u.p.s.

Un $(\tau, \mathcal{D})$-surmartingal-système, (resp martingal, sous-martingal-système) est un $(\tau, \mathcal{D})$-système, tel que;

    iv)   pour tout S de $\underset{=}{\tau}$ et u de $\mathcal{D}$, $X(S,u)$ est P^u-intégrable.

    v)   si S et T sont des éléments de $\underset{=}{\tau}$, tels que $S \leq T$,
$$E^u(X(T,u)/\underset{=}{G}_S) \leq X(S,u) \quad P^u \text{p.s. (resp. =, $\geq$)}$$

    vi)   si $v \in \mathcal{D}(u,S)$ $X(S,u) = X(S,v)$ P^u p.s.

1.11   Nous allons préciser le critère que guide le choix du "meilleur contrôle".

DEFINITION: A tout contrôle admissible, u , on associe une fonction $c(\omega,u)$, appelée fonction de perte, que nous supposons :

    - mesurable par rapport à la tribu $\underset{=}{F}_\zeta$,
    - positive ou P^u-intégrable
    - cohérente en u , en ce sens que, sur l'ensemble où deux contrôles u et v coïncident, $c(\omega,u) = c(\omega,v)$ p.s. P^u et P^v.

Un contrôle admissible $\hat{u}$ de $\mathcal{D}$ est optimal s'il minimise la perte moyenne, ou coût, définie par: $\Gamma^u = E^u[\ c(\omega,u)\ ]$, dans l'ensemble des contrôles admissibles, c'est à dire si

$$(1.11.1) \qquad \Gamma^{\hat{u}} = E^{\hat{u}}[c(\omega,\hat{u})] = \inf_{v \in \mathcal{D}} E^v[c(\omega,v)]$$

Cette notion d'optimalité , très générale, ne tient pas compte de ce qu'on contrôle de manière adaptative un processus qui évolue au cours du temps. Aussi est-il naturel d'introduire les outils supplémentaires suivants.

1.12   DEFINITION: On appelle coût conditionnel, le $(\tau, \mathcal{D})$-système défini par:
si $S \in \underset{=}{\tau}$ et $u \in \mathcal{D}$ $\Gamma(S,u) = E^u[c(\omega,u)/\underset{=}{G}_S]$ P^u.p.s.

REMARQUE: Il n'est pas tout à fait évident à priori que la famille de v.a. ainsi définie, soit un $(\tau, \mathcal{D})$-système:

    - la propriété i) est une conséquence immédiate de l'égalité des tribus $\underset{=}{G}_S$ et $\underset{=}{G}_T$ sur $\{S = T\}$
    - la propriété iii) résulte de la cohérence de la fonction

de perte et de celle des probabilités P^u , établie au lemme 1.5.2.

La proposition suivante jouera un rôle tout à fait fondamental.

PROPOSITION: L'ensemble des v.a.r. $\{\Gamma(S,v); v \in \mathcal{D}(u,S) \}$ est un treillis,(stable par sup et inf) .

De plus, les identités suivantes sont satisfaites:

(1.12.1) $\Gamma(S_A,u) = 1_A \Gamma(S,u) + 1_A \Gamma(\infty,u)$ P^up.s. si $A \in \underline{G}_S$

(1.12.2) $\Gamma(S,u/S_A/v) = 1_A \Gamma(S,v) + 1_{A^c} \Gamma(S,u)$ P^u p.s.
                 pour tout A de $\underline{G}_S$ et tout v de $\mathcal{D}(u,S)$

PREUVE: Nous établissons d'abord les identités. La première est évidente;quant à la seconde, c'est une conséquence immédiate de la propriété iii) des $(\tau, \mathcal{D})$-système, une fois rappelé que le contrôle admissible $u/S_A/v$ appartient à $\mathcal{D}(u,S) = (v,S)$ et est égal à v sur A et à u sur A^c.

Considérons maintenant deux contrôles admissibles de $\mathcal{D}(u,S)$, v et v', et désignons par A l'ensemble $\{\Gamma(S,v) \leq \Gamma(S,v') \}$. Le contrôle w , égal à $v'/S_A/v$ appartient à $\mathcal{D}(u,S)$ et satisfait à $\Gamma(S,w) = 1_A \Gamma(S,v) + 1_{A^c} \Gamma(S,v') = \Gamma(S,v) \wedge \Gamma(S,v')$. On montre de la même façon, que le contrôle w' défini par: $w' = v/S_A/v'$ satisfait à $\Gamma(S,w') = \Gamma(S,v) \vee \Gamma(S,v')$.   CQFD.

1.13   A la notion de coût conditionnel, il est naturel d'associer une notion d'optimalité de la manière suivante:

DEFINITION : On appelle coût minimal conditionnel, le $(\tau,\mathcal{D})$- système, défini, pour tout $S \in \underline{\tau}$ et tout u de $\mathcal{D}$ par: (*)

(1.13.1) $J(S,u) = \underset{\in \mathcal{D}(u,S)}{\text{essinf}} E^v[c(\omega,v)/_{\underline{G}_S}]$ P^u.p.s.

                        $= \underset{v \in \mathcal{D}(u,S)}{\text{essinf}} \Gamma(S,v)$ P^u.p.s.

Un contrôle $\hat{u}$ est dit (S,u)-conditionnellement optimal si: $\hat{u}$ appartient à $\mathcal{D}(u,S)$ et

(1.13.2) $J(S,u) = \Gamma(S,\hat{u})$ P^u.p.s.

(*) Les propriétés des essinf de v.a.r. sont rappellées dans l'appendice.

1.14 Avant de vérifier que $J(S,u)$ est un $(\tau, \mathcal{D})$-système, (en fait,
nous allons montrer que c'est un $(\tau, \mathcal{D})$-surmartingalsystème),
nous allons énoncer quelques propriétés immédiates de $J(S,u)$.

LEMME: <u>Soit S un temps d'observation et A un élément de $\underset{=}{G}_S$</u>,

(1.14.1) $J(S_A,u) = 1_A \, J(S,u) + 1_A c \, \Gamma(oo,u)$ P^u.p.s.

<u>De plus, pour toute sous-tribu</u> $\mathcal{Q}$ <u>de</u> $\underset{=}{G}_S$,

(1.14.2) $E^u(J(S,u)/_\mathcal{Q}) = \underset{v \in \mathcal{D}(u,S)}{\text{essinf}} E^v(c(\omega,u)/_\mathcal{Q})$ P^u.p.s.

PREUVE: Nous avons vu en (1.6.3) que l'ensemble $\mathcal{D}(u,S_A)$ est
égal à $\{u/S_A/v \; ; \; v \in \mathcal{D}(u,S) \}$, et que $\Gamma(S,u/S_A/v)$ est égal à
$1_A \Gamma(S,v) + 1_A c \, \Gamma(S,u)$.(1.12.2). Il résulte alors de (1.12.1)
que : $\Gamma(S_A,u/S_A/v) = 1_A \, \Gamma(S,v) + 1_A c \, \Gamma(oo,u)$ P^u.p.s.
Revenant à la définition de $J(S_A,u)$, nous voyons que:

$$J(S_A,u) = \text{essinf}_{v \in \mathcal{D}(u,S)} \Gamma(S_A,u/S_A/v)$$

$$= 1_A \, J(S,u) + 1_A c \, \Gamma(oo,u) \qquad P^u. \text{ p.s.}$$

D'autre part le caractère filtrant croissant de $\{\Gamma(S,u); v \in \mathcal{D}(u,S)\}$
entraine l'existence d'une suite v_n de contrôles admissibles de
$\mathcal{D}(u,S)$, telle que la suite de v.a. $\Gamma(S,v_n)$ soit p.s. décroissante
et de limite $J(S,u)$. Pour toute sous-tribu $\mathcal{Q}$ de $\underset{=}{G}_S$,

$$E^u(J(S,u)/_\mathcal{Q}) = \lim_n E^u(\Gamma(S,v_n)/_\mathcal{Q}) = \lim_n E^v(\Gamma(S,v_n)/_\mathcal{Q})$$

$$= \text{essinf}_{v \in \mathcal{D}(u,S)} E^v(\Gamma(S,u)/_\mathcal{Q}) \qquad \text{CQFD.}$$

1.15 THEOREME : <u>Le coût minimal conditionnel est un $(\tau, \mathcal{D})$-surmar-
tingal-système</u>

PREUVE: Nous vérifions tout d'abord la condition de compatibilité
(1.10.i): si S et T sont deux temps d'observation et si A est
l'ensemble $\underset{=}{G}_S$ et $\underset{=}{G}_T$-mesurable, $\{S= T\}$, les temps d'arrêt S_A et T_A
sont identiques, et donc $J(S_A,u) = J(T_A,u)$ P^u.p.s.
Mais, d'après (1.14.1), cette égalité est équivalente à celle de
$J(S,u)$ et de $J(T,u)$ sur A.
D'autre part, les classes $\mathcal{D}(u,S)$ et $\mathcal{D}(v,S)$ étant identiques si
v appartient à $\mathcal{D}(u,S)$, les v.a. $J(S,u)$ et $J(S,v)$ sont égales
p.s. par construction.

La possibilité d'intervertir essinf et espérance conditionnelle
(1.14.2) permet d'exprimer que $E^u(|J(S,u)|)$ satisfait à:

$$E^u(|J(S,u)|) \leq \inf{}_{v \in \mathcal{D}(u,S)} E^u(|c(\omega,u)|) < \infty$$

Cette même propriété permet de déduire de l'inclusion de $\mathcal{D}(u,S)$
dans $\mathcal{D}(u,T)$, lorsque S et T sont des temps d'observation satisfaisant à $S \geq T$, que l'inégalité des sous-martingales est vérifiée
par $J(S,u)$.   CQFD.

1.16.   Revenons aux problèmes d'optimalité. Il est clair, d'après
(1.14.1), que si u* est un contrôle (u*,S)-conditionnellement
optimal, il est aussi (u^*,S_A)-conditionnellement optimal. Nous allons voir que cette propriété s'étend à un temps d'observation T
quelconque, avec $T \geq S$. Il s'agit, en fait, de la version probabiliste du principe d'optimalité de Bellman, qui exprime que, si
on a suivi jusqu'à un temps d'observation S une politique optimale, il reste optimal, compte-tenu de cette information, de l'utiliser après S. Toutefois, par rapport au modèle markovien, (cf. l'introduction historique), nous montrons que, sous les hypothèses
faites sur le modèle, ce principe est en fait un critère nécessaire et suffisant d'optimalité.

1.17 - THEOREME: CRITERE D'OPTIMALITE DE BELLMANN.
Une condition nécessaire et suffisante pour qu'un contrôle u*
soit optimal est que, pour tout temps d'observation S, il soit
(u*,S)-conditionnellement optimal, ou, ce qui est équivalent,
que le coût minimal conditionnel par rapport à u*, soit un
τ-P^{u^*}-martingalsystème, c'est à dire que:
   si S et T sont deux temps d'observation avec $S \leq T$
$$E^{u^*}[J(T,u^*)/_{\underline{\underline{G}}_S}] = J(S,u^*) \qquad P^{u^*}\text{.p.s.}$$

DEMONSTRATION: Nous remarquons tout d'abord, que, comme par hypothèse,(1.4.), tous les contrôles admissibles prennent la même
valeur à l'instant 0, les notions d'optimalité et de (0,u)-optima-

lité sont équivalentes.

Nous montrons maintenant que tout contrôle u*,(u*,S)-conditionnel-
lement optimal,est (u*,T)-conditionnellement optimal, pour tout
temps d'observation T, $T \geq S$. C'est une conséquence immédiate
de la chaine d'inégalités suivantes:

$$\Gamma(S,u^*) \geq E^{u^*}[J(T,u^*)_{/\underline{\underline{G}}_S}] \geq J(S,u^*) \qquad P^{u^*}.p.s.$$

et du caractère de $(\tau,\underline{D})$-martingalsystème de $\Gamma(S,u^*)$ satisfaisant à la condition frontière $\Gamma(\zeta,u^*) = E^{u^*}[c(\omega,u^*)_{/\underline{\underline{G}}_\zeta}]$

1.18.   Ce critère permet de réduire considérablement la classes
des contrôles susceptibles d'être optimaux et souligne le rôle
fondamental joué par le coût minimal conditionnel, que nous pouvons aussi caractériser de la manière suivante:

PROPOSITION: Le coût minimal conditionnel est le plus grand des
$(\tau,\underline{D})$-sousmartingalsystèmes X(S,u), qui satisfont à la condition
frontière: $X(\zeta,u) = E^u[c(\omega,u)_{/\underline{\underline{G}}_\zeta}]$ P^u.p.s.

PREUVE: L'inégalité des sous-martingales, jointe à la condition
frontière, permet de majorer un $(\tau,\underline{D})$-système, X(S,u), satisfaisant aux hypothèses de la proposition par:

$$X(S,u) \leq E^u[X(T,u)_{/\underline{\underline{G}}_S}] \leq E^u[X(\zeta,u)_{/\underline{\underline{G}}_S}] = \Gamma(S,u) \quad P^u.p.s.$$

Mais, par définition des $(\tau,\underline{D})$-sousmartingalsystèmes(1.10.vi),

$$X(S,u) = X(S,v) \quad \text{pour tout v de } \underline{D}(u,S) \qquad P^u.p.s.$$

et $X(S,u) \leq \Gamma(S,v)$ pour tout v de $\underline{D}(u,S)$ P^u.p.s.,

ce qui entraine clairement que : $X(S,u) \leq J(S,u)$ P^u.p.s.

Nous allons expliciter toutes ces notions dans le cadre des exemples
décrits ci-dessus.

1.19   EXEMPLE A: ARRET OPTIMAL

Le processus de perte Y est un processus optionnel, défini sur
$[o,+\infty[$, et tel que les v.a. Y_S soient intégrables, lorsque S
décrit l'ensemble des $\underline{F}_t$-t.a.

A tout contrôle u, de la forme $u(t) = 1_{\{U < t\}}$, on associe la fonction de perte $c(\omega,u) = Y_U = \int Y_s \, du(s)$

Nous avons vu que $\mathcal{D}(u,S) = \{v$, associés à des t.a. V tels

que $V_{\{V< S\}} = U_{\{U<S\}}\quad\}$

Notons que de tels t.a. sont tous de la forme

$V = \hat{V} \wedge U_{\{U <S\}}$, où $\hat{V}$ est un t.a. $\geq S$ p.s.

(prendre $\hat{V} = V_{\{U\geq S\}}$) et réciproquement tous les t.a. de cette

forme sont associés à des contrôles de $\mathcal{D}(u,S)$.

Reprenant les définitions de $\Gamma(S,u)$ et de $J(S,u)$, nous voyons que

dans ce cadre,

pour tout v de $\mathcal{D}(u,S)$ $\qquad \Gamma(S,v) = E[Y_{\hat{V}\wedge U_{\{U<S\}}}/\underline{F}_S]$

$$= 1_{\{U<S\}}\, Y_U + 1_{\{U\geq S\}}\, E[Y_{\hat{V}}/\underline{F}_S]$$

Le coût minimal conditionnel a alors la forme simple suivante:

(1.19;1) $\qquad J(S,u) = 1_{\{U<S\}}\, Y_U + 1_{\{U\geq S\}}\, J(S,o)$,où

$\qquad J(S,o) = \text{essinf}_{\hat{V}\geq S}\, E[Y_{\hat{V}}/\underline{F}_S]$ est le coût mini-

mal associé au contrôle $u = o$, et donc au t.a. $U = +\infty$.

Le τ-système $J(S,o)$ est un τ-sousmartingalsystème majoré par Y,

lié au coût minimal conditionnel par la relation:

$$J(S,u) = 1_{\{U<S\}}[Y_U - J(U,o)] + J(S\wedge U,o)$$

ce qui permet d'exprimer le critère d'optimalité uniquement en

termes de $J(S,o)$.

CRITERE: Une condition nécessaire et suffisante pour qu'un t.a.

U* soit optimal est que:

$\quad$ (1.19.2) $\qquad\qquad Y_{U*} = J(U*,o)\qquad$ P.p.s.

$\quad$ (1.19.3) $\qquad\qquad J(S\wedge U*,O)\qquad$ est un τ-martingalsystème.

Ces conditions sont très intuitives, en ce sens qu'elles confir-

ment qu'on n'a pas intérêt à arrêter le processus tant que le

coût est strictement supérieur au coût minimal,à condition que

ce dernier n'ait pas commencer à croître en moyenne.

1.20. EXEMPLE B: CONTROLE DE DIFFUSION.

On suppose dans ce problème que la fonction de perte est de la forme

$$c(\omega,u) = \int_o^\zeta e^{-as}\, c(s,\omega,u(s,\omega))\, ds$$

Le coût conditionnel associé à un contrôle de $\mathcal{D}(u,S)$, c'est à dire
à un processus prévisible qui coincide avec u jusqu'à l'instant S
vaut: $\Gamma(S,v) = \int_o^S e^{-\alpha s} c(s,\omega,u(s,\omega))ds + E^v[\int_S^\zeta e^{-\alpha s} c(s,\omega,v(s,\omega))ds_{/\underline{\underline{F}}_S}]$

Mais, par définition de la probabilité P^v, la dernière ésperance
conditionnelle ne dépend que des valeurs du contrôle pour des
temps postérieurs à S, c'est à dire que du contrôle admissible
$v(t) \, 1_{\{S<t\}}.$

Le coût minimal conditionnel a alors la forme suivante:
$$J(S,u) = \int_o^S e^{-\alpha s} c(s,\omega,u(s,\omega))ds + W(S) \quad ,$$
(1.20.1) $\quad W(S) = \underset{v\in\mathcal{D}}{\text{essinf}} \; E^v[\int_S^\zeta e^{-\alpha s} c(s,\omega,v(s,\omega)) \, ds_{/\underline{\underline{F}}_S}] \quad$ P.p.s.

Le critère d'optimalité s'énonce dans ce cadre:

CRITERE: <u>Une condition nécessaire et suffisante pour qu'un contrô-</u>
<u>le u* soit optimal est que:</u>
(1.20.2) $\quad \int_o^S e^{-\alpha s} c(s,\omega,u*(s,\omega)) \, ds + W(S) \quad$ <u>est un P^{u*}-martin-</u>
<u>galsystème.</u>

REGULARISATION DU COUT MINIMAL CONDITIONNEL

Ce paragraphe, assez technique, peut être sauté en première lecture, si on en admet le résultat.

Toutefois, il se propose de résoudre un problème de régularisation,
souvent escamoté dans la littérature sur le contrôle, sauf dans
[M] et [D₄] , que l'on peut formuler de la manière suivante:
Peut-on construire un processus $\underline{\underline{A}}$-mesurable, qui"agrège", au sens
de [D9], le coût minimal conditionnel? En d'autres termes, existe-
t-il, J^u, $\underline{\underline{A}}$-mesurable, tel que pour tout S de $\underline{\underline{\tau}}$,
$$J^u_S = J(S,u) \qquad P^u.p.s.$$
Il est établi de manière remarquable dans [D9], que la réponse à cette
question est positive, car le coût minimal conditionnel est un
$(\tau,\mathcal{D})$-sousmartingalsystème. La solution utilise de manière tout-
à-fait fondamentale, la construction du coût minimal conditionnel
dans un problème d'arrêt optimal. Aussi, avons-nous choisi de la
présenter dans le chapitre II, paragraphes [2.25] à [2.27] .

Nous énonçons toutefois dès maintenant le résultat qui sera établi ci-dessous.

1.21. THEOREME: <u>Soit</u> $(\Omega,\underline{F}_t,\zeta,\underline{\Lambda},\underline{\tau},\ P^\mu;u\in\mathcal{D})$ <u>un système controlé au sens de 1.7.</u>.

<u>Il existe un processus</u> J^μ, $\underline{\Lambda}$-<u>mesurable, qui est une</u> $\underline{\tau}$-<u>sousmartingale pour</u> P^μ, <u>et qui vérifie:</u>

(1.21.1.) $$J_S^\mu = P^\mu\text{-essinf}_{v\in\mathcal{D}(u,S)}E^v[c(\omega,v)/_{\underline{G}_S}]\quad P^\mu.\text{p.s. si }S\in\underline{\tau}$$

Nous pouvons être un peu plus précis quant au choix de ces sousmartingales qui agrégent le coût minimal conditionnel, lorsque nous nous trouvons dans un modèle dominé, c'est - à - dire où toutes les probabilités P^μ sont dominées par une même probabilité de référence, P. Plus précisément, nous désignons alors par Z^μ une densité de P^μ par rapport à P, restreintes à $\underline{F}_\zeta$, et par L^μ la martingale $\underline{\Lambda}$-mesurable, dont la valeur en un temps d'observation S représente la densité de P^μ restreinte à $\underline{G}_S$ par rapport à P. On peut alors énoncer:

1.22. PROPOSITION:<u>Sous les hypothèses du théorème précédent, et dans le cadre d'un modèle dominé de densité</u> Z^μ <u>et</u> L^μ, <u>il existe un processus</u> J^μ, $\underline{\Lambda}$-<u>mesurable, tel que:</u>

$$J_S^\mu = J(u,S)\quad P.\text{p.s. sur }S< R^\mu\quad\text{si }S\in\underline{\tau}$$

J^μ <u>est une</u> $\underline{\Lambda}$-<u>sousmartingale par rapport à</u> P^μ <u>sur</u> $[0,R^\mu[$

<u>où</u> R^μ <u>désigne</u> $\inf\{t;\ L_t^\mu = 0\}$

PREUVE: Nous commençons par résoudre le problème de contrôle sous P, associé à un coût de la forme $\tilde{c}(\omega,u) = Z^\mu(\omega)\ c(\omega,u)$.
Il est clair que les densités Z^μ peuvent être choisies cohérentes au sens de 1.11. et que la v.a. $\tilde{c}(\omega,u)$ satisfait bien aux conditions de 1.11. Mais alors, d'après le théorème 1.21., il existe un processus $\tilde{J}^\mu$, $\underline{\Lambda}$-mesurable, tel que pour tout u de $\mathcal{D}$ et $S\in\underline{\tau}$,

$$\tilde{J}_S^\mu = P\text{-essinf}_{v\in\mathcal{D}(u,S)}\ E[Z^v c(.,v)/_{\underline{G}_S}]\quad P.\text{p.s.}$$

Il reste à noter que si $S< R^\mu$, on a la relation:

$$\tilde{J}_S^\mu .1/L_S^\mu = J(u,S)\quad P.\text{p.s. et }P^\mu.\text{p.s.}$$

Le processus $\tilde{J}^\mu .1/L^\mu .\ 1_{\{.<R^\mu\}}$ répond aux conditions de la proposition

REMARQUE: Si la tribu des observations est une tribu optionnelle P-complète, il existe une version du processus $\overset{\cdot}{J^u}$, P.p.s. s.c.i. à droite sur les trajectoires sur l'intervalle $[0,R^u[$, car $\widetilde{J^u}$ étant une P-sousmartingale admet une version s.c.i. à droite , et la martingale L^u une version c.à.d.

COMMENTAIRES BIBLIOGRAPHIQUES

C.Striebel a la première fourni un essai de modélisation systématique des problèmes de contrôle stochastique dans ([S2]), en insistant sur le critère d'optimalité formulé en terme de sousmartingale et de martingale. Ce modèle a été généralisé par J.Mémin dans ([M2]) qui exploite plus systématiquement le caractère sous-martingale du coût minimal conditionnel et résoud dans un cas particulier le problème de l'existence d'un processus qui agrège cette sous-martingale. Dans ces deux études, une hypothèse supplémentaire de robustesse sur l'ensemble des contrôles est faite, qui assure qu'on peut intervertir essinf et espérance conditionnelle dans le calcul du coût minimal conditionnel, observé à des temps fixes.
Le modèle présenté ici est proche de ceux que nous venons de citer. Il en diffère essentiellement par un usage plus systématique des temps d'arrêt, ou plutôt des temps d'observation. La propriété de stabilité par bifurcation, qui était déjà exigée dans les modèles précédents par rapport à des temps fixes, assure lorsqu'on l'exige pour tous les temps d'observation, que l'hypothèse de robustesse est satisfaite. D'autre part, l'usage systématique des résultats de ([D8]) a permis de résoudre en toute généralité, mais ici aussi grâce aux conditions portant sur des t.a., le problème de l'agrégation des coûts minimaux conditionnels. Enfin, soulignons que nous avons tenu à montrer que le problème d'arrêt optimal rentre tout à fait dans le cadre proposé, alors que ce problème est en général traité à part dans les problèmes de contrôle.

CHAPITRE II

ARRET OPTIMAL

2.1.   INTRODUCTION

        Nous avons volontairement essayer de présenter le problème
de l'arrêt optimal de manière aussi indépendante que possible
du chapitre précédent, afin que le lecteur uniquement interessé
par ce problème de contrôle puisse y accéder directement.

        Ce choix présente l'inconvénient de laisser penser que le
problème d'arrêt optimal(étudié depuis fort longtemps et dans
des domaines variés des mathématiques) est un problème très
particulier en contrôle stochastique. En fait, il n'en est rien,
les méthodes de résolution du problème d'arrêt optimal sont de
même nature que celle des autres problèmes de contrôle,(comparer le traitement mathématique des situations des exemples A et
B du chapitre 1) . Plus même, l'outil fondamental de l'arrêt
optimal, le coût minimal conditionnel,joue un rôle déterminant
dans tous les autres problèmes de contrôle, comme nous le verrons
en particulier au chapitre III. Voilà pourquoi nous avons décidé
de donner autant d'ampleur à la résolution de ce problème.

2.2   Nous posons le problème de l'arrêt optimal dans un cadre
aussi général que possible et l'exploitons dans des directions
variées: problème de contrôle, théorie des surmartingales, théorie du potentiel dans le cadre markovien, etc...
Plus précisement, après un historique des méthodes utilisées en
arrêt optimal, nous traitons rapidement dans une première partie
la résolution de ce problème de contrôle, lorsque le processus
de gain, Y, est assez régulier. La présentation en est "self-con-
tained", et assez simple pour être lue par un non-spécialiste
de la Théorie Générale des processus. Les idées qui guident ces
méthodes sont reprises ensuite dans le cadre général, mais elles
apparaissent probablement de manière plus claire, lorsque les
difficultés techniques n'interviennent pas.

2.3.   Le lecteur , uniquement interessé par les problèmes de contrôle pourra arrêter là sa lecture, car dans la suite de cette étude
nous avons essayé de faire un bilan des propriétés des surmartingales fortes par rapport à des filtrations très générales, afin
de résoudre en toute généralité le problème d'arrêt optimal.
Les résultats d'agrégation et de décomposition des surmartingales
fortes sont étroitement liés à l'approximation de l'enveloppe
de Snell, qui permet de mettre simplement en évidence le défaut
d'optimalité.
Le passage de la situation où le processus de gain est continu à
droite à la situation générale exige donc des efforts considérables
qui trouvent en partie leur justification dans l'usage , qui est fait
au troisième chapitre, du problème d'arrêt optimal pour résoudre
dans le cadre markovien le problème de contrôle continu.

2.4.   La dernière partie de ce chapitre est l'étude du cas markovien. Nous résolvons d'abord le cas d'un processus de gain de la
forme $g(X.)$, mais où g est continu à droite sur les trajectoires. Dans le cas général, nous mettons en évidence une fonction
Ray-analytique Rg, qui est liée à l'enveloppe de Snell par la
relation $J = e^{-\alpha} \cdot Rg(X.)$. Mais ce résultat est moins simple
que son énoncé ne pourrait le laisser entendre, et repose intrin-
sèquement sur les propriétés des fonctions α- fortement surmédianes
que nous étudions systématiquement.
Nous terminons l'étude de l'arrêt optimal, en décrivant une méthode
de construction de l'enveloppe de Snell par un procédé d'approximation , connu sous le nom de méthode de pénalisation, et très
utilisé en équations aux dérivées partielles pour résoudre ce
problème lorsque le processus de Markov est une diffusion.

2.5 UN PEU D' HISTOIRE

Historiquement, le problème de l'arrêt optimal a d'abord été posé de la manière suivante:

L'évolution d'un système est décrite par l'intermédiaire d'un processus de Markov, X, à valeurs dans un espace d'états E. Son comportement est régi , pour toute loi initiale m (resp.ε_x), par la probabilité P^m (resp. P^x).

Le gain qu'il peut y avoir à s'arrêter à un instant U est représenté par une v.a.r. de la forme:

$$Y_U = e^{-\alpha U} g(X_U) \quad \text{,où g est une fonction borélien-}$$
ne positive sur E.

Le problème de l'arrêt optimal est de trouver un temps d'arrêt U* qui maximise l'éspérance de ce gain, lorsque U décrit une classe $\underline{\underline{\tau}}$ de temps d'arrêt, c'est à dire qu'on doit avoir

$$E_m[e^{-\alpha U*} g(X_{U*})] = \sup_{U \in \tau} E_m[e^{-\alpha U} g(X_U)]$$

Soulignons qu'un théorème d'existence est insuffisant pour résou - dre les problèmes pratiques associés à ce type de situation, et qu'il est particuliérement intéressant pour l'utilisateur d'avoir une construction explicite du temps optimal, s'il existe, comme début d'un ensemble borélien en particulier.

REMARQUE: Le problème est parfois formulé de la manière suivante, [83] : on considère une fonction de perte du type

$$\int_o^S e^{-\alpha s} f(X_s) ds + e^{-\alpha S} h(X_S) \quad \text{,où f est une fonc-}$$
tion borélienne qui représente l'intensité de ce que l'on gagne tant qu'on n'arrête pas le processus, et h une fonction borélienne représentant le gain terminal. Cette situation se traite exacte- ment comme la précédente, compte tenu de ce que:

$$E_m[\int_o^S e^{-\alpha s} f(X_s)ds] = E_m[\int_o^{+\infty} e^{-\alpha s} f(X_s)ds] -$$

$$E_m[e^{-\alpha S} E_{X_S}[\int_o^{+\infty} e^{-\alpha s} f(X_s) ds]]$$

Il s'agit donc d'un problème d'arrêt optimal associé à la fonction

$$g(x) = - h(x) + E_x[\int_o^{+\infty} e^{-\alpha s} f(X_s) ds]$$

2.6.   La méthode de résolution, généralement utilisée, repose sur le principe d'optimalité de Bellman: s'il existe un temps d'arrêt optimal U*, il est optimal dans la classe des temps d'arrêt qui le majorent,(il est dit sous-optimal), car:

$$E_m[e^{-\alpha U*} g(X_{U*})] = \sup_{S \in \tau} E_m[e^{-\alpha S} g(X_S)] = \sup_{S \in \tau, S \geq U*} E_m[e^{-\alpha S} g(X_S)]$$

Mais alors, intuitivement, si on part de X_{U*} à l'instant U*, 0 doit être optimal et

$$g(X_{U*}) = \sup_{S \in \tau} E_{X_{U*}}[e^{-\alpha S} g(X_S)]$$

On est alors amené à rechercher un temps optimal comme début de l'ensemble { q = g }, où $q(x) = \sup_{S \in \tau} E_x[e^{-\alpha S} g(X_S)]$.

Il faut souligner toutefois, que l'une des principales difficultés de la théorie est d'établir la mesurabilité et les principales propriétés de la fonction q(x).

Supposons un instant que la fonction q appartienne au domaine du générateur A du processus X et appliquons, en suivant [B3], le principe de la programmation dynamique, dans l'intervalle [o,t] où t est petit: si nous nous imposons de ne pas arrêter le processus dans ce petit intervalle, on peut espérer gagner au plus $E_x[e^{-\alpha t} q(X_t)]$, qui est donc sûrement inférieur à q(x). La fonction q, qui appartient au domaine du générateur, est donc α-excessive et $Aq - \alpha q \leq 0$.

A l'instant 0, on doit prendre une décision:

-   on arrête immédiatement si q = g
-   on laisse évoluer si q > g , mais alors le gain maximal est constant en espérance, et $Aq - \alpha g = 0$.

La fonction q doit donc satisfaire au système:

(2.6.1.) $q \geq g$, $Aq - \alpha g \leq 0$, $(Aq - \alpha q)(q - g) = 0$

étudié dans [B3] par A.Bensoussan et J.L. Lions, sous le nom d'inéquations variationnelles, lorsque A est un opérateur éllip-tique sur R^n.[Ce livre, très complet, présente entre autre, une étude exhaustive des solutions de ces inéquations variationnelles, ainsi que leur interprétation probabiliste, dans le cadre du problème de l'arrêt optimal de processus de diffusion dans R^n.]

Les "probabilistes" auront, entre autre, à tenir compte de la puissance de la méthode de pénalisation. (présentée ci-dessous en 2.77. etc)

Ils y montrent en particulier, que si g est une fonction
"régulière", il existe (dans un bon espace fonctionnel), une
solution et une seule au système d'inéquations (2.6.1), que nous
désignons par u . u est clairement une fonction α-excessive, qui
majore g, et harmonique sur l'ensemble $\{ u = g \}$, c'est à dire
que si nous désignons par D le début de cet ensemble, (on suppo-
se que $X_D \in \{ u = g \}$), $u(x) = E_x[e^{-\alpha D} u(X_D)] = E_x[e^{-\alpha D} g(X_D)]$

Rappelons que nous avons désigné par q la fonction:

$$q(x) = \sup_{U \in \underline{\tau}} E_x[e^{-\alpha U} g(X_U)]$$

Si $\underline{\tau}$ désigne ici l'ensemble de tous les temps d'arrêt, il est clair
que u étant une fonction excessive qui majore g , u majore la
fonction q . Mais d'autre part, le caractère harmonique de u, dont
découle l'égalité ci-dessus, implique que u est majorée par q.
Les fonctions u et q sont égales, et désignent la plus petite
fonction α-excessive qui majore g, qu'on appelle <u>réduite d'ordre</u>
<u>α de g</u> .

2.7.   Lorsque le générateur de X n'est pas un opérateur élliptique
sur R^n, c'est cette interprétation de q comme réduite d'ordre α
qui a prévalu, utilisant là l'un des outils de base de la théorie
du potentiel, [M9] . La justification de cette interprétation est
difficile, et repose essentiellement sur la théorie des ensembles
analytiques.(on trouvera en 2.50.,l'exposé des méthodes de [M7]
pour résoudre cette difficulté.)

Mais, q étant la réduite d'ordre α de g , on montre que q est
égale à la réduite d'ordre α de la fonction $q \, 1_{\{\lambda v \, < \, g\}}$ où
λ est un nombre réel de $[0,1[($[M5]$)$. Cette propriété a été exploitée par les probabilistes Dynkin ([D11]) et Shyriaev ([S1]) pour
prouver l'existence de temps d'arrêt ϵ-optimaux, lorsque la fonction g est finement continue

28.   Le premier, Mertens, [M3] et [M4], a abandonné le cadre markovien pour privilégier celui de la Théorie générale des Processus.
Le problème se formule alors comme dans l'exemple A du chapitre I:
Sur un espace de probabilité $(\Omega, \underline{F}_t, \underline{F}, P)$ satisfaisant aux conditions habituelles, on définit un processus de gain Y , optionnel.
Il s'agit toujours de maximiser $E(Y_U)$, lorsque U décrit une
classe $\underline{\tau}$ de temps d'arrêt.
Lorsque $\underline{\tau}$ est l'ensemble de tous les temps d'arrêt, la notion
analogue à celle de réduite est celle d'enveloppe de Snell du
processus Y, c'est à dire de plus petite surmartingale forte
(processus optionnel qui satisfait à l'inégalité des surmartingales
sur les temps d'arrêt), qui majore Y. Désignons par Z cette surmartingale. On montre que pour tout temps d'arrêt S,

$$Z_S = \text{esssup}_{U \geq S} E[Y_{U/\underline{F}_S}]$$

c'est à dire que, pour tout temps d'arrêt S, Z_S est égal au gain
optimal conditionnel, introduit au chapitre I,(du moins la notion
parallèle de coût minimal conditionnel).
L'intérêt essentiel de ce nouveau point de vue est que le principe d'optimalité de Bellmann devient comme nous l'avons établi
dans le premier chapitre un critère nécessaire et suffisant
d'optimalité.
Dans ce cadre, Bismut et Skalli,[B8] et [B10], ont montré que si le
processus de gain Y est continu à droite et régulier, la classe
des temps d'arrêt sous-optimaux contient un plus petit élément U*,
qui est en fait aussi un temps optimal, et même le plus petit des
temps optimaux. Ils montrent ensuite que U* est le début de l'ensemble $\{ Y = Z \}$.
Toutefois, leur méthode ne se généralise pas aux processus moins
réguliers,(limités à droite et à gauche, en abrégé làdlàg), considérés par M.Maingueneau dans [M1] et [E1] . Appliquant à l'enveloppe de Snell les méthodes "potentialistes" décrites plus haut,
elle montre que pour tout temps d'arrêt S, si D_S^λ désigne le début après S de l'ensemble $\{ \lambda Z < Y \}$ $(\lambda < 1)$,

$$E(Z_S) = E(Z_{D_S^{\lambda}})$$

Après passage à la limite, il vient aisément que

$$\sup\nolimits_{U \geqq S} E(Y_U) = E(Z_S) = E[Y_{D_S} 1_{H_S} + Y_{D_S}^- 1_{H_S^-} + Y_{D_S}^+ 1_{H_S^+}]$$

où H_S, H_S^-, H_S^+, sont des ensembles de F_S disjoints, le temps d'arrêt D_S restreint à H_S^- étant prévisible.

Le défaut d'optimalité apparait alors clairement, et il est facile d'énoncer ensuite des conditions suffisantes d'optimalité. Ces méthodes ont été reprises dans [E1], lorque la classe $\underline{\tau}$ est celle de tous les temps d'arrêt prévisibles, et ce sont elles que nous avons choisies de présenter ci-dessous dans le cadre encore plus général des tribus de Meyer.

2.9.   La Théorie générale des processus aurait sûrement moins d'intérêt si elle ne permettait d'éclaircir le modèle markovien. Dans le problème qui nous préoccupe, elle permet de préciser considérablement la Théorie, une fois établi, et c'est vraiment difficile, que pour un processus de Markov et pour toute probabilité P_m, la P_m-enveloppe de Snell d'un processus optionnel,

$$Y_t = e^{-\alpha t} g(X_t)$$

est indépendante de la loi initiale m, et égale à:

$$Z_t = e^{-\alpha t} q(X_t)$$

où q est la réduite d'ordre α de g.

Le principe d'optimalité de Bellman est maintenant sous sa forme classique, un critère nécessaire et suffisant, et le défaut d'optimalité parfaitement connu si le processus Y a des limites à droite et à gauche.

L'étude faite en Théorie générale montre en particulier, que si pour toute suite de temps d'arrêt, monotone, S_n, de limite S les fonctions $E_x[e^{-\alpha S_n} g(X_{S_n})]$ ont une limite inférieure ou égale à $E_x[e^{-\alpha S} g(X_S)]$, le temps d'entrée D dans l'ensemble $\{ q = g \}$ est optimal, et c'est le plus petit des temps optimaux. On peut caractériser également le plus grand des temps d'arrêt optimaux, mais un peu moins simplement.

En conclusion, à ce problème abordé par des techniques mathématiques très variées, l'apport de la Théorie générale des processus est de permettre d'établir que le principe d'optimalité de Bellman est en fait un critère nécessaire et suffisant, et de décrire le défaut exact d'optimalité par une étude précise sur "les trajectoires".

2.10   Pour clore ce paragraphe introductif et historique, nous présentons un exemple de tel problème, que nous recopions directement de [63] . On trouvera d'autres exemples très intéressants dans ce livre, ainsi que dans d'autres cités par les auteurs.

On considère une machine pouvant être en état de marche, ou en état de disfonctionnement. Selon les cas, son fonctionnement est décrit par un modèle différent, mais qui est toujours perturbé par un bruit. Le disfonctionnement apparait à un temps aléatoire que l'on ne peut donc connaitre exactement. Le problème est de choisir le oment optimal pour arrêter le fonctionnement compte-tenu des coûts suivants: si on arrête la machine avant qu'elle soit déréglée on paye une pénalité de 1, si on l'arrête après on paye une pénalité égale à c par unité de temps qui s'écoule entre l'instant de disfonctionnement et l'instant d'arrêt. Précisons le modèle de controle associé.

On suppose définis sur un espace filtré $(\Omega, \underline{F}_t , \underline{F})$, muni d'une famille P_α de probabilités, une variable aléatoire λ, réelle et positive, réprésentant la durée de vie de la machine avant qu'elle ne se dérégle, et dont la loi sous P_α est donnée par:

$$P_\alpha(\lambda = 0) = \alpha \qquad , \quad P_\alpha(\lambda \geq t \mid \lambda > 0) = e^{-\mu t} \qquad t > 0 , \ \mu > 0 .$$

et un mouvement brownien B, indépendant de λ.

On observe le processus $d\xi_t = r(t-\lambda)^+ + \sigma\, dB \qquad , \quad \xi_0 = 0$

Nous désignons par $\underline{\underline{G}}_t = \sigma(\xi_s, \ s \le t)$ la filtration naturelle associée à l'observation ξ .

A tout $\underline{\underline{G}}$-temps d'arrêt U, nous associons une perte $c(\omega,u)$ égale à:

$$c(\omega,u) = 1_{\{U < \lambda\}} + c\,(U-\lambda)^+$$

Nous sommes donc dans une situation de contrôle non complètement observable, la fonction de perte étant mesurable par rapport à la tribu $\underline{\underline{F}}$.

Pour ramener ce problème à un problème d'arrêt optimal du type de ceux que nous venons de décrire, il est normal d'introduire le processus Y_t, projection $\underline{\underline{G}}$-optionnelle du processus $1_{\{\lambda \le t\}}$. Il est facile de voir que le coût moyen s'exprime simplement en fonction de Y par la formule :

$$E_\alpha[\ c(\omega,u)\ ] = E_\alpha\left[\, 1 - Y_U + c\int_0^U Y_s\ ds\,\right] .$$

On s'est donc ramené à une situation d'arrêt optimal classique, si on tient compte de ce qu'on peut établir que Y est solution d'une équation stochastique associée à un mouvement brownien $\overline{B}$, de la forme, $\qquad dY = \mu(1-Y)\ dt + r/\sigma\ Y(1-Y)\ d\overline{B}$

$$Y_o = \alpha .$$

RESOLUTION DU PROBLEME D'ARRET OPTIMAL DANS UN CADRE REGULIER

Nous nous proposons de résoudre rapidement et complètement le problème de l'arrêt optimal, lorsque le processus de gain est "régulier". Les outils et les méthodes seront les le cas général, mais plus difficiles à mettre en oeuvre, la difficulté technique ayant alors tendance à masquer les idées qui sont simples pourtant.

2.1 1   HYPOTHESES ET NOTATIONS

On se donne un espace filtré $(\Omega, \underline{\underline{F}}_{+\infty}, \underline{\underline{F}}_t, P)$, où la filtration $\underline{\underline{F}}_t$ est continue à droite, croissante et complète en ce sens que $\underline{\underline{F}}_o$ contient tous les ensembles P-négligeables de $\underline{\underline{F}}_{+\infty}$.

Le processus de gain Y est un processus F-adapté, continu à droite, limité à gauche, positif et borné. On le suppose défini jusqu'à l'infini.

Avant de poser le problème de l'arrêt optimal, nous redonnons
quelques définitions que nous emploierons fréquemment tout au
long de cette étude.

DEFINITIONS: Nous désignons par $\underline{T}$ l'ensemble de tous les $\underline{F}_t$ temps
d'arrêt.

Un $\underline{T}$-système est une famille $(X(S))_{S \in \underline{T}}$ de v.a. indéxée par $\underline{T}$,
satisfaisant à :

(2.11.1)   i) $X(S) = X(T)$ P.p.s.   sur $\{S = T\}$

             ii) $X(S)$ est $\underline{F}_S$- mesurable

Un $\underline{T}$-surmartingalsystème est un $\underline{T}$-système qui satisfait de plus
à :

(2.11.2)   i) $X(S)$ est intégrable pour tout S de $\underline{T}$

             ii)   si S et T sont deux éléments de $\underline{T}$ tels que $S \leq T$
                     $E[X(T)/_{\underline{F}_S}] \leq X(S)$ P.p.s.

Un $\underline{T}$-système est continu à droite en espérance, si pour toute
suite S_n décroissante de temps d'arrêt, de limite S,

(2.11.3) $E[X(S_n)]$ converge vers $E[X(S)]$

Un $\underline{T}$-système est continu à gauche en espérance, si pour toute
suite U_n , croissante, de temps d'arrêt de limite U,

(2.11.4) $E[X(U_n)]$ converge vers $E[X(U)]$

Un processus optionnel Z agrège le $\underline{T}$-système $X(S)$, $S \in \underline{T}$ si:

(2.11.5) $Z_S = X(S)$ P.p.s.

2.12.   Ce vocabulaire étant reprécisé, nous revenons au problème
de l'arrêt optimal.

Nous avons vu au chapitre I que dans la recherche d'un temps d'arrêt U* qui maximise $E(Y_U)$ lorsque U décrit la classe de tous
les temps d'arrêt, l'outil essentiel est ce que nous appellerons
ici le gain maximal conditionnel, défini par:

$$J(S) = \text{esssup}_{U \geq S, \, U \in \underline{T}} E[Y_{U/\underline{F}_S}]   \text{P.p.s.}$$

Les propriétés suivantes de ce $\underline{\underline{T}}$-système ont été établies en (1.19) mais se vérifient très simplement en tenant compte du caractère filtrant croissant de $\{\ E[Y_{U/\underline{\underline{F}}_S}]\ ,\ U \geq S,\ U \in \underline{\underline{T}}\ \}$.

THEOREME: <u>Le gain maximal conditionnel $J(S)$ défini par:</u>

(2.12.1.) $\qquad\qquad J(S) = \text{esssup}_{U \geq S,\ U \in \underline{\underline{T}}}\ E[Y_{U/\underline{\underline{F}}_S}]\qquad$ P.p.s.

<u>est un $\underline{\underline{T}}$-surmartingalsystème.</u>

<u>Une condition nécessaire et suffisante pour qu'un temps d'arrêt</u>

<u>U* soit optimal est que:</u>

(2.12.2.) $\qquad\qquad$ i) $\qquad J(U^*) = Y_{U^*}\qquad$ P.p.s.

$\qquad\qquad\qquad\quad$ ii) $\qquad (J(S \wedge U^*))_{S \in \underline{\underline{T}}}\qquad$ est un $\underline{\underline{T}}$-martingalsystème.

PREUVE: Pour vérifier que $J(S)$ est un $\underline{\underline{T}}$-système, il suffit de remarquer que, si A appartient à $\underline{\underline{F}}_S$, $J(S_A) = 1_A J(S) + 1_{A^c} Y_{+\infty}$. Si A désigne l'ensemble où deux temps d'arrêt S et T coïncident, les temps d'arrêt S_A et T_A coincident, ce qui entraine immédiatement que $1_A J(S) = 1_A J(T)\qquad$ P.p.s.

La propriété de surmartingale est une conséquence immédiate de la possibilité d'intervertir esssup et espérance conditionnelle, qui permet d'écrire que:

$\quad$ si $S \leq T \qquad\qquad E[J(T)_{/\underline{\underline{F}}_S}] = \text{esssup}_{U \geq T}\ E[Y_{U/\underline{\underline{F}}_S}]\qquad$ P.p.s.

Le critère d'optimalité résulte de l'inégalité évidente

$$J(S) \geq Y_S \qquad \text{P.p.s.}$$

et de la chaîne d'égalités:

$$\text{sup}_{U \in \underline{\underline{T}}}\ E(Y_U) = E(Y_{U^*}) = \text{sup}_{U \geq U^*} E(Y_U) = E[J(U^*)]$$

$$= \text{sup}_{U \geq S \wedge U^*}\ E(Y_U) = E[J(S \wedge U^*)]$$

ainsi, bien sûr, que du caractère "surmartingal" de $J(S)$. CQFD.

2.13 $\qquad$ Nous avons besoin de propriétés supplémentaires du gain maximal conditionnel, pour rendre ce critère plus opératoire. Nous allons d'abord montrer que ce $\underline{\underline{T}}$-système s'agrège en une surmartingale continue à droite.

LEMME: <u>Le gain maximal conditionnel $J(S)$ est continu à droite</u>

<u>en espérance.</u>

$((J(S))_{S \in \underline{\underline{T}}}$ étant un $\underline{\underline{T}}$-surmartingalsystème, l'application de $\underline{\underline{T}}$ dans R^+, qui à U associe $E(J(U))$ est une fonction décroissante de U.

Supposons qu'elle ne soit pas continue à droite en U. On peut alors construire une suite U_n de temps d'arrêt, décroissante, de limite U, telle que $\lim_n E(J(U_n)) + \alpha \leq E(J(U))$.

Rappelons que $E(J(U)) = \sup_{S \geq U} E(J(S))$. On peut donc trouver un temps d'arrêt $S \geq U$, tel que:

$$\forall n, \ \forall V \in \underline{\underline{T}}, \ V \geq U_n \quad E(Y_V) + \alpha/2 \ \leq E(Y_S)$$

Ceci entraine en particulier que:

$$E(Y_S) \geq \alpha/2 + \sup_n E(Y_{SVU_n}) \geq \alpha/2 + \limsup_n E(Y_{SVU_n})$$

Les temps d'arrêt $U_n VS$ décroissent vers S, et Y est continu à droite, borné; la limite de $E(Y_{SVU_n})$ existe donc et est égale à $E(Y_S)$. Une contradiction est ainsi établie.

REMARQUE: La même démonstration aurait convenu, si on était parti d'un $\underline{\underline{T}}$-système $Y(S)$ continu à droite, plutôt que d'un processus continu à droite et borné.

Les surmartingalsystèmes continus à droite en espérance s'agrègent facilement.

2.14. PROPOSITION: Soit $X(S)$, $S \in \underline{\underline{T}}$, un $\underline{\underline{T}}$-surmartingalsystème, continu à droite en espérance, et borné. Il existe une unique surmartingale continue à droite et bornée, X, qui agrège $X(S)$, c'est à dire que:

pour tout S de $\underline{\underline{T}}$ $\quad X_S = X(S)$

PREUVE: Le processus $X(r)_{r \in Q}$ est une surmartingale sur les rationnels dont l'espérance est continue à droite. On peut donc en choisir une version partout continue à droite sur les rationnels que nous prolongeons par continuité à droite à tous les réels. Nous la désignons par X. Par construction, pour tout temps d'arrêt S étagé rationnel, les v.a. X_S et $X(S)$ sont égales p.s., ce qui entraine en particulier que:

$$(2.14.1) \qquad E(X_S) = E[X(S)]$$

Le processus X est continu à droite et borné, le $\underline{\underline{T}}$-système $X(S)$ continu à droite en espérance, la relation $(2.14.1.)$ s'étend donc à tous les temps d'arrêt.

Pour identifier X_S et $X(S)$, il reste à remarquer que par construction $X_{+\infty} = X(+\infty)$. Si A est un élément de $\underset{=}{F}_S$, l'égalité

$$E[X_{S_A}] = E[1_A X_S + 1_{A^c} X_{+\infty}] = E[X(S_A)] = E[1_A X(S) + 1_{A^c} X(+\infty)]$$

entraine immédiatement celle de : $E[1_A X_S] = E[1_A X(S)]$. CQFD.

2.15.   Appliquons l'ensemble de ces résultats au problème d'arrêt optimal.

THEOREME: <u>Soit Y, un processus adapté, continu à droite et borné, positif Il existe une unique surmartingale , continue à droite et bornée, qui agrège le gain maximal conditionnel, que nous désignons par J.</u> <u>On a donc:</u>

(2.15.1) $J_S = \text{esssup}_{U \geq S} E[Y_{U/\underset{=}{F}_S}]$ P.p.s.

<u>J est la plus petite surmartingale continue à droite qui majore Y . On l'appelle l'enveloppe de Snell de Y,</u>(en abrégé SN(Y)).

PREUVE: Compte-tenu du lemme 2.13. et de la proposition 2.14., il reste seulement à vérifier que toute surmartingale continue à droite, qui majore Y majore J. Mais, ceci est une conséquence du théorème d'arrêt de Doob, qui établit que l'inégalité des surmartingales reste valable pour tous les temps d'arrêt;(nous avons supposé les processus définis jusqu'à l'infini.)

2.16.   Pour progresser dans la résolution du problème d'arrêt optimal, nous allons établir une propriété d'approximation du gain maximal conditionnel, tout à fait classique en Théorie du potentiel,([Mg]), et intuitive en arrêt optimal, car elle traduit l'idée qu'en moyenne le gain maximal ne peut croitre qu'en des temps sousoptimaux.(cf l'introduction historique.)

PROPOSITION: <u>Désignons pour tout nombre réel $\lambda \in [0,1[$ par A^λ l'ensemble</u> $A^\lambda = \{(\omega,t);\ Y_t(\omega) \geq \lambda\ J_t(\omega) \}$

<u>et par</u> D_S^λ <u>le début après S de cet ensemble, c'est à dire que:</u>

$$D_S^\lambda = \inf \{t \geq S;\ (\omega,t) \in A^\lambda \} = \inf \{t \geq S;\ Y_t \geq \lambda\ J_t \}$$

(2.16.1) $J_S = E[J_{D_S^\lambda}/\underset{=}{F}_S]$ P.p.s.

PREUVE: Etudions le $\underline{\underline{T}}$-système $J^o(S)$ défini par:

$$J^o(S) = E[J_{D_S^\lambda}/\underline{\underline{F}}_S]$$

L'ensemble A^λ étant fermé à droite, le processus $t \to D_t^\lambda$ est continu à droite.

Le $\underline{\underline{T}}$-système $J^o(S)$, qui est un $\underline{\underline{T}}$-surmartingalsystème, car J est une surmartingale continue à droite et bornée, est donc continu à droite en espérance. D'après la proposition 2.14., il existe une surmartingale continue à droite J^o, qui agrège $J^o(S)$, (pour les familiers de la Théorie Générale des Processus c'est évidemment la projection optionnelle du processus continu à droite $J_{D_t^\lambda}$).

Par construction, pour tout temps d'arrêt T tel que :

$$Y_T \geq \lambda\, J_T\,, \qquad D_T^\lambda = T\,, \text{ et } J_T^o = J_T \qquad \text{P.p.s.}$$

Le processus $\lambda J + (1-\lambda)J^o$ est une surmartingale continue à droite, qui est égale à J sur l'ensemble A^λ, qui majore λJ et donc Y sur l'ensemble $(A^\lambda)^c$. Elle majore donc Y partout, et donc J d'après (2.15.). Mais par construction J^o est majorée par J. L'identité de $\lambda J + (1-\lambda)J^o$ avec J entraine que :

$$J^o = J \qquad \text{à l'indistinguabilité près.} \quad \text{CQFD.}$$

REMARQUE: Nous avons en fait démontré, que toute surmartingale positive, continue à droite, majorée par J, et égale à J sur A^λ est indistinguable de J.

2.17.   Pour alléger l'écriture, nous désignons par D^λ (et non D_o^λ) , le début de l'ensemble A^λ. C'est un temps d'arrêt optimal à $(1-\lambda)$ près.

COROLLAIRE: <u>Sous les hypothèses de la proposition 2.16., on a</u> :

(2.17.1.) $J_{D^\lambda} \leq 1/\lambda\; Y_{D^\lambda}$ P.p.s.

(2.17.2.) $J_{SAD^\lambda} = E[J_{D^\lambda}/\underline{\underline{F}}_{SAD^\lambda}] \leq 1/\lambda\; E[Y_{D^\lambda}/\underline{\underline{F}}_{SAD^\lambda}]$

(2.17.3.) $\sup_{S \in T} E(Y_S) \leq 1/\lambda\; E[Y_{D^\lambda}]$

PREUVE: Les processus Y et J étant continus à droite, le début de l'ensemble A^λ appartient à cet ensemble, ceci qui est exactement la relation (2.17.1.)

La relation (2.17.2.) est immédiate, une fois remarqué que:

$$D^\lambda_{SAD}\lambda = D^\lambda \qquad \text{P.p.s.}$$

Quant à la dernière, c'est la relation (2.17.2.), considérée en $S = 0$, et intégrée. CQFD.

REMARQUE: Ces conditions sont évidemment à rapprocher des conditions (2.12.2), du critère d'optimalité: le processus J est donc une martingale jusqu'au temps D^λ, minorée par $1/\lambda$ Y, (il n'y a pas encore eu égalité entre J et Y). Un temps optimal, qui réalise nécessairement $J = Y$, est donc nécessairement supérieur à D^λ pour tout $\lambda \in [0,1[$. Il est alors tout à fait naturel de faire tendre λ vers 1.

2.18.   Toutefois, l'existence d'un temps d'arrêt optimal ne pourra être obtenue que sous une hypothèse de continuité à gauche en espérance du processus Y, tout à fait naturelle si on a remarqué que la suite des temps d'arrêt D^λ croit avec λ.

THEOREME: <u>Considérons un processus de gain Y, continu à droite, positif, borné, adapté. Nous supposons de plus ce processus continu à gauche en espérance (2.11.4.), c'est à dire que</u> :

Pour toute suite croissante U_n de temps d'arrêt de limite U,

$$E[Y_{U_n}] \qquad \text{converge vers} \qquad E[Y_U]$$

<u>J est la surmartingale continue à droite, qui agrège le gain maximal conditionnel</u> $J_S = \text{essup}_{U \geq S} E[Y_{U/F_S}]$ $\qquad$ P.p.s.

<u>Le temps d'arrêt D, début de l'ensemble</u> $\{Y = J\}$ <u>est un temps d'arrêt optimal, c'est à dire que:</u>

$$\text{sup}_{U \in \underline{\underline{T}}} E[Y_U] = E[Y_D]$$

DEMONSTRATION: Considérons une suite croissante de nombres $\lambda_n \in [0,1[$ de limite 1. Les ensembles A^{λ_n} sont décroissants, et leurs débuts croissants. Nous désignons par $\overline{D}$, la limite croissante des D^{λ_n}.

D'après (2.17.3.), $\text{sup}_{S \in \underline{\underline{T}}} E[Y_S] \leq 1/\lambda_n E[Y_{D^{\lambda_n}}]$

$$\leq \lim_n 1/\lambda_n E[Y_{D^{\lambda_n}}] = E[Y_{\overline{D}}]$$

puisque par hypothèse, Y est continu à gauche en espérance.

Le temps d'arrêt $\overline{D}$ est optimal, et par construction inférieur à

D, puisque les ensembles A^λ contiennent tous l'ensemble $\{Y = J\}$.
Mais, d'après le critère d'optimalité, $\overline{D}$ étant optimal, $J_{\overline{D}} = Y_{\overline{D}}$.
$\overline{D}$ est donc supérieur au début de l'ensemble $\{Y = J\}$, c'est à
dire à D. CQFD.

REMARQUE 1: Sans l'hypothèse de continuité à gauche en espérance du processus de gain, nous aurions pu étudier précisément le
comportement de $Y_D\lambda$, lorsque λ croit vers 1, en supposant Y
limité à gauche. C'est ce que nous ferons dans le cadre général,
faisant apparaitre ainsi exactement le défaut d'optimalité.

REMARQUE 2 : Un processus optionnel borné Y, continu à gauche
en espérance est appelé __régulier__ dans [D6] . On peut montrer que
cette hypothèse implique en fait que le processus Y admet des
limites à gauche, et que si Y^- désigne le processus des limites
à gauche de Y et Y^p la projection prévisible de Y, ces deux
processus sont indistinguables.

On peut également montrer de la même façon, que si Y est un processus optionnel et borné, la continuité à droite des trajectoires
de Y est équivalente à la continuité à droite en espérance du
processus Y.

2.19. Compte-tenu de toutes ces remarques, le théorème prend la forme
simple suivante:

THEOREME: __Soit Y un processus, optionnel et borné, d'enveloppe__
__de Snell J. On suppose Y continu à droite et continu à gauche__
__en espérance.__

__Le début D de l'ensemble $\{Y = J\}$ est un temps d'arrêt optimal.__

2.20 La caractérisation suivante de l'enveloppe de Snell d'un
processus continu à droite est fort utile dans la pratique pour
identifier une surmartingale à l'enveloppe de Snell.

PROPOSITION: __Toute surmartingale Z, continue à droite, qui majore__
__Y, (avec la condition frontière $Y_{+\infty} = Z_{+\infty}$), et qui satisfait à__

(2.20.1.) $$Z_S = E[Z_{\delta_S^\lambda}/\underline{F}_S]$$ où $\delta_S^\lambda = \inf\{t \geq S; \lambda Z_t \leq Y_t\}$
pour tout $\lambda \in [0,1[$

est identique à l'enveloppe de Snell de Y.

PREUVE: Nous désignons par J, l'enveloppe de Snell de Y , qui
est majorée par Z, puisque Z est une surmartingale continue à
droite, qui majore Y. De plus, ces deux surmartingales ayant la
même valeur à l'infini, pour établir qu'elles sont égales,il suffit de vérifier qu'elles ont même espérance en tout temps d'arrêt.
D'après (2.20.1.),

$E[Z_S] \leq 1/\lambda\ E[Y_{\delta_S^\lambda}] \leq 1/\lambda\ E[J_{\delta_S^\lambda}] \leq 1/\lambda\ E[J_S]$, pour tout $\lambda \in [0,1[$.

car Z zt Y sont continus à droite et que J est une surmartingale
qui majore Y. On a ainsi établi l'égalité en espérance des deux
processus. CQFD.

REMARQUE: Reprenant les notations du paragraphe 2.6. de l'introduction historique,nous voyons immédiatement que si le processus
$e^{-\alpha t} g(X_t)$ est continu à droite, tout processus de la forme
$e^{-\alpha t} u(X_t)$, où u est solution du système d'inéquations variationnelles
décrites dans ce paragraphe, est identique à l'enveloppe de Snell
de Y,car d'après (2.6.1.) u est le α-potentiel d'une fonction
nulle en dehors de l'ensemble $\{ u = g \}$.

ARRET OPTIMAL : LE CAS GENERAL

2.21.   Nous revenons au problème d'arrêt optimal dans un cadre
aussi général que celui utilisé pour présenter, dans le premier
chapitre une modélisation du contrôle.

Le processus de gain Y est un processus observable, donc $\underline{A}$-mesura-
ble, que l'on connait aux temps d'observation S de la chronologie
$\underline{t}$. Comme nous l'avons vu au premier chapitre, on obtient un critère
d'optimalité opératoire en faisant intervenir le gain maximal conditionnel, qui est le τ-surmartingalsystème défini par:

$$J(S) = \text{esssup}_{U \geq S,\ U \in \underline{\tau}}\ E[Y_{U/\underline{G}_S}]\qquad\text{P.p.s.}$$

Nous avons souligné dans le cadre régulier que le problème de
l'agrégation de ce τ-surmartingalsystème est important en vue de

la résolution du problème d'arrêt optimal.

Nous présentons ici une démonstration de l'agrégation des τ-sur-
martingalsystèmes différente de celle proposée dans le cadre régu-
lier(2.14.), mettant en oeuvre des "moyens" mathématiques assez
élaborés. Due initalement à P.A.Meyer,([M6] et [L8]), elle a été
reprécisée dans le cadre qui nous préoccupe ici, par C.Dellache-
rie, et E.Lenglart, dans un très bel article([D8]), que nous re-
produisons presqu'intégralement .   (Que les auteurs m'excusent,
il ne s'agit nullement de plagiat, mais seùlement de la certitude
que je ne saurai faire mieux.)

Après avoir rappelé les propriétés essentielles des tribus de
Meyer par rapport auxquelles nous travaillons, et de la chronologie considérée, nous montrons que tout τ-surmartingalsystème
est agrégeable en une $\underline{\underline{\Lambda}}$-surmartingale, dont nous précisons la
décomposition lorsqu'elle est de la classe(D).

Un procédé d'approximation de l'enveloppe de Snell du processus
de gain Y, analogue à celui décrit dans le modèle régulier, permet de
préciser le "défaut d'optimalité" et de déduire des conditions
suffisantes et "presque nécessaires" d'optimalité.

TRIBUS DE MEYER ET TEMPS D'ARRET

2.22   Nous reprenons en recôpiant ([D8]), les principales notions
introduites au paragraphe 1.2 du chapitre I.

Plus précisément, nous travaillons sur un espace probabilisé com-
plet $(\Omega, \underline{\underline{F}}, P)$, muni d'une filtration $(\underline{\underline{F}}_t)$ telle que $\underline{\underline{F}}$ soit la
complétée de $\underline{\underline{F}}_{+\infty} = \bigvee_{t \underline{\underline{\geq}} t} \underline{\underline{F}}_t$

DEFINITION : (2.22.1.) <u>Une tribu $\underline{\underline{\Lambda}}$ sur $R^+ \underline{\times} \Omega$ est une tribu de</u>
<u>Meyer relativement à $\underline{\underline{F}}$, si elle satisfait aux conditions</u> de 1.2.

i) <u>Elle est engendrée par des processus càdlàg, $\underline{\underline{F}}_t$-adaptés.</u>
ii) <u>Elle contient la tribu déterministe $\underline{\underline{B}}(R^+) \times \{\emptyset, \Omega\}$</u>
iii) <u>Elle est stable par arrêt à des temps fixes</u>·

REMARQUE: La tribu optionnelle relativement à $\underline{\underline{F}}$, $\underline{0}$, c'est à dire
la tribu engendrée par tous les processus càdlàg adaptés , ou la

tribu prévisible engendrée par tous les processus continus adaptés, $\underline{\underline{P}}$, sont des tribus de Meyer.

A une tribu de Meyer, nous associons une <u>filtration $\underline{G}$</u> , en associant à tout $t \in R^+$ une tribu $\underline{\underline{G}}_t$ sur Ω, engendrée par les v.a. X_t lorsque X décrit l'ensemble des processus $\underline{\underline{A}}$-mesurables. La tribu $\underline{\underline{A}}$ étant stable par arrêt, cette famille est croissante. On pose $\underline{\underline{G}}_{+\infty}$ égale à $\bigvee_t \underline{\underline{G}}_t$. La filtration $\underline{G}$ n'est pas nécessairement continue à droite, aussi définissons-nous la filtration $\underline{G}^+$ par :

$$\underline{\underline{G}}^+_t = \cap_{s>t} \underline{\underline{G}}_s \qquad et \qquad \underline{\underline{G}}^+_{0-} = \underline{\underline{G}}_0$$

Il est clair que la tribu $\underline{\underline{A}}$ contient la tribu prévisible relativement à la filtration $\underline{G}$ (ou $\underline{G}^+$ car c'est manifestement la même), et est contenue dans la tribu optionnelle relativement à $\underline{G}$.

DEFINITION: (2.22.2.) <u>Une v.a. S à valeurs dans $[0,+\infty]$ est un $\underline{\underline{A}}$-temps d'arrêt</u> (en abrégé $\underline{\underline{A}}$-t.a.), <u>si l'intervalle stochastique</u> $[\![T,+\infty[\![$ <u>appartient à $\underline{\underline{A}}$</u> .

A tout temps d'arrêt S , <u>on associe la tribu $\underline{\underline{G}}_S$, engendrée par les v.a. de la forme X_S, où X parcourt l'ensemble des processus $\underline{\underline{A}}$-mesurables, définis jusqu'à l'infini</u>(au sens où $t \to X_t$ est $\underline{\underline{A}}$-mesurable, et $X_{+\infty}$ est $\underline{\underline{G}}_{+\infty}$ -mesurable) .

Lorque $\underline{\underline{A}} = \underline{\underline{O}}(G)$, on retrouve la tribu associée habituellement à un temps d'arrêt, et lorsque $\underline{\underline{A}} = \underline{\underline{P}}(G)$, on retrouve la tribu $\underline{\underline{G}}_{S-}$. De manière générale, on a les inclusions :

$$\underline{\underline{G}}_{S-} \subseteq \underline{\underline{G}}_S \subseteq \underline{\underline{G}}^+_S$$

et l'égalité $\qquad \underline{\underline{G}}_S = \{ H \in \underline{\underline{G}}_{+\infty} : S_H \text{ est un } \underline{\underline{A}}\text{-t.a. } \}$, où comme d'habitude, on a posé $S_H = S$ sur H, $= +\infty$ sur H^c.

La filtration $\underline{F}$ étant P-complète, la tribu $\underline{\underline{A}}$ est P-complète au sens de $[\underline{\underline{12}}]$,(article dans lequel on trouvera une étude systématique des tribus de Meyer, ainsi que la démonstration de tous les théorèmes de section et de projection que nous allons citer ci-dessous). En particulier, <u>le début d'un ensemble A $\underline{\underline{A}}$-mesurable, est un $\underline{\underline{A}}$-temps d'arrêt si son graphe est inclus dans A, c'est à dire</u> que si D désigne ce temps,lorsque l'inclusion suivante est vraie:

(2.22.3.) $\qquad \{(\omega,t); t = D(\omega) \} \subseteq A$

2.23.   Nous énonçons maintenant les théorèmes fondamentaux de la théorie générale des processus.

THEOREME DE SECTION: (2.23.1.) Soit B un élément de $\underline{\Lambda}$. Pour tout $\varepsilon > 0$, il existe un $\underline{\Lambda}$-temps d'arrêt S tel que B en contienne le graphe $[\![S]\!] = \{(\omega,S(\omega)), \ S(\omega) < +\infty \}$, et que l'on ait :

$\quad$ P(S < +∞) > P[π(B)] − ε , où π(B) est la projection de B sur Ω.

REMARQUE: Si S est un $\underline{\Lambda}$-t.a. , son graphe $[\![S]\!]$ est un élément de la tribu $\underline{\Lambda}$. Réciproquement, si le graphe d'une v.a. appartient à la tribu $\underline{\Lambda}$, le théorème de section prouve que c'est un $\underline{\Lambda}$-t.a. lorsque la tribu de Meyer $\underline{\Lambda}$ est P −complète.

THEOREME DE PROJECTION: (2.23.2.) Soit X un processus mesurable borné ou positif. Il existe un processus $\underline{\Lambda}$-mesurable, unique à l'indistinguabilité près, $^{\Lambda}X$, tel que pour tout $\underline{\Lambda}$-t.a. fini S on ait : $^{\Lambda}X_S = E[X_S/\underline{G}_S]$ p.s. Ce processus est appelé la $\underline{\Lambda}$-projection de X.

THEOREME DE PROJECTION DUALE: (2.23.3.) Soit B un processus croissant, mesurable et intégrable, c'est à dire que la v.a. $B_{+\infty}$ est intégrable. Il existe un processus croissant, continu à droite, $\underline{\Lambda}$-mesurable et intégrable, unique, noté B^{Λ} , qui vérifie : pour tout processus mesurable, positif ou borné X

$$E\int_0^\infty X_s \, dB_s^\Lambda = E\int_0^\infty {}^{\Lambda}X_s \, dB_s$$

2.24.   Avant de conclure ces rappels de théorie générale, nous énonçons un théorème d'Analyse fonctionnelle, dont on peut trouver la démonstration dans ([LB]), dans un cadre un petit peu différent, et qui est du à P.A.Meyer.

Nous désignons par $\underline{H}$ un espace vectoriel de processus, stable par Λ, contenant les constantes et possédant les propriétés suivantes:

$\quad$ i) Tout Z de $\underline{H}$ est un processus borné, làdcàg,(abréviation de limité à droite et continu à gauche), $\underline{\Lambda}$-mesurable ainsi que le processus Z^+ des limites à droite.

$\quad$ ii) Pour tout $\underline{\Lambda}$-t.a. S, le processus $1_{]\!]S,+\infty[\![}$ appartient à $\underline{H}$.

THEOREME: Soit Φ une forme linéaire positive sur $\underline{H}$, possédant la propriété de continuité suivante:

pour toute suite (Z^n) décroissante, d'éléments de $\underline{H}$ positifs, telle que $\lim_n [\sup_t |X_t|] = 0$, on a $\lim_n \Phi(Z^n) = 0$.

Il existe deux processus croissants, continus à droite, A et B, $\underline{A}$-mesurables, tels que: A est purement discontinu, continu à l'infini B est $\underline{G}$-prévisible, nul en 0, uniques à l'indistinguabilité près, tels que pour tout Z de $\underline{H}$,

$$(2.24.1.) \qquad \Phi(Z) = E[\int_{]0,+\infty]} Z_{s-} dB_s + \int_{[0,+\infty[} Z_s dA_s]$$

CHRONOLOGIE ET $\underline{\tau}$-SYSTEMES

2.25.   Toujours dans la ligne des notions introduites dans le premier chapitre nous dirons que:

DEFINITION: (2.25.1.)   Une famille θ de $\underline{A}$-t.a. est une chronologie faible, si elle contient 0, est stable par les sup et inf finis, et contient une suite (S_n) telle que $\sup_n S_n = +\infty$.

Une chronologie faible $\underline{\tau}$ est une chronologie, si elle est de plus stable par découpage, c'est à dire que $+\infty$ appartient à $\underline{\tau}$ et que : $S \in \underline{\tau}$ et $H \in \underline{G}_S$ $\Rightarrow$ $S_H \in \underline{\tau}$

La chronologie de tous les $\underline{A}$-temps d'arrêt est désignée par $\underline{\Sigma}$, celle des $\underline{G}^+$-temps d'arrêt par $\underline{T}$

REMARQUE: L'ensemble des temps fixes est une chronologie faible.

Rappelons une fois de plus, pour fixer les notations la définition d'un $\underline{\tau}$-système.

DEFINITION: (2.25.2.)   Une famille $(X(S))_{S \in \theta}$, indéxée par la chronologie faible $\underline{\theta}$, est un θ-système, si :

    i) $X(S) = X(T)$ p.s. sur $\{ S = T \}$, pour tous S et T de θ

    ii) $X(S)$ est $\underline{G}_S$-mesurable pour tout S de θ

Un processus X, défini jusqu'à l'infini agrège le θ-système, si il est $\underline{A}$-mesurable, et si l'on a: $X_S = X(S)$ pour tout S de θ

REMARQUE: Si la chronologie faible θ est égale à $\underline{\Sigma}$, le théorème de section (2.23.1) assure l'unicité du processus qui agrège.

Nous aurons surtout à agréger des θ-systèmes vérifiant une propriété liée à la théorie des martingales; plus précisement,(et le lot de définitions sera enfin épuisé),

DÉFINITION: (2.25.3) <u>Un θ-système</u> $(X(S))_{S \in \underline{\underline{\theta}}}$, <u>indéxé par une chronologie faible</u> $\underline{\underline{\theta}}$, <u>est un θ-surmartingalsystème si</u>:

   i) $X(S)$ est intégrable pour tout $S \in \underline{\underline{\theta}}$

   ii) $X(S) \geq E[X(T)_{/\underline{\underline{G}}_S}]$ p.s. pour tous S et $T \in \underline{\underline{\theta}}$
                tels que $S \leq T$

<u>Un processus X $\underline{\underline{A}}$-mesurable est une $\underline{\underline{A}}$-surmartingale, si le</u> Σ-système $(X_S)_{S \in \underline{\underline{\Sigma}}}$ <u>est un Σ-surmartingalsystème.</u>

REMARQUE: Il est établi dans ([L2]) que toute $\underline{\underline{A}}$-surmartingale est à trajectoires làdlàg. En fait, nous allons voir qu'il suffit d'avoir cette propriété pour les $\underline{\underline{A}}$-martingales.

La proposition suivante montre que l'étude des θ-surmartingalsystè-mes peut toujours être menée par rapport à une chronologie.

PROPOSITION: (2.25.4.) <u>Soit</u> $\underline{\underline{\theta}}$ <u>une chronologie faible, qui con-tient</u> $+\infty$, <u>et</u> $\underline{\underline{\bar{\theta}}}$ <u>la plus petite chronologie qui contient</u> $\underline{\underline{\theta}}$. <u>Les éléments de</u> $\underline{\underline{\bar{\theta}}}$ <u>sont les</u> $\underline{\underline{A}}$-<u>t.a.</u> θ-<u>étagés S, qui s'écrivent</u>
$S = \Sigma_{1 \leq i \leq n} \, 1_{A_i} S_i$, <u>où</u> $S_i \in \underline{\underline{\theta}}$ <u>et</u> $A_i \in \underline{\underline{G}}_{S_i}$
<u>Tout θ-surmartingalsystème se prolonge en un $\bar{\theta}$-surmartingalsystème.</u>

PREUVE: Il est clair que toute chronologie contenant $\underline{\underline{\theta}}$ contient l'ensemble de tous les $\underline{\underline{A}}$-t.a. θ-étagés. Mais cet ensemble est lui-même une chronologie, qui est donc la plus petite chronologie contenant $\underline{\underline{\theta}}$.

Pour établir qu'un θ-surmartingalsystème $X(S)_{S \in \underline{\underline{\theta}}}$ se prolonge en un $\bar{\theta}$-surmartingalsystème, nous nous donnons deux t.a. de $\underline{\underline{\bar{\theta}}}$, S,T, tels que $S \leq T$. Par un procédé de réarrangement croissant des t.a. qui déterminent S et T, (lemme 9 de [D2]), on peut supposer qu'il existe une suite croissante U_1, U_2, U_3 .....U_n, avec $U_n = +\infty$, et des partitions A_1, A_2,....A_n, B_1, B_2,....B_n de Ω, telles que pour tout i, A_i et B_i appartiennent à $\underline{\underline{G}}_{U_i}$,

$$S = \Sigma_{1 \leq i \leq n} \; U_i \; 1_{A_i} \qquad \text{et} \quad T = \Sigma_{1 \leq i \leq n} \; U_i \; 1_{B_i}$$

Il est clair que l'inégalité des surmartingales est satisfaite
entre les v.a. $\quad X(S) = \Sigma_{1 \leq i \leq n} \; 1_{A_i} X(U_i) \qquad$ et

$$X(T) = \Sigma_{1 \leq i \leq n} \; 1_{B_i} X(U_i) \quad .$$

Σ-SURMARTINGALSYSTEMES ET Λ-SURMARTINGALES

Le théorème d'Analyse fonctionnelle 2.24 permet de résoudre rapidement le problème de l'agrégation des Σ-surmartingalsystèmes.

2.26   PROPOSITION: Soit $(X(S))_{S \in \Sigma}$ un Σ-surmartingalsystème.

i) Il existe une unique Λ-surmartingale X qui agrège X(S),
c'est à dire telle que: $\forall \; S \in \Sigma \quad X_S = X(S) \quad$ p.s.

ii) Si le Σ-système $(X(S))_{S \in \Sigma}$ est de la classe (D), la
Λ-surmartingale X est de la classe (D) et se décompose en:
(2.26.1) $\qquad X = M - A - B$

où $\qquad\qquad$ M est une Λ-martingale jusqu'à l'infini

A un processus croissant, continu à droite, intégrable, ne chargeant pas $+\infty$ et Λ-mesurable.

B un processus croissant, continu à droite, inté-
grable, ne chargeant pas 0, mais purement discontinu et G-prévisible

Cette décomposition est unique.

REMARQUE: Ce théorème contient en fait deux résultats de nature
différente, obtenus simultanément au cours de la démonstration:
le résultat d'agrégation des Σ-surmartingalsystèmes, et celui de
la décomposition des Λ-surmartingales de la classe (D).

DEMONSTRATION: Nous supposons d'abord le Σ-système $(X(S))_{S \in \Sigma}$ de
la classe (D).

Nous considérons l'espace vectoriel H engendré par les processus
$1_{]S,+\infty[}$. On peut montrer que H est exactement l'ensemble des
processus continus à gauche, Λ-mesurables,

$$Z = \Sigma_{1 \leq i \leq n} \; z_i \; 1_{]S_i,S_{i+1}]} \; , \text{ avec } S_i \in \Sigma \quad \text{et} \quad z_i \in G_{S_i}$$

où la suite des Λ-t.a. $S_1, S_2, \dots S_n$ est croissante.

L'application Φ qui à $Z \in H$ associe

$$\Phi(Z) = \Sigma_{1 \leq i \leq n} E[z_i(X(S_{i+1}) - X(S_i))]$$

est une forme linéaire positive, dont nous allons montrer qu'elle satisfait à la condition de continuité du théorème 2.24.

Soit donc une suite $(Z^n)_{n \in N}$, suite décroissante d'éléments posi-tifs de $\underline{\underline{H}}$ tels que: $\lim_n \sup_t Z^n_t = 0$

Fixons $\varepsilon > 0$, et posons $U_n = \inf\{t, Z^n_t > \varepsilon\}$, (avec la convention habi-tuelle $\inf \emptyset = +\infty$). La description donnée ci-dessus de tous les éléments de $\underline{\underline{H}}$ montre aisément que U_n est un $\underline{\underline{A}}$-t.a. et que le processus Z^n, continu à gauche comme tous les éléments de $\underline{\underline{H}}$ est majoré par ε sur $]0, U_n]$. La condition de convergence satisfaite par la suite Z^n implique qu'à partir d'un certain rang la suite U_n est infinie. Ces remarques permettent d'établir que :

$$\Phi(Z^n) = \Phi(Z^n 1_{]0, U_n]}) + \Phi(Z^n 1_{]U_n, +\infty]})$$

$$\leq \varepsilon\, \Phi(1_{]0, U_n]}) + |Z^1|_{+\infty}\, \Phi(1_{]U_n, +\infty]})$$

Mais la suite $\Phi(1_{]U_n, +\infty]}) = E[X(+\infty) - X(U_n)]$ converge vers 0, car la suite de v.a. $X(+\infty) - X(U_n)$ converge p.s. vers 0, tout en étant uniformément intégrable, donc aussi dans L^1.

Il est clair par ailleurs que la suite $\Phi(1_{]0, U_n]})$ converge vers une limite finie. La suite $\Phi(Z^n)$ converge donc vers 0.

Le théorème 2.24 donne immédiatement l'existence des processus croissants A et B satisfaisant aux hypothèses du théorème et à : pour tout $S \in \underline{\underline{\Sigma}}$ et tout C de $\underline{\underline{G}}_S$,

$$E[1_C(X(+\infty) - X(S))] = E[1_C(\int_{]S, +\infty]} dB_s + \int_{[S, +\infty[} dA_s)], \text{ d'où}$$

$$E[1_C X(S)] = E[1_C(X(+\infty) - A_{\infty} - B_{\infty} + A^-_S + B_S)]$$

Le cas général se déduit facilement des résultats obtenus lors-que le $\underline{\underline{\Sigma}}$-surmartingalsystème est de la classe (D). On commence par retrancher le $\underline{\underline{\Sigma}}$-martingalsystème $E[X(+\infty)/_{\underline{\underline{G}}_S}]$, se ramenant ainsi à un $\underline{\underline{\Sigma}}$-système positif.

On agrège ensuite les $\underline{\underline{\Sigma}}$-surmartingalsystèmes $X(S) \wedge n = X^n(S)$ en des $\underline{\underline{A}}$-surmartingales X^n. Le processus $X = \liminf X^n$ est $\underline{\underline{A}}$-mesurable, et c'est une $\underline{\underline{A}}$-surmartingale qui agrège $X(S)$ .CQFD.

2.27 Les propriétés suivantes des $\underline{\underline{\Lambda}}$-surmartingales sont établies dans
([L2]). Ce sont des conséquences immédiates de la décomposition
(2.26.1.) et des propriétés des $\underline{\underline{\Lambda}}$-martingales.

Nous utiliserons fréquemment les notations classiques suivantes:
Si X est un processus limité à droite et limité à gauche,(en abrégé làdlàg), nous désignons par X^+ le processus des limites à droite, et par X^- le processus des limites à gauche.

D'autre part, si X est un processus mesurable, positif ou borné,
nous notons $^{\Lambda}X$ sa projection $\underline{\underline{\Lambda}}$-mesurable, et par $^P X$ sa projection
$\underline{\underline{G}}$-prévisible.

PROPOSITION: Toute $\underline{\Lambda}$-martingale jusqu'à l'infini M est làdlàg.
Le processus M^+ est une $\underline{\underline{G}}^+$-martingale , dont la projection $\underline{\Lambda}$-me-
surable est égale à M,

(2.27.1.) $M = {}^{\Lambda}(M^+)$

Toute $\underline{\Lambda}$-surmartingale de la classe (D), X, est làdlàg. C'est la
projection $\underline{\Lambda}$-mesurable d'une $\underline{\underline{G}}^+$-surmartingale forte,(c'est à dire
d'une $\underline{\underline{O}}^+$-surmartingale, si $\underline{\underline{O}}^+$ désigne la tribu optionnelle associée à $\underline{\underline{G}}^+$), $\hat{X}$, telle que :

(2.27.2.) $\hat{X}^+ = X^+$

On a de plus les interprétations suivantes des sauts ΔA et ΔB
des processus croissants A et B qui interviennent dans la décomposition de X en $M - A^- - B$.

(2.27.3.) $\Delta A = A - A^- = X - {}^{\Lambda}(X^+)$ $\Delta B = B - B^- = X^- - {}^P X$

PREUVE: La régularité des trajectoires d'une $\underline{\Lambda}$-martingale est
établie dans ([L2]) . Le reste est une conséquence simple du fait
que toute $\underline{\Lambda}$-martingale jusqu'à l'infini satisfait à:
Pour tout S de $\underline{\underline{\Sigma}}$, $M_S = E[M_{+oo}/\underline{\underline{G}}_S] = E[E[M_{+oo}/\underline{\underline{G}}_S^+]/\underline{\underline{G}}_S] = E[M_{S/\underline{\underline{G}}_S}^+]$

La décomposition de X en $M - A^- - B$ entraîne immédiatement que:
$\hat{X} = M^+ - A^- - B$ est une $\underline{\underline{G}}^+$-surmartingale forte qui satisfait à
$\hat{X}^+ = X^+$ et $X = {}^{\Lambda}(\hat{X})$.

Pour interpréter les sauts de A et B, il suffit de tenir compte des identités, $^A(X^+) = M - A - B$ et $^PX = \bar{M} - \bar{A} - B$ car $^PM = {}^P(M^+) = \bar{M}$. CQFD.

ENVELOPPE DE SNELL

Nous revenons maintenant au problème initial d'agréger le gain maximal conditionnel.

2.28. THEOREME: Soit $Y(S)$, $S\in\underline{\tau}$, un $\underline{\tau}$-système, indéxé par les éléments d'une $\underline{\Lambda}$-chronologie $\underline{\tau}$, positif.

Le gain maximal conditionnel défini par :

$$J(S) = esssup_{U\geq S, S\in\underline{\tau}} E[Y(U)/_{\underline{G}_S}] \text{ , pour tout } S\in\underline{\tau}$$

est un $\underline{\tau}$-surmartingalsystème, qui s'agrège en une $\underline{\Lambda}$-surmartingale J. J est la plus petite des $\underline{\Lambda}$-surmartingales positives X qui majorent $Y(S)_{S\in\underline{\tau}}$ durant $\underline{\tau}$, c'est à dire que $X_U\geq Y(U)$ pour $U\in\underline{\tau}$

REMARQUE: Nous avons vu, au cours de la proposition (2.25.4.) que tout $\underline{\theta}$-surmartingalsystème $Y(S)_{S\in\underline{\theta}}$ associé à une chronologie faible $\underline{\theta}$ peut être prolongé en un $\underline{\bar{\theta}}$-surmartingalsystème, où $\underline{\bar{\theta}}$ est la chronologie engendrée par $\underline{\theta}$. Dans ce cadre, on peut donc appliquer la conclusion du théorème à ce θ-surmartingalsystème, indéxé par une chronologie faible.

DEMONSTRATION: Nous allons d'abord montrer qu'on peut prolonger le gain maximal conditionnel en un $\underline{\Sigma}$-surmartingalsystème, où, rappelons-le, $\underline{\Sigma}$ désigne l'ensemble de tous les $\underline{\Lambda}$ t.a.

La stabilité de $\underline{\tau}$ par découpage,(définition (2.25.4.)) entraine que , pour tout $T\in\underline{\Sigma}$, $\{\bar{\Gamma}^u(T) = E[Y(U)/_{\underline{G}_T}] ; U\geq T , U\in\underline{\tau} \}$ est filtrant croissant, et non seulement comme nous l'avons établi au premier chapitre pour tout T de $\underline{\tau}$.

En effet, si U et U' sont deux éléments de $\underline{\tau}$, supérieurs à T, les v.a. $\bar{\Gamma}^u(T)$ et $\bar{\Gamma}^{u'}(T)$ sont à la fois $\underline{G}_U$ et $\underline{G}_{U'}$-mesurables. La v.a. $W = U$ sur $\{ \bar{\Gamma}^u(T) \geq \bar{\Gamma}^{u'}(T)\}$, $= U'$ sinon est un $\underline{\Lambda}$-t.a. de $\underline{\tau}$ et $\bar{\Gamma}^w(T) = \bar{\Gamma}^u(T) \vee \bar{\Gamma}^{u'}(T)$

Posant pour tout T de $\underline{\Sigma}$, $J(T) = esssup_{U\geq T, U\in\underline{\tau}} E[Y(U)/_{\underline{G}_T}]$, nous définissons un Σ-surmartingalsystème, qui, d'après la proposition

(2.26.), s'agrège en une Λ-surmartingale J, qui satisfait à

$J_{+oo} = Y(+oo)$.

La construction de $J(T)$, pour $T\in\Sigma$, entraine que toute Λ-surmartin-

gale, qui majore Y durant $\underline{\tau}$ majore $J(T)$ et donc J .CQFD.

REMARQUE: Par analogie avec le cas discret, nous dirons encore

que J est l'enveloppe de Snell du $\underline{\tau}$-système $Y(S)_{S\in\tau}$, et nous

la désignerons éventuellement en abrégé par $SN_\tau(Y)^{=}$.

Il est important de préciser dans quelles conditions cette Λ-

martingale est de la classe (D).

2.29. PROPOSITION: Si le $\underline{\tau}$-système $Y(U)_{U\in\tau}$ est de la classe (D), (ce

qui signifie, rappelons-le, que l'ensemble des v.a. $Y(U)$, $u\in\underline{\tau}$

est uniformément intégrable.), il en est de même de son envelop-

pe de Snell J, qui admet donc une décomposition en

$J = M - A^- - B$, où les processus M,A,B ont les significations

décrites dans l'énoncé de (2.26.)

PREUVE: C'est une conséquence immédiate du lemme de Lavallée Pous-

sin,([LR] p38) qui montre qu'une famille de v.a. (ici, $\{Y(U), U\in\underline{\tau}\}$)

est uniformément intégrable si et seulement si il existe une fonc-

tion G, continue croissante, positive et convexe sur R^+, telle

que $\lim G(t)/t = +oo$ satisfaisant à $\sup_{U\in\underline{\tau}} E[G(|Y(U)|)] < +oo$

La famille des $E[Y(U)_{/G_\tau}]$ étant filtrante croissante,il existe

une suite U_n d'éléments de $\underline{\tau}$ telle que les v.a. $\bar{\Gamma}^u_n(T)$ conver-

gent en croissant vers $J(T)$.

$E[G(J_T)] = E[G(J(T))] = \lim_n E[\bar{\Gamma}^u_n(T)] \leq \lim_n E[G(Y(U_n))]$ car G

est convexe, $\leq \sup_{U\in\underline{\tau}} E[G(Y(U))] < +oo$. CQFD.

Nous concluons ce paragraphe par un exemple important

2.30. PROPOSITION: Nous considérons une Λ-surmartingale X, positive

de la classe (D), et un ensemble A, Λ-mesurable. Pour tout Λ-t.a.

T, D^A_T désigne le début de l'ensemble Λ-mesurable, $A\cap[T,+oo[$.

La $\underline{\tau}$-enveloppe de Snell du processus $X1_A$ (considéré comme $\underline{\tau}$-sys-

tème), que nous désignons par $X^{A,\tau}$,(X^A s'il n'y a pas d'ambiguité sur la chronologie de référence) est égale à la $\underline{\underline{A}}$-projection du processus non adapté $X^A_{D^A_T} 1_A(D^A_T) + (X^{A,+})_{D^A_T} 1_{A^c}(D^A_T)$

En d'autres termes, pour tout $\underline{\underline{A}}$-t.a. T

(230.1.) $E[X^A_T] = E[\ X^A_{D^A_T} 1_A(D^A_T) + (X^{A,+})_{D^A_T} 1_{A^c}(D^A_T)\ ]$

Si, de plus, la chronologie $\underline{\underline{\tau}}$ est identique à la chronologie $\underline{\underline{\Sigma}}$ de tous les $\underline{\underline{A}}$-t.a., alors

(230.2.) $E[\ X^A_T\ ] = E[\ X^A_{D^A_T} 1_A(D^A_T) + X^+_{D^A_T} 1_{A^c}(D^A_T)\ ]$

PREUVE: Nous remarquons tout d'abord, que par définition de X^A comme la plus petite $\underline{\underline{A}}$-surmartingale qui majore X durant $\underline{\underline{\tau}}$, $X^A_U 1_A(U) = X_U 1_A(U)$ p.s. Mais cela entraine immédiatement que $SN_t(1_A X^A) = SN_\tau(1_A X) = X^A$.

Revenons à la définition de la τ-enveloppe de Snell de $X^A 1_A$:

$E[SN_\tau(X^A 1_A)_T] = E[X^A_T] = \sup_{U \succeq T,\ U \in \underline{\underline{\tau}}} E[X^A_U 1_A(U)]$

$= \sup_{U \succeq D^A_T,\ U \in \underline{\underline{\tau}}} E[X^A_U 1_A(U)]$

$\leq \sup_{U \succeq D^A_T,\ U \in \underline{\underline{\tau}}} E[X^A_U 1_A(D^A_T)] + \sup_{U \succeq D^A_T,\ U \in \underline{\underline{\tau}}} E[X^A_U 1_{A^c}(D^A_T)]$

Mais nous avons vu, (Proposition 2.26.), que X^A est la $\underline{\underline{A}}$-projection d'une $\underline{\underline{G}}$-surmartingale $\hat{X}^A$, telle que $\hat{X}^{A,+} = X^{A,+}$, ce qui permet de majorer le membre de droite de l'inégalité précédente par:

$E[X^A_T] \leq E[\hat{X}^A_{D^A_T} 1_A(D^A_T)] + E[(\hat{X}^{A,+})_{D^A_T} 1_{A^c}(D^A_T)] \leq E[\hat{X}^A_{D^A_T}] \leq E[X^A_T]$

pour tout $\underline{\underline{A}}$-t.a. T.

Il reste à revenir à une expression en X^A, en remarquant tout d'abord que le t.a. D^A_T, restreint à l'ensemble $\{D^A_T \in A\}$ est un $\underline{\underline{A}}$-t.a. (Remarque 2.23.). D'autre part, si $D^A_T(\omega) \notin A$, par définition du début d'un ensemble, il existe une suite t_n, dépendant de ω, appartenant à la coupe suivant ω de A, qui converge vers $D^A_T(\omega)$, par valeurs supérieures strictes.

Si la chronologie $\underline{\underline{\tau}}$ est celle de tous les $\underline{\underline{A}}$-t.a., alors il est clair que $X^A = X$ sur A, et donc que d'après les remarques précédentes $(X^{A,+})_{D^A_T}(\omega) = \lim_n X_{t_n}(\omega) = X^+_{D^A_T}(\omega)$ si $D^A_T(\omega) \notin A$.

Compte-tenu de ce que X^A est la $\underline{\underline{A}}$-projection de $\hat{X}^A$, les égalités

(2.30.1.) et (2.30.2.) sont établies.C.Q.F.D.

REMARQUE: Nous avons en fait montrer au cours de cette démonstration que, si $\hat{X}^A$ désigne une $\underline{G}^+$-surmartingale de $\underline{\Lambda}$-projection X^A,

pour tout $T\epsilon\underline{\underline{\Sigma}}$, $E[\ \hat{X}^A_T\ ] = E[\ \hat{X}^A_{D^A_T}\ 1_A(D^A_T) + (\hat{X}^{A,+})_{D^A_T}\ 1_A c(D^A_T)\ ]$

$$= E[\ \hat{X}^A_{D^A_T}\ ]$$

L'inégalité $(\hat{X}^{A,+}) \leq \hat{X}^A$ permet alors d'établir l'implication

$$D^A_T \notin A \quad \Rightarrow \quad (\hat{X}^{A,+})_{D^A_T} = \hat{X}^A_{D^A_T} \qquad \text{p.s.}$$

Cette implication est particuliérement intéressante lorsque $X^A = \hat{X}^A$,(sous les hypothèses habituelles,c'est le cas des surmartingales fortes optionnelles). Dans le cas général, la difficulté provient de ce que D^A_T n'est en général pas un $\underline{\Lambda}$-t.a.

LE CRITERE D'OPTIMALITE

Comme dans le cas régulier, nous établissons un critère nécessaire et suffisant d'optimalité, faisant intervenir le gain maximal conditionnel, analogue à celui établi au chapitre I. Nous le redémontrons ici directement.

2.31. THEOREME: <u>Soit</u> $(Y(S))_{S\epsilon\tau}$ <u>un</u> $\underline{\tau}$-<u>système positif et de la classe</u> (D).

<u>Nous notons</u> J <u>sa</u> τ-<u>enveloppe de Snell.</u>

<u>Une condition nécessaire et suffisante pour qu'un t.a.</u> U* <u>soit</u>

<u>optimal est que</u> :- U* $\epsilon\underline{\tau}$
  - $Y(U^*) = J_{U^*}$ p.s.
  - $J_{t\wedge U^*}$ est une $\underline{\Lambda}$-martingale

PREUVE: Nous avons établi au Théorème 2.28 que J est une $\underline{\Lambda}$-surmartingale qui satisfait à : $E[J_T] = \sup_{U\geq T, U\epsilon\tau} E[Y(U)]$ pour $T\epsilon\underline{\underline{\Sigma}}$ car $\{\ E[Y(U)_{/\underline{\underline{G}}_T}],\ U\geq T, U\epsilon\underline{\tau}\ \}$ est filtrant croissant

Par définition, U* est optimal si et seulement si:
$\sup_{U\epsilon\tau} E[Y(U)] = E[J_0] = E[Y(U^*)]$ et $U^*\epsilon\underline{\tau}$
Mais $\bar{J}$ est une $\underline{\Lambda}$-surmartingale qui majore $Y(U)$ suivant $\underline{\tau}$, donc
$E[Y(U^*)] \leq E[J_{U^*}] \leq E[J_0]$ et aussi la chaine d'égalités
$E[J_0] = E[Y(U^*)] = E[J_{U^*}] = E[J_{T\wedge U^*}]$ pour tout $T\epsilon\underline{\underline{\Sigma}}$.

$J_{t \wedge U*}$ est donc une Λ-martingale qui satisfait à la condition frontière $J_{U*} = Y(U*)$ .C.Q.F.D.

APPROXIMATION DE L'ENVELOPPE DE SNELL

Nous continuons de décrire les propriétés de la τ-enveloppe d'un τ-système en utilisant un procédé d'approximation analogue à celui décrit dans le cas régulier,(2.16.). Les résultats sont ~~la~~ descriptifs dans le cas où le τ-système de départ est agrégeable en un processus Λ-mesurable.

2.32   PROPOSITION: <u>Soit</u> $(Y(U))_{U \in \tau}$ <u>un τ-système positif de la classe</u> (D),
<u>et J sa τ-enveloppe de Snell. Nous désignons par</u> J^{λ} <u>la τ-enveloppe
de Snell du τ-système</u> $(J_U \, 1_{\{\lambda J_U \leq Y(U)\}})_{U \in \tau}$, $\lambda \in [0,1[$.
<u>Le processus Λ-optionnel J est indistinguable de</u> J^{λ} .
<u>Si, de plus,</u> $Y(U)_{U \in \tau}$ <u>est agrégeable en un processus Λ-mesurable</u> Y
<u>et si</u> D_T^{λ} <u>désigne le début après T de l'ensemble Λ-mesurable</u> A^{λ}
$$A^{\lambda} = \{(\omega,t) \, , \, \lambda J_t(\omega) \leq Y_t(\omega) \}$$
(2.32.1.) $E[J_T] = E[\, J_{D_T^{\lambda}} \, 1_{\{D_T^{\lambda} \in A^{\lambda}\}}] + E[J_{D_T^{\lambda}}^+ \, 1_{\{D_T^{\lambda} \notin A^{\lambda}\}}]$ si $T \in \Sigma$

PREUVE: Le processus Λ-mesurable, $\lambda J + (1-\lambda) \, J^{\lambda}$ est une Λ-surmartingale, qui comme J^{λ} est majorée par J.
Or, pour tout $U \in \tau$, $\lambda J_U + (1-\lambda) \, J_U^{\lambda} = J_U$ si $\lambda J_U \leq Y(U)$
$$\geq \lambda \, J_U \geq Y(U) \text{ si } \lambda J_U > Y(U)$$
$\lambda J + (1-\lambda) J^{\lambda}$ est une Λ-surmartingale qui majore $(Y(U))_{U \in \tau}$.
Elle majore donc J, dont elle est donc indistinguable., et cette propriété est équivalente à l'indistinguabilité de J^{λ} et J .
La relation (2.32.1.) est la traduction de la proposition 2.30. à la situation envisagée ici. CQFD.

Cette propriété d'approximation de l'enveloppe de Snell est très importante. En particulier, elle est caractéristique de l'enveloppe de Snell;

2.33.   THEOREME: <u>Soit</u> $Y(U)_{U \in \tau}$ <u>un τ-système positif, de la classe</u> (D) <u>et</u>
X <u>une Λ-surmartingale qui majore</u> $Y(U)$ <u>suivant la chronologie</u> τ .
<u>Nous supposons que la τ-enveloppe de Snell du τ-système</u>

$$Z^\lambda(U) = (X_U \ 1_{\{\lambda X_U \leq Y(U)\}}) \qquad \text{si } U \in \underline{\underline{\tau}}$$

est égale à X, pour tout $\lambda \in [o,1[$

X est la $\underline{\tau}$-enveloppe de Snell du $\underline{\tau}$-système $Y(U)_{U \in \underline{\underline{\tau}}}$

PREUVE: L'enveloppe de Snell J de Y(U) étant la plus petite $\underline{\Lambda}$-surmartingale qui majore Y(U) durant la chronologie $\underline{\underline{\tau}}$, l'hypothèse faite sur X implique que J≤ X.

Mais, si $U \in \underline{\underline{\tau}}$, sur $\{\lambda X_U \leq Y(U)\}$ $X_U \leq 1/\lambda \ Y(U) \leq 1/\lambda \ J_U$ p.s.

La $\underline{\Lambda}$-surmartingale $1/\lambda$ J majore le $\underline{\tau}$-système $Z^\lambda(U)_{U \in \underline{\underline{\tau}}}$ et donc aussi X, d'où la série d'inégalités:

pour tout $\lambda \in [o,1[$ J≤ X ≤ 1/λ J , qui implique X = J

Nous allons maintenant utiliser la propriété d'approximation (2.33.), pour préciser les supports des processus croissants A et B qui interviennent dans la décomposition de la $\underline{\tau}$-enveloppe J, (2.29.) lorsque le gain est agrégeable en un processus $\underline{\Lambda}$-mesurable Y.

2.34. PROPOSITION: Soit J la $\underline{\tau}$-enveloppe d'un processus $\underline{\Lambda}$-mesurable Y, positif et de la classe (D), de décomposition M - A⁻ - B, où M est une $\underline{\Lambda}$-martingale, A un processus croissant $\underline{\Lambda}$-mesurable, et B un processus croissant prévisible. Suivant les notations de (2.33.)

(2.34.1.) pour tout $T \in \underline{\underline{\Sigma}}$ et $\lambda \in [o,1[$ $B_T = B_{D_T^\lambda}$ et

(2.34.2) sur $\{\lambda J_{D_T^\lambda} \leq Y_{D_T^\lambda}\}$ $A_T^- = A_{D_T^\lambda}^-$ p.s.

sur $\{\lambda J_{D_T^\lambda} > Y_{D_T^\lambda}\}$ $A_T^- = A_{D_T^\lambda}^\lambda$

En particulier, les temps de saut de A sont inclus dans $\{ J \leq Y \}$, et ceux de B dans $\{ J^- \leq \underline{Y} \}$, où $\underline{Y}$ est le processus prévisible défini par $\underline{Y}_t = \limsup_{s \uparrow\uparrow t} Y_s$.

En d'autres termes:

(2.34.3.) si $T \in \underline{\underline{\Sigma}}$ $J_T > {}^\Lambda(J^+)_T \ \rightarrow \ J_T \leq Y_T$ p.s.

(2.34.4.) si $T \in \underline{\underline{\Sigma}}$ $J_T^- > {}^P(J)_T \ \rightarrow \ J_T^- \leq \underline{Y}_T$ p.s.

Si, de plus, la chronologie $\underline{\underline{\tau}}$ est la chronologie $\underline{\underline{\Sigma}}$ de tous les $\underline{\Lambda}$-t.a., on a en fait les inclusions $\{A-A^->0\} \subset \{J = Y\}$ et $\{B-B^->0\} \subset \{ J^- = \underline{Y} \}$, ce qui entraine que :

(2.34.5.) $J = {}^\Lambda(J^+)\text{v } Y$ et $J^- = ({}^P J)\text{v } \underline{Y}$

PREUVE: Reprenant les notations de (2.29) et compte-tenu de ce que D^λ restreint à l'ensemble $\{D^\lambda \in A^\lambda\}$ est un $\underline{\underline{A}}$-t.a., nous voyons que $E[M_{D_T^\lambda}^\lambda \, 1_{\{D_T^\lambda \in A^\lambda\}} + M_{D_T^\lambda}^{+} \, 1_{\{D_T^\lambda \notin A^\lambda\}}] = E[M_T^+] = E[M_T]$, car M est une $\underline{\underline{A}}$-martingale, $\underline{\underline{A}}$-projection de M^+ .

Compte-tenu de ces égalités et de la décomposition de J, l'égalité (2.32.1.) est manifestement équivalente à:

$$E[(A_{D_T^\lambda}^- + B_{D_T^\lambda} - A_T^- - B_T) \, 1_{\{D_T^\lambda \in A^\lambda\}} + (A_{D_T^\lambda} + B_{D_T^\lambda} - A_T^- - B_T) \, 1_{\{D_T^\lambda \notin A^\lambda\}}]$$
$= 0$. Mais les processus A et B sont croissants, d'où les égalités (2.34.1) et (2.34.2).

Nous allons utiliser ces égalités pour préciser les temps de sauts de A et B. En effet, si T est un temps de sauts de A , d'après (2.34.2.) $A_T^- = A_{D_T^\lambda}^- < A_T$, ce qui entraîne que $T = D_T^\lambda$ et que $D_T^\lambda \in A^\lambda$, et ceci pour tout $\lambda \in [0,1[$. La définition de A^λ entraîne que, pour tout $\lambda \in [0,1[$, $\lambda J_T \le Y_T$ p.s.

Les temps de sauts de B sont un peu plus difficiles à décrire. Le processus B étant prévisible, ses temps de sauts peuvent être choisis prévisibles. Soit donc S un tel temps d'arrêt, annoncé par la suite croissante S_n de $\underline{G}^+$-t.a. Les inégalités $B_{S_n} = B_{D_{S_n}^\lambda} \le B_T^-$ impliquent que la suite $D_{S_n}^\lambda$ annonce elle aussi le t.a. S, car $S_n \le D_{S_n}^\lambda < S$ et $\lim_n S_n = \lim_n D_{S_n}^\lambda = S$

Une certaine difficulté vient de ce que le graphe des $\underline{G}^+$-t.a. $D_{S_n}^\lambda$ ne passe pas nécessairement dans l'ensemble A^λ.

Toutefois, pour tout n, puisque $D_{S_n}^\lambda < S$, pour tout ω il existe une suite s_n telle que : $S_n(\omega) \le D_{S_n}^\lambda(\omega) \le s_n < S(\omega)$ et $\lambda J_{s_n}(\omega) \le Y_{s_n}(\omega)$. Passant à la limite quand n tend vers l'infini, il vient $\lambda J_S^-(\omega) \le \limsup_n Y_{s_n}(\omega) \le \underline{Y}(\omega)$.

Mais ces inégalités valables pour tout $\lambda \in [0,1[$ entrainent l'inégalité annoncée.

Lorsque la chronologie $\underline{\underline{\tau}}$ est égale à $\underline{\underline{\Sigma}}$, J majore Y au sens des processus, (c'est à dire que $\{ J < Y \}$ est évanescent), et J^- majore donc $\underline{Y}$. Les égalités annoncées sont satisfaites.

Il reste à se souvenir que $J = {}^\Lambda(J^+) + \Delta A$ et $J^- = {}^P J + \Delta B$

(2.27.3.) pour en déduire qu'on a toujours $J \geq {}^{\Lambda}(J^+) \vee Y$, mais que d'après ce que nous venons d'établir ,

$$J > {}^{\Lambda}(J^+) \quad \rightarrow \quad J = Y \quad \text{soit encore} \quad J = {}^{\Lambda}(J^+) \vee Y$$

De même, $\ \bar{J} \geq {}^{P}J \vee \underline{Y} \ $ et $\{ \ \bar{J} > {}^{P}J \quad \rightarrow \quad \bar{J} = \underline{Y} \ \}$ sont des propriétés équivalentes à $\quad \bar{J} = {}^{P}J \vee Y$.

REMARQUE: Le caractère prévisible du processus $\underline{Y}$ est établi dans ($[LR]$ p.225.). Il y est également prouvé que le processus $\bar{Y}^+$ défini par $\bar{Y}^+ = \text{limsup}_{s \downarrow \downarrow t} \ Y_s \quad$ est progressif par rapport à la filtration $\underline{G}^+$.

DEFAUT D'OPTIMALITE

L'étude précise "sur les trajectoires" que nous venons de mener, nous permet de mettre en évidence, sous des hypothèses faibles, le défaut d'optimalité. Il suffit pour cela de faire tendre λ vers 1 dans les égalités (2.32.1) et (2.34.)

Dans tout ce paragraphe, et dans toute la suite également, nous supposons le τ-système définissant le gain agrégeable en un processus $\underline{\Lambda}$-mesurable Y .

2.35   PROPOSITION: Avec les hypothèses et notations de la proposition 2.29, la suite des $\underline{G}^+$-t.a. D_T^{λ} est une suite croissante, dont la limite lorsque λ tend vers 1 est désignée par $\bar{D}_T$.

Nous notons $\qquad H_T^- = \{ \ D_T^{\lambda} < \bar{D}_T, \text{ pour tout } \lambda \in [0,1[\ \}$

$$H_T = (H_T^-)^c \cap \{ \ Y_{\bar{D}_T} \geq J_{\bar{D}_T} \ \}$$

$$H_T^+ = (H_T^-)^c \cap \{ \ Y_{\bar{D}_T} < J_{\bar{D}_T} \ \}$$

Le temps d'arrêt $\quad \bar{D}_T$ restreint à H_T^- est prévisible, et restreint à H_T un $\underline{\Lambda}$-t.a.

On a les inclusions suivantes:

(2.35.1) $H_T^- \subseteq \{ \ J_{\bar{D}_T}^- \leq \underline{Y}_{\bar{D}_T} \ \}$

(2.35.2) $H_T \subseteq \{ \ J_{\bar{D}_T} \leq Y_{\bar{D}_T} \ \}$

(2.35.3.) $H_T^+ \subseteq \{ \ J_{\bar{D}_T}^+ \leq \bar{Y}_{\bar{D}_T}^+ \ \}$

Si la chronologie $\underline{\tau}$ est celle de tous les $\underline{\Lambda}$-t.a., on a :

(2.35.4.) $\qquad H_T^- \subseteq \{ J_{\overline{D}_T}^- = Y_{\overline{D}_T}^- \}$

(2.35.5.) $\qquad H_T \subseteq \{ J_{\overline{D}_T} = Y_{\overline{D}_T} \}$

(2.35.6.) $\qquad H_T^+ \subseteq \{ J_{\overline{D}_T}^+ = \overline{Y}_{\overline{D}_T}^+ \}$

PREUVE: Les ensembles A^λ formant une suite décroissante, leurs débuts D_T^λ forment, eux, une suite croissante, dont la limite est donc désignée par $\overline{D}_T$.

Le temps d'arrêt $\overline{D}_T$, restreint à H_T^- est annoncé par la suite croissante des t.a. $D_T^\lambda n$ restreints aux ensembles $\{ D_T^\lambda 1 < D_T^\lambda 2 \ldots < D_T^\lambda n \}$. C'est donc un t.a. prévisible, qui satisfait à : $\quad J_{\overline{D}_T}^- = \lim_n J_{D_T^\lambda n} \qquad$ sur H_T^-

Pour comparer cette limite à $Y_{\overline{D}_T}^-$, nous notons que si $\omega \in H_T^-$, la suite $D_T^\lambda n(\omega)$ croissant strictement vers $\overline{D}_T(\omega)$, on peut toujours trouver une suite de nombres $\alpha_n(\omega)$, appartenant à la section en ω de A^λ et compris entre $D_T^\lambda n(\omega)$ et $\overline{D}_T(\omega)$ exclus. L'inégalité $\lambda J_{\alpha_n}(\omega) \le Y_{\alpha_n}(\omega)$ entraine alors immédiatement l'inclusion (2.35.1.)

— Etudions maintenant le t.a. $\overline{D}_T$ restreint à H_T en le comparant au début après T, $\overline{D}_T$, de l'ensemble $\overline{A} = \{ J \le Y \}$.

Cet ensemble étant contenu dans tous les ensembles A^λ, son début est supérieur à D_T^λ , pour tout $\lambda \in [0,1[$, et donc à $\overline{D}_T$, et si λ_n est une suite de réels croissant vers 1,

(35.7.) $\qquad U_n [\{D_T^\lambda n = \overline{D}_T \} \cap \{ \overline{D}_T \in \overline{A} \}] \subseteq H_T$

Reciproquement, si $\omega \in H_T$, il existe n_o tel qu'à partir de ce rang, la suite $D_T^\lambda n(\omega)$ soit constante et égale à $\overline{D}_T(\omega)$ et $\overline{D}_T(\omega) \in \overline{A}$ L'inclusion (35.7.) est en fait une égalité, ce qui permet d'établir la mesurabilité de H_T par rapport à la tribu $\underset{=}{G}_{\overline{D}_T}$, compte-tenu du fait que les t.a. $D_T^\lambda n$ restreints à $A^\lambda n$ et $\overline{D}_T$ à $\overline{A}$ sont des $\underline{\underline{A}}$-t.a. Mais les t.a. $\overline{D}_T$ et $\overline{D}_T$ coincident sur H_T . Ils définissent donc un $\underline{\underline{A}}$-t.a.

— Par définition de l'ensemble H_T^* , la suite constante des $D_T^\lambda(\omega)$ ne peut appartenir à partir d'un certain rang aux ensembles A^λ

car alors $Y_{D_T}\lambda(\omega) < J_{D_T}\lambda(\omega)$. Toutefois, on peut trouver une suite $\beta_n(\omega)$ appartenant à A^λ et qui décroit strictement vers $D_T^\lambda = \bar{D}_T$ Le processus J étant limité à droite, on a alors l'inégalité

$$\lambda\, J_{\bar{D}_T}^+(\omega) \le \limsup_n Y_{\beta_n}(\omega) \le Y_{\bar{D}_T}^+(\omega)$$

Il reste à passer à la limite dans (2.30.1.) pour exprimer J en fonction de $\bar{D}_T$ et des ensembles H_T .

2.36 . PROPOSITION: <u>Avec les notations de la proposition 2.35, pour tout t.a. T de $\underline{\Sigma}$, les relations suivantes sont satisfaites:</u>

(2.36.1.) $E(J_T) = E[\, J_{\bar{D}_T}\, 1_{H_T^-} + J_{\bar{D}_T}\, 1_{H_T} + J_{\bar{D}_T}^+\, 1_{H_T^+}\,]$

(2.36.2.) $E(J_T) \le E[\, Y_{\bar{D}_T}\, 1_{H_T^-} + Y_{\bar{D}_T}\, 1_{H_T} + Y_{\bar{D}_T}^+\, 1_{H_T^+}\,]$

<u>Si la chronologie $\underline{\tau}$ est la chronologie $\underline{\Sigma}$ de tous les $\underline{A}$-t.a.</u>

(2.36.3.) $E(J_T) = E[\, Y_{\bar{D}_T}\, 1_{H_T^-} + Y_{\bar{D}_T}\, 1_{H_T} + Y_{\bar{D}_T}^+\, 1_{H_T^+}\,]$

PREUVE: Comme au cours de la démonstration de la proposition 2.35. nous regardons le comportement de la suite D_T^λ séparément sur chacun des ensembles H_T^- , H_T , H_T^+ .

Sur H_T^- , la suite D_T^λ est strictement croissante et $J_{D_T^\lambda}$ tout comme $J_{D_T}^{+\lambda}$ converge vers $J_{\bar{D}_T}^-$.

Les v.a. $J_{D_T^\lambda}\, 1_{\{D_T^\lambda \in A^\lambda\}} + J_{D_T^\lambda}^+\, 1_{\{D_T^\lambda \notin A^\lambda\}}$ convergent p.s. vers $J_{\bar{D}_T}^-$.

Sur H_T , la suite D_T^λ est constante à partir d'un certain rang, et égale au début après T de l'ensemble $\bar{A} = \{\, Y = J\,\}$, $\bar{D}_T$. (voir la preuve de la proposition 2.35.)

L'ensemble $\bar{A}$ contenant tous les ensembles A^λ, ceci entraina que $\limsup\{\, D_T^\lambda \in A^\lambda\,\} = \emptyset$ p.s.

Les v.a. $J_{D_T^\lambda}\, 1_{\{D_T^\lambda \in A^\lambda\}} + J_{D_T^\lambda}^+\, 1_{\{D_T^\lambda \notin A^\lambda\}}$ convergent p.s. vers $J_{\bar{D}_T}^-$.

Sur H_T^+ , nous avons vu au cours de la démonstration de 2.35. qu'à partir d'un certain rang la suite des D_T^λ n'appartient plus à A^λ, ou ce qui est équivalent que: $\limsup\{D_T^\lambda \in A^\lambda\} = \emptyset$

Sur H_T^+ , les v.a. $J_{D_T^\lambda} 1_{\{D_T^\lambda \in A^\lambda\}} + J_{D_T^\lambda}^{*} 1_{\{D_T^\lambda \notin A^\lambda\}}$ convergent

p.s. vers $J_{D_T}^+$.

Le processus J étant de la classe (D), la convergence p.s. que nous venons d'établir est aussi une convergence dans L^1, ce qui établit (2.36.1.)

L'inégalité suivante est une simple conséquence des inclusions établies dans la proposition 2.35.(2.35.1.) à (2.35.3.)

Quant à l'égalité (2.36.3.), c'est une conséquence des inclusions (2.35.4.) à (2.35.6.). C.Q.F.D.

REMARQUE: On vérifie facilement que, si $\underline{\tau} = \underline{\Sigma}$, le t.a. $\bar{D}_T$ est le début après T de l'ensemble { $\underline{Y} = J^-$, ou Y = J, ou $\bar{Y}^+ = J^+$ }

TEMPS D'ARRET DIVISES OPTIMAUX.

La formule (2.36.3.) fait apparaitre très clairement le défaut d'optimalité,(lorsque $\underline{\tau} = \underline{\Sigma}$), lié aux valeurs prises "sur la gauche et sur la droite" par le processus de gain Y .

Si la chronologie $\underline{\tau}$ est différente de $\underline{\Sigma}$, le t.a. $\bar{D}_T$ restreint à H_T^- ou H_T n'appartient pas à $\underline{\tau}$ en général, même si T est un élément de $\underline{\tau}$ et on ne peut utiliser le fait que J majore Y durant $\underline{\tau}$, d'où une difficulté certaine à exploiter les relations établies en (2.36.) pour résoudre le problème d'arrêt optimal.

Nous supposerons donc jusqu'à la fin de ce chapitre que, sauf mention contraire, $\underline{\tau}$ est la chronologie $\underline{\Sigma}$ de tous les $\underline{\Lambda}$-t.a.

2.37 .   Nous utiliserons souvent la notion suivante, introduite initialement par J.M.Bismut([8])sous une forme légérement différente et reprise dans ([LE] App: p 424.)

DEFINITION: On dit qu'un système $\sigma = (S, W^-, W, W^+)$ est un t.a. divisé si S est un $\underline{G}^+$-t.a., et W^-, W, W^+ des ensembles $\underline{G}_S^+$-mesurables, formant une partition de Ω et tels que:

- $W^- \cap \{S=0\} = \emptyset$ et $W^- \in \underline{G}_{S-}^+$
- W est $\underline{G}_S$ -mesurable
- $W^+ \cap \{S=+\infty\} = \emptyset$

Le t.a. S restreint à W^- est prévisible, restreint à W c'est un $\underline{\Lambda}$.t.a.

La valeur prise en un temps d'arrêt divisé par un processus $\underline{\Lambda}$-mesurable Y et positif est définie par:

$$Y_\sigma = \underline{Y}_S 1_{W^-} + Y_S 1_W + \overline{Y}_S^+ 1_{W^+}$$

Les temps d'arrêt divisés se comportent comme les $\underline{\Lambda}$-t.a. par rapport aux $\underline{\Lambda}$-surmartingales positives . Plus précisément:

2.38.   LEMME:Soient $\sigma = (S,W^-,W,W^+)$ un temps d'arrêt divisé et T un $\underline{\Lambda}$-t.a. satisfaisant à : $S \geq T$, et $S > T$ sur W^-

Pour toute Λ-surmartingale positive X , définie jusqu'à +∞ ,

$$E[X_{\sigma/\underline{G}_T}] \leq X_T \qquad\qquad \text{p.s.}$$

PREUVE: Nous commençons par le cas d'une Λ-martingale positive M.
Le processus M est làdlàg et $M_\sigma = M_S^- 1_{W^-} + M_S 1_W + M_S^+ 1_{W^+}$.
Soit C un élément de $\underline{G}_T$: l'hypothèse $S > T$ sur W^- entraine que l'ensemble $C \cap W^-$ appartient à la tribu $\underline{G}_{S^-}$ et que le t.a. S restreint à cet ensemble est prévisible.
Compte-tenu de cette remarque et de la définition d'un temps d'arrêt divisé, il est clair que:

$$E[M_\sigma 1_C] = E[M_{+\infty}(1_{C \cap W^-} + 1_{C \cap W} + 1_{C \cap W^+})] = E[M_{+\infty} 1_C] = E[M_T 1_C]$$

car les ensembles W^-, W, W^+ forment une partition de Ω.
Le cas des surmartingales positives de la classe (D) se déduit aisément, en remarquant que si A et B sont les processus croissants qui interviennent dans la décomposition de cette surmartingale,

$$E[(A^-+B)_\sigma 1_C] \geq E[(A^-+B)_T 1_{C \cap W^-} + (A^-+B)_T 1_{C \cap W} + (A^-+B)_T 1_{C \cap W^+}]$$

$$= E[(A^-+B)_T 1_C]$$

Le cas général s'obtient en appliquant les inégalités précédentes aux surmartingales, positives et bornées $X\Lambda n$ et en passant à la limite sur n.   CQFD.

Le défaut d'optimalité s'exprime aisément en termes de temps d'arrêt divisés. Si nous étendons à l'ensemble des temps d'arrêt divisés le problème d'arrêt optimal, il est alors possible de construire un élément optimal.

2.39. THEOREME: <u>Soient Y un processus A-mesurable, positif et de la</u> <u>classe</u> (D), <u>et J sa Σ-enveloppe de Snell.</u>

<u>Pour tout A-t.a. T, nous désignons par</u> $\delta_T = (\overline{D}_T, H_T^-, H_T, H_T^+)$ <u>le</u> <u>temps d'arrêt divisé défini à la proposition</u> 2.35.

(2.39.1.) $E[J_T] = E[J_{\delta_T}] = E[Y_{\delta_T}] = \sup_{\sigma \geq T} E[Y_\sigma]$

(où $\sigma \geq T$ signifie que $S \geq T$ et $S > T$ sur $\overline{W}$)

<u>En particulier, le temps d'arrêt divisé</u> δ_0 <u>est optimal dans l'en-</u> <u>semble des temps d'arrêt divisés.</u>

PREUVE: La seule chose à vérifier, compte-tenu de la proposition 2.36. est que $\sup_{\sigma \geq T} E[Y_\sigma] = E[J_T]$.

Mais d'après 2.38. $E[Y_\sigma] \leq E[J_\sigma] \leq E[J_T]$

Par suite, $\sup_{\sigma \geq T} E[Y_\sigma] \leq E[J_T] = \sup_{S \geq T} E[Y_S] \leq \sup_{\sigma \geq T} E[Y_\sigma]$. C.Q.F.D.

Le temps d'arrêt divisé δ_T que nous venons d'introduire est étroi-tement lié à la première condition du critère d'optimalité.(2.31.) Nous allons construire un second temps d'arrêt divisé lié à la condition de martingale à laquelle doit satisfaire J.

2.40. THEOREME: <u>Nous désignons par</u> $S_T = \inf\{u \geq T, \ A_u + B_u > A_T^- + B_T\}$ <u>où</u> A <u>et</u> B <u>sont les processus croissants qui interviennent dans</u> <u>la décomposition du processus J.</u>(2.29.)

<u>Définissons les ensembles</u> $\underset{=}{G}_{S_T}^+$<u>-mesurables,</u> $K_T^- = \{ B_{S_T} > B_T\}$

$K_T = \{ B_{S_T} = B_T \ , \ A_{S_T} > A_T^-\}$ $K_T^+ = \{ A_{S_T} + B_{S_T} = A_T^- + B_T\}$

<u>Le système</u> $\sigma_T = (S_T, \ K_T^-, K_T, \ K_T^+)$ <u>est un temps d'arrêt divisé qui</u> <u>satisfait à</u> :

(2.40.1.) $Y_{\sigma_T} = J_{\sigma_T}$ p.s.

(2.40.2.) $E[J_T] = E[Y_{\sigma_T}]$ pour tout $T \in \underset{=}{\Sigma}$

<u>En particulier, le t.a. divisé</u> σ_0 <u>est optimal dans l'ensemble</u> <u>des temps d'arrêt divisés.</u>

PREUVE: Il s'agit d'abord de montrer que S_T restreint à K_T^- est un t.a. prévisible, et que S_T restreint à K_T un A-t.a.(2.37.) Or le graphe de S_T restreint à K_T^- est égal pardéfinition de S_T à

$$[\![S_T]\!] = \{(\omega,u); u=S_T(\omega)<+\infty\} =$$
$$= \{(\omega,u); u>T(\omega), (A_u^- + B_u^-)(\omega) = A_T^-(\omega)+B_T^-(\omega), B_u(\omega)>B_u^-(\omega)\}$$

C'est donc un ensemble prévisible, puisque, rappelons-le, le
processus croissant B est prévisible. Le t.a. S_T restreint à K_T^-
a un graphe prévisible, c'est un temps d'arrêt prévisible.

De même, le graphe de S_T restreint à K_T est égal à:

$$\{(\omega,u); u\geq T(\omega), (A_u^- + B_u)(\omega) = A_T^-(\omega) + B_T(\omega), A_u(\omega)>A_u^-(\omega) \}$$

C'est un ensemble $\underline{\underline{\Lambda}}$-mesurable, et S_T restreint à K_T est un $\underline{\underline{\Lambda}}$-t.a.
Nous avons ainsi établi que σ_T est un t.a. divisé.

Pour préciser les propriétés de l'ensemble K_T^+, nous appliquons
la proposition 2.34. aux $\underline{\underline{\Lambda}}$-t.a. $S_T^n = (S_T+1/n)$ sur K_T^+, $+\infty$ sinon.

On a donc: $A_{S_T^n}^- = A_{D_{S_T}^{\lambda n}}^-$ et $B_{S_T^n} = B_{D_{S_T}^{\lambda n}}$.

Si n tend vers $+\infty$, $A_{S_T^n}^-$ décroit vers $A_T^- = A_{S_T}$ sur K_T^+

$\qquad\qquad\qquad\qquad B_{S_T^n}$ décroit vers B_T $\qquad$ sur K_T^+

La suite $D_{S_T}^{\lambda n}$, qui majore S_T sur K_T^+ par définition, est une suite
décroissante en n, dont la limite, que nous désignons par D*, satis-
fait à : $\qquad B_{D*} = B_T \qquad$ et $\quad A_{D*}^- \leq A_{D*} = A_T^- \qquad$ sur K_T^+ .
Ces inégalités entrainent alors que $D* = S_T$.

Par un raisonnement maintenant fréquemment utilisé, nous pouvons
construire, pour tout ω de K_T^+ , une suite $t_n(\omega)$ appartenant à
$\{\lambda J\leq Y\}$, qui converge en décroissant strictement vers $S_T(\omega)$.
L'inégalité $J_{S_T}^+ \leq \overline{Y}_{S_T}^+ \qquad$ sur K_T^+ est satisfaite.

L'identité $Y_{\sigma_T} = J_{\sigma_T}$ se déduit aisément de l'étude ci-dessus,
et des relations (2.34.3.) et (2.34.4.) puisque $K_T^- \subseteq \{\Delta B>0\}$
et $K_T \subseteq \{\Delta A>0\}$.

D'autre part, nous voyons facilement que

$$(A^- + B)_{\sigma_T} = A_T^- + B_T \qquad \text{et donc, puisque } \sigma_T \text{ est un}$$

t.a. divisé, $\qquad E[J_T] = E[J_{\sigma_T}]$

Il suffit d'utiliser l'égalité établie ci-dessus au théorème 2.39. :
$E[J_0] = \sup_{\rho\geq 0}E[Y_\rho]$, où ρ décrit l'ensemble des t.a. divisés,
pour vérifier que σ_0 est un t.a. divisé optimal.

REMARQUE: Le critère d'optimalité 2.31. montre clairement que tout temps d'arrêt optimal (lorsque $\Sigma = \tau$), est minoré par δ_o et majoré par σ_o .En effet, S_o est le premier instant à partir duquel la propriété de martingale de J se perd. Il est donc supérieur à tout t.a. optimal(2.31.). Mais, sur $\overline{K_o}$, J n'est une martingale que sur $[\![0,S_o[\![$, et S_o est strictement supérieur à tout temps optimal. D'autre part $\overline{D}_o$ est inférieur par construction au début de l'ensemble $\{Y = J\}$ et même strictement inférieur sur l'ensemble $\overline{H_o} \cap \{\overline{D}_o < D_o\}$ (si D_o est le début de $\{Y=J\}$), qui est $\underline{\underline{G}}_{\overline{D}_o}$ -mesurable.) C'est le t.a. divisé $\delta_o = (\overline{D}_o, \overline{H_o} \cap \{\overline{D}_o < D_o\}, \overline{H_o} \cap \{\overline{D}_o = D_o\} \cup H_o, H_o^+)$ qui minore en fait tout temps d'arrêt optimal.

CONDITIONS D'OPTIMALITE DANS LE CAS OPTIONNEL

Nous allons préciser les résultats précédents lorsqu'on se place sous les conditions habituelles, à savoir la donnée d'un espace filtré $(\Omega,\underline{\underline{F}}, \underline{\underline{F}}_t, P)$ associé à une filtration croissante, continue à droite et complète. La chronologie considérée est alors la chronologie $\underline{\underline{T}}$ de tous les t.a..
Le processus de gain considéré, Y , est positif, optionnel et de la classe (D). Nous nous proposons d'énoncer des conditions suffisantes, "presque nécessaires", portant sur le processus Y d'optimalité. Les théorèmes fondamentaux restent évidemment les théorèmes 2.39 et 2.40.

2.41.   THEOREME: <u>Sous les hypothèses précisées ci-dessus,et en désignant par J la $\underline{\underline{T}}$-enveloppe de Snell de Y,</u>

   i) <u>Si le processus Y est s.c.s. à droite et à gauche sur les trajectoires au sens où : $Y_- \leq Y$ et $(\overline{Y}^+) \leq Y$ le début D_o de l'ensemble $\{Y=J\}$ est optimal et c'est le plus petit des t.a. optimaux.</u>

   ii) <u>Si l'enveloppe de Snell J de Y est régulière au sens où $\overline{J}_- = {}^p J$, et si Y est s.c.s. à droite sur les trajectoires, le début S_o de $\{ M \neq J\}$ est optimal et c'est le plus grand des t.a. optimaux.</u>

REMARQUE: La condition $\bar{J} = {}^{p}J$ est plus faible que la condition $\underline{Y} \leq Y$, comme l'atteste la relation (2.34.5.). On peut alors noter que l'optimalité de S_o assure que l'ensemble $\{Y=J\}$ est non vide. Son début est alors évidemment un temps d'arrêt optimal si son graphe appartient à cet ensemble.

PREUVE: Si le processus Y satisfait aux conditions précisées dans la partie i) du théorème 2.41., l'égalité 2.36.3 implique que:

$$E[J_{T}] = E[Y_{\delta_{T}}] \leq E[Y_{\bar{D}_{T}}] \leq E[J_{\bar{D}_{T}}] \leq E[J_{T}]$$

En particulier, le graphe de $\bar{D}_o$, qui par construction est inférieur au début D_o de l'ensemble $\{Y = J\}$ passe dans cet ensemble. Par suite, $\bar{D}_o = D_o$ est un temps d'arrêt optimal, qui est nécessairement le plus petit des t.a. optimaux, d'après le critère d'optimalité 2.31.

De même, si les conditions ii) du théorème 2.41. sont satisfaites, l'égalité $\bar{J} = {}^{p}J$, équivalente à $\Delta B = 0$, entraine que

$$E[J_{T}] = E[Y_{\sigma_{T}}] \leq E[Y_{S_{T}}] \leq E[J_{S_{T}}] \leq E[J_{T}] \quad \text{d'après (2.40.2)}$$

compte-tenu de ce que l'ensemble K_{T}^{-} est négligeable. On vérifie alors facilement que $S=S_o$ est un t.a. optimal. CQFD.

2.42.   Revenons sur les conditions suffisantes d'optimalité, $\underline{Y} \leq Y$, et $\bar{Y}^{+} \leq Y$. Il est évidemment plus agréable, et plus réaliste face au problème de contrôle considéré, de les exprimer en termes de coût moyen. Pour ce faire, nous utiliserons amplement les résultats importants de ([D8]) et ([D9]).

PROPOSITION: Pour qu'un processus optionnel Y soit p.s. s.c.s. à droite sur les trajectoires, il faut que:

(2.42.1.) $Y_{T} \geq \limsup_{n} Y_{T_{n}}$ pour toute suite T_{n} de t.a. décroissant vers T

et il suffit qu'on ait $Y_{T} \geq \lim_{n} Y_{T_{n}}$ p.s. pour toute suite T_{n} de t.a. décroissant strictement vers T, et de telle sorte que $\lim_{n} Y_{T_{n}}$ existe p.s. (2.42.2.)

La forme intégrée de la condition (2.42.2.) est la suivante: Si le processus Y est de la classe (D), une condition nécessaire et suffisante pour qu'il soit s.c.s. à droite sur les trajectoires est:

(2.42.3.) $E[Y_T] \geq \limsup_n E[Y_{T_n}]$ <u>pour toute suite T_n de t.a.</u>
<u>décroissant vers T.</u>

REMARQUE: La preuve de cette proposition, qu'on pourra trouver
dans ([D9]) repose sur le résultat auxilliaire suivant :

avec les notations précédentes, $^o(\bar{Y}^+) \geq \bar{Y}^+$

On déduit aisément de la proposition 2.42., que le processus $\bar{Y}^+$
étant s.c.s. à droite, il en est de même de sa projection optionnelle.

D'autre part, bien que ce ne soit pas fait strictement dans les
articles cités ci-dessus, on montre exactement de la même façon
qu'une condition nécessaire et suffisante pour qu'un processus prévisible soit   s.c.s. à gauche sur les trajectoires est que
$E[Y_T] \geq \limsup_n E[Y_{T_n}]$ pour toute suite croissante de t.a. T_n
de limite T.

Ces résultats permettent de traduire de manière extrémement
simple les conditions suffisantes d'optimalité énoncées au
théorème 2.42.

2.43.   THEOREME: <u>Soit Y un processus optionnel de la classe (D).</u>

i)   <u>Si pour toute suite</u> T_n <u>de t.a., monotone, de limite</u> T
$E[Y_T] \geq \limsup_n E[Y_{T_n}]$, <u>c.à.d. s.c.s. en espérance</u>
<u>Le début</u> D_o <u>de</u> $\{ Y = J \}$ <u>est optimal, de même que le</u>
<u>début de</u> $\{J \neq M\}$

ii) <u>Si, pour toute suite décroissante</u> T_n <u>de t.a. de limite</u> T
$E[Y_T] \geq \limsup_n E[Y_{T_n}]$
<u>et si pour toute suite croissante</u> T_n <u>de t.a. de limite</u> T
$\lim_n \sup_{S \geq T_n} E[Y_S] = \sup_{S \geq T} E[Y_T]$
<u>le début</u> S_o <u>de</u> $\{J \neq M\}$ <u>est optimal.</u>

PREUVE: La première partie de ce théorème est la traduction des conditions exprimant le caractère s.c.s. de Y.

Dans la deuxième partie, nous traduisons la condition $J^- = {}^pJ$
en termes d'espérance: il est connu depuis longtemps que cette
condition est équivalente à la régularité de J qui se traduit par

$$E[J_T] = \lim_n E[J_{T_n}].$$

2.44.   Les conditions que nous venons ainsi de mettre en évidence s'expriment donc uniquement en termes d'espérance du $\underline{T}$-système $(Y_T)_{T \in \Sigma}$. Il est donc raisonnable de se demander si l'hypothèse faite que ce $\underline{T}$-système s'agrège en un processus optionnel Y est fondamentale. Dellacherie dans ([D9]) a montré qu'il n'en est rien et qu'en fait ces conditions suffisent à impliquer l'existence d'un tel processus. Plus précisement:

PROPOSITION: Soit $(Y(S))_{S \in T}$ un $\underline{T}$-système de la classe (D), s.c.s. à droite en espérance, au sens où $E[Y(S)] \geq \limsup_n E[Y(S_n)]$ pour toute suite décroissante S_n de t.a. de limite S.
Il existe un processus optionnel s.c.s. à droite qui recolle ce $\underline{T}$-système.

On obtient alors un énoncé extrémement simple des conditions suffisantes d'optimalité.

2.45.   THEOREME: Soit $(Y(S))_{S \in \Sigma}$ un $\underline{T}$-système s.c.s.   en espérance de la classe (D), agrégé par le processus optionnel Y, d'enveloppe de Snell J.
Le début D_0 de l'ensemble $\{ Y = J \}$ est le plus petit des t.a. optimaux. et le début S_0 de $\{ J \neq M \}$ le plus grand.

FORMES OPTIMALES

Nous ne pouvons conclure ce paragraphe sur l'optimalité en Théorie Générale des processus, sans présenter un autre point de vue, tout à fait naturel dans une perspective plus proche de l'Analyse . C'est celui adopté par J.M.Bismut dans ([B8]) pour résoudre le problème de l'arrêt optimal, mais on peut trouver l'idée de départ d'abord dans ([B1]) et ([M6]).

L'idée est de munir l'ensemble $\underline{\Sigma}$ des t.a. d'une topologie raisonnable, par rapport à laquelle l'application $S \rightarrow E[Y(S)]$ (moyennant bien sûr des hypothèses supplémentaires sur le système $Y(S)$) est continue et pour laquelle l'adhérence de $\underline{\underline{\Sigma}}$ est faiblement compacte.

Plus précisément , nous revenons au cadre général d'un processus de gain Y, défini jusqu'à l'infini, $\underline{\underline{A}}$-mesurable et borné, que nous supposons limité à droite et limité à gauche. Nous désignons par $\underline{\underline{D}}$ l'ensemble des processus satisfaisant à ces conditions : c'est un espace vectoriel que nous munissons de la norme $||Y|| = E[Y*]$ où $Y* = \sup_t |Y_t|$.

Nous remarquons que si T est un $\underline{\underline{A}}$-t.a., l'application φ_T définie par $\varphi_T(Y) = E[Y_T]$ est une forme linéaire continue, de norme égale à 1 , et qui satisfait à $\varphi_T(X) \leq E(X_o)$ pour toute $\underline{\underline{A}}$-surmartingale positive X.

2.46.   THEOREME: L'ensemble $\underline{\underline{\Phi}}$ des formes linéaires continues φ sur $\underline{\underline{D}}$ positives, satisfaisant à $\varphi(1) = 1$ et à $\varphi(X) \leq E[X_o]$ pour toute $\underline{\underline{A}}$-surmartingale positive X, bornée, est faiblement compact .

Tout élément φ de $\underline{\underline{\Phi}}$ se représente de manière unique sous la forme:
$$\varphi(Y) = E[\int_{]0,+\infty]} Y_{s-} dC_s^{\varphi} + \int_{[0,+\infty[} Y_s dA_s^{\varphi} + \int_{]0,+\infty[} Y_s^+ dB_s^{\varphi}]$$
où C^{φ} est un processus croissant prévisible, purement discontinu
  ne chargeant pas $\{0\}$,

  A^{φ} est un processus croissant $\underline{\underline{A}}$-mesurable, ne chargeant pas
    $\{+\infty\}$

  B^{φ} est un processus croissant $\underline{\underline{G}}^+$ adapté purement discontinu
    ne chargeant pas $\{0,+\infty\}$.

(2.46.1.) $C_{\infty}^{\varphi} + A_{\infty}^{\varphi} + B_{\infty}^{\varphi} = 1$ p.s.

PREUVE: Pour établir ce théorème, nous utilisons une extension naturelle du théorème 2.24. (signalée dans $([LB].p.206)$) qui prouve que toute forme linéaire positive sur $\underline{\underline{D}}$, φ, satisfaisant:
si Y^n est une suite décroissante d'éléments de $\underline{\underline{D}}$ telle que $\lim_n (Y^n)* = 0$, $\varphi(Y^n)$ tend vers 0 .
se représente sous la forme décrite ci-dessus,sans la condition 2.46.1. bien sûr.

Pour établir la compacité faible de $\underline{\underline{\Phi}}$, nous considérons une suite φ^n d'éléments de $\underline{\underline{\Phi}}$ qui converge faiblement vers une forme φ.

Il est clair que φ satisfait à $\varphi(1)=1$ et $\varphi(X) \leq E[X_o]$ pour toute Λ-surmartingale X bornée . $\underline{\underline{\Phi}}$ est donc faiblement compact.

Il reste à décrire les éléments de $\underline{\underline{\Phi}}$ en remarquant que les conditions imposées entrainent que pour tout $Y \in \underline{D}$, $|\varphi(Y)| \leq E[Y^*]$ où, comme dans le théorème 2.24, Y^* désigne $\sup_t |Y_t|$.

Si Y^n est une suite décroissante d'éléments de $\underline{\underline{\Phi}}$ telle que $\lim_n (Y^n)^*=0$ le processus Y^1 étant borné, la suite des v.a. $Y^{n,*}$ converge en ésperance vers 0 et l'inégalité que nous venons d'établir entraine que la suite des $\varphi(Y^n)$ décroit vers 0. Les hypothèses du théorème que nous avons rappelées au début de cette démonstration sont satisfaites, ce qui montre que la représentation annoncée des éléments de $\underline{\underline{\Phi}}$ est vérifiée.

Pour établir (2.46.1.) nous notons tout d'abord que si M est une Λ-martingale bornée par K, l'inégalité $\varphi(X) \leq E[X_o]$ appliquée aux Λ-martingale M et K-M entraine immédiatement que $\varphi(M) = E[M_o]$ Ceci entraine en particulier que pour toute v.a. Z positive,bornée $E[Z(A_{oo}^{\varphi}+B_{oo}^{\varphi}+C_{oo}^{\varphi})] = E[Z]$, cette égalité étant la relation précédente appliquée à la Λ-martingale $^{\Lambda}(Z)$. Mais ceci étant vrai pour tout Z, nécessairement $A_{oo}^{\varphi}+B_{oo}^{\varphi}+C_{oo}^{\varphi} = 1$ p.s.   CQFD.

REMARQUE: Toute forme linéaire φ qui admet une représentation du type de celle décrite dans (2.46.) et satisfaisant à (2.46.1.) appartient à $\underline{\underline{\Phi}}$, car pour toute Λ-surmartingale bornée X= M-A$^-$-B
$$\varphi(X) = \varphi(M)-\varphi(A^-)-\varphi(B) = E[M_{oo}]-\varphi(A^-)-\varphi(B) \leq E[M_{oo}] = E(X_o)$$

Le problème d'optimalité trouve une solution très simple dans ce cadre.

2.47 .   THEOREME: Nous supposons que le processus de gain Y appartient à l'espace $\underline{D}$ et désignons par J le gain maximal conditionnel(par rapport à $\underline{\underline{\Sigma}}$).
(2.47.1.) $\sup_{T \in \underline{\underline{\Sigma}}} E[Y_T] = E[J_o] = \sup_{\varphi \in \underline{\underline{\Phi}}} \varphi(Y)$

Il existe toujours une forme optimale φ^* satisfaisant donc à:
(2.47.2.) $\sup_{\varphi \in \underline{\underline{\Phi}}} \varphi(Y) = \varphi^*(Y) = \varphi^*(J) = E[J_o]$

PREUVE: L'application qui à $\varphi \in \underline{\underline{\Phi}}$ associe $\varphi(Y)$ est continue sur $\underline{\underline{\Phi}}$ et atteint donc son maximum en un élément φ^*. Mais par définition des éléments de $\underline{\underline{\Phi}}$, $\sup_{\varphi \in \underline{\underline{\Phi}}} \varphi(Y) \leq \sup_{\varphi \in \underline{\underline{\Phi}}} \varphi(J) \leq E(J_o)$. D'autre part tout t.a. est associé à un élément de $\underline{\underline{\Phi}}$ par la relation $\varphi_T(Y) = E[Y_T]$ et $E[J_o] \leq \sup_{\varphi \in \underline{\underline{\Phi}}} \varphi(Y)$.C.Q.F.D.

2.48. Ce point de vue a été adopté par J.M.Bismut dans ([B8]). Il déduit ensuite de l'existence d'une forme optimale que l'ensemble aléatoire $W = \{Y = J^-, \text{ou } Y = J, \text{ ou } Y \overset{+}{=} J^+\}$ est non vide, et que le système $\delta = (D, H^-, H, H^+)$ est un temps d'arrêt divisé optimal, si D désigne le début de W, $H^- = \{D > 0\} \cap \{Y_D^- = J_D^-\}$, $H = (H^-)^c \cap \{Y_D = J_D\}$ $H^+ = (H^-)^c \cap H^c \cap \{Y_D^+ = J_D^+\}$

Nous esquissons une idée de la démonstration: si A*, B*, C* désignent les processus croissants associés à la forme optimale par le théorème 2.46., l'égalité $\varphi^*(Y) = \varphi^*(J)$ implique que $\varphi^*(1_{[\![0,D[\![}) = 0$, et $\varphi^*([\![D]\!] \cap \mathbb{R}^+ \times \{Y_D = J_D\}) = 0$, soit encore

(2.48.1) $\quad 1_{H^-} B_{D-}^* + 1_{(H^-)^c} B_D^* = 0$

$\qquad 1_{\{Y_D = J_D\}} A_{D-}^* + 1_{\{Y_D \neq J_D\}} A_D^* = 0$

$\qquad 1_{\{Y_D^+ = J_D^+\}} C_D^{*-} + 1_{\{Y_D^+ \neq J_D^+\}} C_D^* = 0$.

De même, l'égalité $E[J_o] = \varphi^*(J) = \varphi^*(M)$ si $J = M - A^- - B$ implique que l'intervalle $]\!]S, +\infty]\!]$ n'est pas chargé par φ^*, de même que l'ensemble $[\![S]\!] \cap \mathbb{R}^+ \times \{A_S^- + B_S \neq 0\}$ où $S = \inf\{t \geq 0, A_t^- + B_t > 0\}$. Par suite,

(2.48.2.) $\quad B_S^* = B_{\infty}^* \qquad C_{S-}^* = C_{\infty}^*$

$\qquad 1_{\{A_S^- + B_S \neq 0\}} A_S^{*-} + 1_{\{A_S^- + B_S = 0\}} A_S^* = A_{\infty}^*$

On ne peut donc avoir S<D, qui entraine que $(B^* + A^* + C^*)_{D-} = (A^* + B^* + C^*)_{\infty} = 0$ ce qui ást incompatible avec la condition $\varphi^*(1) = 1$.

On a donc à la fois $S \geq D$ et $A_D^- + B_D^- = 0$. Il nous reste à préciser ce qui se passe sur $\{S = D\}$: sur $\{Y_D \neq J_D\} \cap \{Y_D^- \neq J_D^-\}$ il y a contradiction entre les égalités $0 = B_D^* + A_D^* + C_{D-}^*$ et $1 = A_{\infty}^* + B_{\infty}^* + C_{\infty}^*$ Sur H^+, $S > D$ et $A_D + B_D = 0$

De même sur H, on ne peut avoir $B_D > 0$ et $S = D$ et l'égalité $1_{H^-}(A_D^- + B_D^-) + 1_H(A_D^- + B_D) + 1_{H^+}(A_D + B_D) = 0$ p.s. est donc vérifiée.

Il reste à vérifier que δ est bien un t.a. divisé (2.37.) pour en

déduire que $E[J_\delta] = E[Y_\delta] = E[J_o]$ (Théorème 2.39.)

REMARQUE : On peut munir l'ensemble des t.a. divisés et plus

généralement l'ensemble $\underline{\underline{\Phi}}$ d'une relation d'ordre généralisant

l'ordre naturel sur les t.a. en définissant:

$\varphi \cdot \alpha \ \psi \Leftrightarrow$ Pour toute Λ-surmartingale forte bornée X $\quad \varphi(X) \geq \psi(X)$

car $S \leq T \Leftrightarrow E[X_S] \geq E[X_T]$.

On peut montrer aisément que la forme associée au t.a. divisé δ

est la plus petite des formes optimales pour cette relation d'ordre.

On pourrait établir par la même méthode que la plus grande des for-

mes optimales est associée au t.a. divisé $\sigma = (S, K^-, K, K^+)$ où

$S = \inf\{t \geq 0, \ A_t^- + B_t > 0\} \quad K^- = \{B_S > 0\} \quad K = \{B_S = 0, A_S > 0\} \quad K^+ = \{A_S + B_S = 0\}$.

UNE CONSTRUCTION PAR APPROXIMATION DE L'ENVELOPPE DE SNELL

Nous nous proposons de donner une méthode explicite de

construction de l'enveloppe de Snell, dans le cadre optionnel,

lorsque le processus de gain est s.c.i. à droite sur les trajectoi-

res. Cette méthode est particuliérement intéressante dans le cadre

markovien que nous envisageons ci-dessous.

Nous considérons donc un espace probabilisé satisfaisant aux condi-

tions habituelles $(\Omega, \underline{\underline{F}}_t, \underline{\underline{F}}_{oo}, P)$ et travaillons sur la chrono-

logie $\underline{\underline{T}}$ de tous les t.a..

2.49.   PROPOSITION: Soit Z un processus optionnel, positif, de la classe (D)

et s.c.i. à droite sur les trajectoires.

Nous définissons $R(Z) = \sup_{r \in Q} {}^o(Z_{r+.})$ où ${}^o(Z_{r+.})$ désigne la

projection optionnelle du processus non adapté Z_{r+t} .

Le processus R(Z) est positif, de la classe (D), optionnel et

s.c.i. à droite sur les trajectoires.

PREUVE: Le caractère de la classe (D) est une simple conséquence

de la définition de R(Z) qui implique que ce processus est majoré

par SN(Z), enveloppe de Snell optionnelle de Z qui est de la classe (D)

Le critère intégré de régularité des trajectoires(2.42.3.) montre

que le processus Z_{r+t} étant s.c.i. à droite sur les trajectoires

il en est de même de sa projection optionnelle, ainsi que de R(Z), sup dénombrable de processus s.c.i.

2.50. THEOREME: Soit Y un processus positif, optionnel, et de la classe (D), s.c.i. à droite .

Nous définissons par récurrence $I^n = R(I^{n-1})$ et $I^o = Y$.

La suite I^n est une suite croissante de processus optionnels, s.c.i. Sa limite, notée I, est l'enveloppe de Snell du processus Y par rapport à la chronologie $\underline{\tau}$ de l'ensemble des t.a. étagés rationnels. Le caractère s.c.i. de Y permet d'identifier le processus I à l'enveloppe de Snell optionnelle de Y, J, qui est alors un processus continu à droite.

PREUVE: La suite I^n est clairement, par définition de R, une suite croissante majorée par J . Sa limite I est donc majorée par J et de la classe (D), ce qui entraine que $R(I) \leq I$

Dans un premier temps, nous nous proposons de comparer l'enveloppe de Snell de Y suivant la chronologie $\underline{\tau}$, que nous notons J^τ, avec le processus I, durant la chronologie $\underline{\tau}$.

Si S est un élément de $\underline{\tau}$, par définition $J_S^\tau = \mathrm{essup}_{U \geq S, U \in \underline{\tau}} E[Y_U / \underline{F}_S]$ majore $R(Y)_S$. Mais $R(J^\tau) = J^\tau$ donc J^τ majore I.

D'autre part si S et T sont deux éléments de $\underline{\tau}$ tels que $S \geq T$, on peut trouver une suite croissante $T = T_1 \leq T_2 \leq \dots \leq T_n = S$ de t.a.$\in \underline{\tau}$ telle que sur $\{T_n > T_{n-1}\}$ $T_n = T_{n-1} + r_n$ où $r_n \in Q^+$.

On a alors : (2.50.1.)

$$E[Y_{T_k} / \underline{F}_{T_{k-1}}] \leq I_{T_{k-1}} \quad \text{et} \quad E[Y_{T_n} / \underline{F}_{T_1}] \leq E[I_{T_{n-1}} / \underline{F}_{T_1}] \leq E[I_{T_{n-2}} / \underline{F}_{T_1}] \leq I_{T_1} \quad \text{p.s.}$$

Le processus J^τ est donc majoré par I suivant $\underline{\tau}$, ce qui, compte-tenu de l'inégalité inverse établie ci-dessus montre que J^τ et I coïncident durant la chronologie $\underline{\tau}$. Notons que pour établir cette propriété, nous n'avons nullement utilisé le caractère s.c.i. de Y. qui va toutefois nous permettre d'identifier maintenant I et J. Nous notons tout d'abord que l'inégalité (2.50.1.) est valable entre deux t.a. de la forme T et $S = T + U$ où U est une variable discrète. Or, si S est un t.a. quelconque $\geq T$ les t.a. S^n définis par

$$S^n = \sum_{1 \leq k \leq 2^n - 1} (T + (k+1)/2^n) \, 1_{\{T + k/2^n \leq S < T + (k+1)/2^n\}} + \infty 1_{\{S \geq n\}}$$

sont de ce type et convergent en décroissant vers S, strictement.

Le caractère s.c.i. de Y montre alors que:

$$E[Y_{S/\underset{=}{F}_T}] \leq E[\liminf_n Y_{S^n/\underset{=}{F}_T}] \leq \liminf E[Y_{S^n/\underset{=}{F}_T}] \leq I_T \quad \text{p.s.} \qquad \text{CQFD.}$$

REMARQUE: Ce théorème d'approximation généralise à la théorie
générale des processus, un résultat de ([S1]) établi sous des hypothèses fortes en théorie des processus de Markov. Il montre aussi
le rôle joué par l'enveloppe de Snell par rapport à la chronologie
τ des temps d'arrêt étagés. Cette idée sera exploitée systématiquement dans le cadre markovien, aussi bien en arrêt optimal que dans
le cadre du contrôle continu.

LE CADRE MARKOVIEN

2.51   Comme nous l'avons rappelé en 2.5. et 2.6. c'est plutôt dans
le cadre des processus de Markov, $(\Omega, \underset{=}{F}_t, \underset{=}{F}, X_t, P^\mu)$ que le problème
d'arrêt optimal a été considéré. Il est clair que si nous travail-
lons pour une loi initiale donnée, l'étude précédente s'applique
intégralement. Toutefois, on se propose de résoudre deux problèmes
complémentaires:

    - le premier est d'établir que l'enveloppe de Snell d'un proces-
sus de gain de la forme $e^{-\alpha t} g(X_t)$ est de la forme $e^{-\alpha t} q(X_t)$,où
la fonction q est alors appelée <u>réduite d'ordre α de g</u>

    - le deuxième est de montrer que la fonction q peut être choi-
sie indépendante de la loi initiale, ce qui est bien sûr équivalent
à l'existence d'une version de l'enveloppe de Snell indépendante
de la loi initiale.

    Dans ce paragraphe, nous résoudrons toujours ces problèmes
simultanément, mais il est parfois utile ou nécessaire de les
dissocier, en particulier lorsqu'on ne peut travailler avec un
processus droit, mais seulement par exemple avec un processus modé-
rément markovien ([E3]).

    Nous commençons par traiter deux cas particuliers importants.

DEUX EXEMPLES IMPORTANTS

Nous décrivons deux situations importantes pour lesquelles nous pouvons, grâce à l'étude de Théorie générale, apporter immédiatement une réponse positive aux deux problèmes posés.

Nous considérons donc une réalisation $(\Omega, \underline{\underline{F}}_t, \underline{\underline{F}}, X_t, P^\mu)$ d'un processus droit X, de semi-groupe P_t, à valeurs dans un espace lusinien E. Ce processus est en particulier fortement markovien car d'après les hypothèses droites, les fonctions excessives sont continues à droite sur les trajectoires. Nous ne rentrons pas ici dans une description détaillée de ces processus, renvoyant le lecteur au livre remarquable de Getoor ([G1]), nous bornant seulement à rappeler au fur et à mesure des besoins les notions vraiment importantes et moins classiques.

2.52. DEFINITIONS: Une fonction f, presque borélienne, est α-excessive si $e^{-\alpha t} P_t f \leq f$ pour tout t, et $\lim_{t \to 0} P_t f = f$.
Une fonction q est α-fortement surmédiane optionnelle, si pour toute loi μ sur E, le processus $e^{-\alpha t} q(X_t)$ est une P^μ-surmartingale forte par rapport à la tribu optionnelle.

Les hypothèses droites entrainent que si f est une fonction α-excessive, le processus $e^{-\alpha t} f(X_t)$ est une surmartingale continue à droite, et donc aussi une surmartingale forte optionnelle. D'autre part, si q est une fonction α-fortement surmédiane optionnelle, la fonction $\bar{q}$ égale à la limite décroissante de $P_t q$, lorsque t tend vers 0 est α-excessive. On vérifie alors très facilement que pour tout temps d'arrêt T des tribus $\underline{\underline{F}}_t$, l'égalité suivante est vraie: $E[\lim_{\varepsilon \to 0} e^{-\alpha(T+\varepsilon)} q(X_{T+\varepsilon})] = E[e^{-\alpha T} \bar{q}(X_T)]$.
La surmartingale forte $e^{-\alpha t} q(X_t)$ admet donc comme régularisée à droite la surmartingale $e^{-\alpha t} \bar{q}(X_t)$.

2.53. THEOREME: Soient q une fonction α-surmédiane optionnelle et A un ensemble optionnel (au sens où le processus $1_A(X)$ est optionnel)
La fonction $q_A^\alpha(x) = E_x[e^{-\alpha D^A}(q(X_{D^A}) 1_A(X_{D^A}) + \bar{q}(X_{D^A}) 1_{A^c}(X_{D^A}))]$
est α-fortement surmédiane, où $D^A = \inf\{ t \geq 0, X_t \in A\}$.
Pour toute loi initiale μ, le processus $e^{-\alpha t} q_A^\alpha(X_t)$ est la P^μ-

enveloppe de Snell optionnelle du processus $e^{-\alpha t}q(X_t)1_A(X_t)$.
La fonction q_A^α s'appelle la réduite d'ordre α de q sur A.

PREUVE: Compte-tenu des remarques précédentes sur la régularisée
à droite de la surmartingale forte $e^{-\alpha t}q(X_t)$, la proposition
2.30. et la relation 2.30.2. montrent que l'enveloppe de Snell
du processus $e^{-\alpha t}q(X_t) 1_A(X_t)$ est la projection P^μ-optionnelle
du processus $e^{-\alpha t}q_A^\alpha(X_t)$ qui satisfait donc à l'inégalité des
surmartingales sur les couples de t.a. .

Posant $q^* = \lim_{t\to 0} P_t q_A^\alpha$, nous vérifions comme ci-dessus que le
processus $e^{-\alpha t}q^*(X_t)$ est la régularisée à droite de la projection
P^μ-optionnelle de $e^{-\alpha t}q_A^\alpha(X_t)$, car q^* est une fonction α-excessive.
On a donc pour toute loi initiale μ et pour tout t.a. S des tribus
$\underset{=}{F}_t$, $E^\mu[e^{-\alpha S} q_A^\alpha(X_S)] = E^\mu[e^{-\alpha S}(q^*(X_S)\vee q(X_S)1_A(X_S))]$
si nous tenons compte des liens entre l'enveloppe de Snell d'un
processus et sa régularisée à droite.

Appliquée à $\mu = \varepsilon_x$ et S=0, nous voyons que $q_A^\alpha(x) = q^*(x)\vee q(x) 1_A(x)$
ce qui établit que la fonction q_A^α est optionnelle et du même
coup que le processus $e^{-\alpha t} q_A^\alpha(X_t)$ est l'enveloppe de Snell de
$e^{-\alpha t}q(X_t) 1_A(X_t)$. CQFD.

Le procédé de construction par approximation de l'enveloppe
de Snell décrit aux paragraphes 2.49 et 2.50. permet d'établir
simplement les propriétés recherchées de l'enveloppe de Snell lorsque le processus de gain est de la forme $e^{-\alpha t}g(X_t)$ et s.c.i. à
droite sur les trajectoires pour toute loi P^μ. Une fois de plus,
cette hypothèse de régularité qui assure que l'enveloppe de Snell
est continue à droite simplifie considérablement les problèmes de
construction et de résolution.(2.13. et 2.14.)

2.54.   Nous aurons besoin de quelques notions plus précises de
mesurabilité. Aussi, introduisons-nous la tribu $\underset{=}{B}_e$ engendrée par
les fonctions excessives. Si f est mesurable par rapport à cette
tribu, le processus $f(X_t)$ est optionnel pour toute loi P^μ.
Il est de plus établi dans ([61]; p79) que P_t envoie pour tout $t\geq 0$

$b\underline{B}_e$ dans lui-même.

2.54. THEOREME: Soit g une fonction positive, mesurable par rapport à la tribu engendrée par les excessives. On suppose de plus que le processus $Y_t = e^{-\alpha t} g(X_t)$ est pour toute loi P^μ s.c.i. à droite et de la classe (D).

Définissons $\rho(g) = \sup_{r \in Q^+} e^{-\alpha r} P_r g$ et $q^o = g \ldots, q^n = \rho(q^{n-1})$
La suite q^n est une suite croissante de fonctions $\underline{B}_e$-mesurables qui converge vers une fonction q.
Pour toute loi μ sur E, $e^{-\alpha t} q(X_t)$ est la P^μ-enveloppe de Snell du processus Y_t.

PREUVE: Il s'agit là de la traduction littérale du théorème 2.50. puisque compte-tenu des notations utilisées, la projection option-nelle du processus Y_{r+} est égale à $e^{-\alpha t} P_r g(X_t)$, processus optionnel car g est $\underline{B}_e$-mesurable. Ces questions de mesurabilité étant résolues,il ne reste qu'à utiliser 2.50. CQFD.

2.55. Cette hypothèse de régularité portant sur le processus de gain ne va pouvoir être supprimée qu'au prix d'efforts importants mais tout à fait fondamentaux:
La théorie des ensembles analytiques permet d'établir la mesura-bilité de certains sup non dénombrables de fonctions,et en particu-lier de $q(x) = \sup_{S \geq 0} E_x[e^{-\alpha S} g(X_S)]$
Le théorème de section fournit ensuite un procédé d'approximation par des noyaux d'arrêt justifiant les interversions de sup et d'espérance.

Afin d'isoler les difficultés, nous avons choisi de présen-ter d'abord en suivant ([H7]) la notion de réduite selon une mai-son de jeu et ses principales propriétés, qui présentent un intérêt intrinsèque. Appliquée au cadre des processus de Ray tout d'abord, puis des processus droits, cette notion permet de résoudre les problèmes associés à l'enveloppe de Snell des processus de la for-me $e^{-\alpha t} g(X_t)$.

REDUITE SELON UNE MAISON DE JEU

2.56.   On se donne donc un espace d'états E, métrique compact, muni de sa tribu borélienne $\underline{\underline{E}}$. On y distingue un point cimetière $\{\delta\}$. On désigne par $\underline{\underline{M}}^+$ le cône des mesures positives bornées et par $\underline{\underline{M}}_{=1}^+$ le sous-ensemble des mesures μ telles que $\mu(E) \leq 1$. L'ensemble $\underline{\underline{M}}^+$ est un espace polonais pour la distance de Prokhorov ([IR]p118) qui est associée à la convergence étroite des mesures.

Du point de vue des jeux de hasard, qui justifie le vocabulaire employé ici, il est suggestif d'appeler les points de E fortunes, et les mesures positives de masse ≤1, jeux. Un joueur qui dispose de la fortune x ne peut en général pas jouer à n'importe quel jeu: il choisit dans un certain ensemble K(x), ensemble des jeux permis en x . Nous supposerons toujours pour simplifier que $\varepsilon_\delta \in K(x)$, c'est à dire que le joueur a le droit de cesser de jouer et que $K(\delta) = \varepsilon_\delta$.

DEFINITIONS: On appelle maison de jeu une partie K de $E \times \underline{\underline{M}}_{=1}^+$, mesurable par rapport à la tribu produit, et dont les sections en x contiennent toutes la mesure ε_δ .

Pour toute fonction universellement mesurable v positive, on appelle réduite de v selon la maison de jeu K , et on note Kv la fonction $x \to \sup_{j \in K(x)} j(v)$

Il n'est pas évident à priori que la fonction Kv soit universellement mesurable. Toutefois, on a le résultat suivant:

2.57.   THEOREME: Si la fonction v est analytique et positive, la réduite de v selon la maison de jeu K, Kv, est analytique.

Pour toute loi μ sur E, et pour tout $\varepsilon > 0$, il existe un noyau r(x,dy) tel que pour tout x , r(x,.)∈ K(x) , et

(2.57 .1.) $\int r(x,dy)\ v(y) \geq Kv(x) - \varepsilon$ si Kv(x) < +∞

$\geq 1/\varepsilon$ si Kv(x) = +∞

REMARQUE: Un noyau du type r(x,dy) qui pour tout x appartient à K(x) est appellé noyau permis.

PREUVE: Il est établi dans (IR [LR] p118) que si v est une fonction

analytique,(borélienne, universellement mesurable), l'application
$\mu \to \mu(v)$, de $\underline{M}_1^+$ dans $\overline{R}^+$ est analytique,(borélienne, universellement mesurable). Mais ceci entraine que pour tout a>0, l'ensemble
$\{(x,j) ; j(v) > a\} \cap K$ est analytique , car, rappelons-le, tout
borélien est analytique, et tout analytique universellement mesurable. D'après la propriété fondamentale des ensembles analytiques,
la projection de cet ensemble, qui d'après la définition de Kv
est égale à $\{Kv > a\}$, est encore analytique . Mais cette propriété
valable pour tout a>0 est équivalente au fait que la fonction
Kv est analytique et donc aussi universellement mesurable.

Pour toute loi μ sur E, on peut donc trouver une fonction borélienne w, égale à Kv μ.p.p. et minorant Kv.

Posant $H = \{(x,j) \in K , j(v) > w(x) - \varepsilon$ si $w(x) < +\infty$
$$> 1/\varepsilon \qquad \text{si } w(x) = +\infty \quad \}$$

on vérifie facilement en approximant par en-dessous w par des
fonctions boréliennes étagées,que cet ensemble est analytique.

La coupe de H étant non vide par construction, d'après un théorème
de section mesurable ([IR]p.104) ,   il existe une fonction borélienne r de E dans $\underline{M}_1^+$, définie μ.p.p. telle que en tout point où
r est définie $(x,r(x,dy)) \in H$. Si r n'est pas définie en un point
x nous la complétons par ε_δ de manière à avoir une fonction partout
définie et appartenant à K(x) pour tout x .   CQFD .

2.58.   COROLLAIRE: <u>Désignons par</u> $K^{(n)}(x)$ <u>le sous-ensemble de</u> $\underline{M}_1^+$ <u>dont les</u>
<u>éléments sont des noyaux</u> s(x,dy) <u>qui se décomposent en</u> :

$$s(x,dy) = \int s_1(x,dy_1) \int s_2(y_1,dy_2) \ldots \int s_n(y_{n-1},dy)$$

<u>où pour chaque</u> i <u>les noyaux</u> $s_i(x,dy)$ <u>appartiennent à</u> <u>K(x)</u> .
(Cet ensemble représente les parties permises en n coups.)
<u>Pour toute fonction</u> v <u>analytique positive</u> , <u>la fonction</u> $K^n v$
<u>définie par récurrence par:</u> $K^1 v = Kv$ et $K^n v = K(K^{n-1}v)$
<u>est analytique et égale à</u> : $K^n v(x) = \sup_{s(x,.) \in K^{(n)}(x)} \int s(x,dy)v(y)$
<u>De plus, pour toute loi</u> μ <u>sur E, il existe un élément borélien</u>
<u>de</u> $K^{(n)}(x)$, $s^n(x,.)$, <u>tel que</u> :

$$-\varepsilon + K^n v \leq \int s^n(.,dy)\, v(y) \qquad \mu. \text{ p.p.}$$

PREUVE: Il est clair que $K^n v(x) \geq \sup_{s(x,.)\in K^{(n)}(x)} s(x,v)$

D'autre part, d'après le théorème 2.57. pour toute loi μ, il existe des noyaux permis $s_i(x,dy)$ tels que:

$$-\varepsilon/2n + K(K^{n-1}v) < s_n(.,K^{n-1}v) \qquad \mu. \text{ p.p.}$$

$$-\varepsilon/2n + K(K^{n-2}v) < s_{n-1}(.,K^{n-2}v) \qquad \mu s_n \text{ p.p.}$$

$$\cdots\cdots\cdots$$

$$-\varepsilon/2n + Kv < s_1(.,v) \qquad \mu s_1 s_2 s_3 \ldots s_{n-1} \text{ p.p.}$$

ce qui entraine que $K^n v - \varepsilon/2 \leq s^n(.,v)$ $\qquad \mu. \text{ p.p.}$

où $s^n(.,.) = s_1 \bullet s_2 \circ s_3 \circ \ldots s_n(.,\ .)$

Cette relation appliquée aux masses de Dirac ε_x et intégrée permet l'identification indiquée de $K^n v$. CQFD.

REMARQUE: On suppose souvent que les sections $K(x)$ d'une maison de jeu contiennent la masse de Dirac ε_x, ce qui signifie qu'on peut ne pas jouer. La suite $K^n v$ est alors croissante et majore v. Si nous désignons par $K^{oo}v$ sa limite, on verifie facilement que $K(K^{oo}v) = K^{oo}v$ et que cette fonction est la plus petite fonction K-surmédiane, c'est-à- dire satisfaisant à $Kg \leq g$, qui majore v. On l'appelle la K-réduite de v.

REDUITE DANS LE CADRE D'UN PROCESSUS DE RAY

2.59. Nous introduisons tout de suite quelques notations et définitions concernant ces processus, mais nous ne justifierons rien renvoyant le lecteur au livre déjà cité de Getoor ([G1]).

E désigne un espace métrique compact, auquel on adjoint un point cimetière $\{\delta\}$. Sur E est définie une résolvante de Ray $(U^\alpha)_{\alpha>0}$ de semi-groupe (P_t). On désigne par D l'ensemble borélien des points de non-branchement, c'est-à-dire que $D = \{x;\ P_o(x,.) \neq \varepsilon_x\}$.

DEFINITION: On appelle réalisation du semi-groupe P_t, un terme $(\Omega, \underline{H}^o_t, \underline{H}^o, Y_t, P^\mu; \mu \in M^+(E))$ où Y_t est un processus $\underline{H}^o_t$-mesurable, continu à droite à valeurs dans D, et ayant des limites à gauche dans E. On désigne par $\underline{H}^\mu_t$ la complétée de $\underline{H}^o_t$ à l'aide de tous les ensembles P^μ-négligeables de $\underset{=}{H}^o$, et on suppose :

    i) la filtration $\underset{=t}{H}^\mu$ est continue à droite

    ii) pour tout $\underset{=}{H}^\mu$-t.a. T, $E^\mu[f(Y_{t+T})/\underset{=T}{H}^\mu] = P_t f(Y_T)$ p.s. si T<+∞

    iii) si f est α-excessive pour un nombre α, le processus

         $f(Y)$ est continu à droite et limité à gauche.

Il est clair que cette définition n'aurait aucun intérêt sans le
théorème suivant:

THEOREME: Il existe une réalisation du semi-groupe P_t.
Si Ω est l'espace des trajectoires càd à valeurs dans D et làg
à valeurs dans E, muni de sa filtration naturelle associée au processus des coordonnées, on parle de réalisation canonique.
Une dernière convention: nous notons $\underset{=e}{B}$ la tribu sur E engendrée
par les fonctions excessives et par $\underset{=}{W}$ la tribu des fonctions f
pour lesquelles le processus $f(Y.)$ est optionnel pour toute loi
P^μ. La propriété 2.59.iii) montre l'inclusion $\underset{=e}{B} \subset \underset{=}{W}$.

2.60.   Nous définissons sur l'espace $E \times \underset{=1}{M}^+$ une maison de jeu K par
$$K = \{(x,\varphi) \; ; \; \varphi U^\alpha \leq U^\alpha(x,.) \quad \text{et} \quad \varphi P_o = \varphi \text{ ou } \varphi = \varepsilon_\delta \}$$
L'application $\varphi \to \varphi U^\alpha$ étant manifestement borélienne de $\underset{=1}{M}^+$ dans $\underset{=1}{M}^+$
l'ensemble considéré est mesurable. Une autre manière de le décri-
re est de remarquer que ses sections sont constituées des mesures
portées par D et qui dominent ε_x au sens de l'ordre α-fort des
mesures, à savoir que pour toute fonction α-excessive f , on a :
$\varphi(f) \leq P_o f(x)$, ce qu'on désigne aussi par $\varphi \mid- \varepsilon_x$
D'autre part, nous pouvons tout de suite remarquer que toutes les
sections de K en x contiennent $P_o(x,.)$; comme le composé de deux noyaux
dominés par ε_x l'est aussi, l'ensemble $K^{(n)}(x)$ est contenu dans K(x).
(2.58.). Compte-tenu de ce cadre particulier, les résultats précédents sur les maisons de jeu s'énoncent de la façon suivante:

2.61.   THEOREME: Nous considérons une fonction analytique v positive,
et posons $Kv(x) = \sup_{\varphi \in K(x)} \varphi(v)$.
La fonction Kv est analytique et satisfait à $Kv = K^n v$
(2.61.1.) $\qquad\qquad\qquad\qquad\qquad\qquad = \sup_{\varphi \in K^{(n)}(x)} \varphi(v)$

De même pour toute mesure positive μ sur E,

(2.61.2.) $\mu(Kv) = \sup_{s(x,.)\in K(x)} \mu(s(.,v))$

De plus, Kv étant la plus petite des fonctions K-surmédianes c'est-à-dire vérifiant $Kw \leq w$, qui majore v sur $\mathcal{D}$, elle vérifie:

(2.61.3.) $Kv = K(Kv \, 1_{\{\lambda Kv \leq v\}})$ pour tout $\lambda \in [0,1[$

PREUVE: L'inclusion de l'ensemble $K^{(n)}$ dans K montre aisément que la suite croissante $K^n v$, qui majore évidemment Kv est majorée par Kv, d'où l'identité $K^n v = K^2 v = Kv$.

La relation 2.61.2. résulte immédiatement de la majoration à ε près de Kv par un noyau permis(2.57.1.), $\mu.p.s.$

Quant à la propriété d'approximation, elle est tout-à-fait analogue à celle établie pour l'enveloppe de Snell en Théorie Générale. En effet, il est clair que si u est une fonction K-surmédiane qui majore v, Ku majore Kv. Mais u majore Ku, donc aussi la fonction K-surmédiane Kv.

D'autre part, si nous désignons par $\overline{Kv} = K[K(v1_{\{\lambda Kv \leq v\}})]$, $\overline{Kv}$ n'est pas réduite à 0 car l'ensemble $\{\lambda Kv \leq v\}$ n'est pas vide. Mais la fonction K-surmédiane $\lambda Kv + (1-\lambda)\overline{Kv}$ est égale à Kv sur $\{\lambda Kv \leq v\}$, et à λKv sur le complémentaire. Elle majore donc partout v et donc aussi Kv. Cette inégalité implique que $\overline{Kv}$ qui par définition est majorée par Kv lui est en fait égale. CQFD.

Il est intéressant de comparer les notions de K-surmédiane et de surmédiane au sens habituel par rapport au semigroupe P_t.

2.62.   PROPOSITION: Pour toute réalisation $(\Omega, \underline{H}^o_t, Y_t, P^\mu; \mu \in \underline{M}^+_1)$ du semigroupe P_t, la fonction Kv est fortement α-surmédiane, au sens où pour tout t.a. des tribus $\underline{H}^o_t$, $E_x[e^{-\alpha T}Kv(Y_T)] = P^\alpha_T Kv(x) \leq Kv(x)$ Si de plus $\limsup_{t \to 0} P_t v(x) \geq v(x)$, la fonction Kv est α-excessive.

PREUVE: Il suffit évidemment de vérifier que le noyau $P^\alpha_T(.,dy)$ est un noyau permis au sens défini ci-dessus.

L'identité $P^\alpha_T \circ P_0 = P^\alpha_T$ résulte de ce que le processus Y par hypothèse est à valeurs dans $D = \{x, P_0(x,.) = \varepsilon_x\}$. De plus, les fonctions excessives étant continues à droite sur les trajectoires, l'inégalité des surmartingales est vraie pour les t.a..

Le noyau P_T^α est donc bien un noyau permis.

La régularisée excessive de Kv, la fonction $K^+v = \lim_{t\to 0} P_t Kv$ majore $\limsup_{t\to 0} P_t v$ et donc v si la dernière condition est satisfaite. Cette fonction α-excessive, donc K-surmédiane, qui majore v et qui est majorée par Kv ne peut que lui être égale. CQFD.

REMARQUE: La condition $\limsup_{t\to 0} P_t v \geq v$ est évidemment à rapprocher de celle plus forte qui assure que si le processus $v(X.)$ est s.c.i. à droite pour toute loi initiale μ sur E, l'enveloppe de Snell du processus $e^{-\alpha \cdot} v(X.)$ est de la forme $e^{-\alpha \cdot} j(X.)$, où la fonction j est α-excessive.(Théorème 2.54. et théorème 2.45.)

En fait nous aurons besoin de la réciproque de cette propriété, ou plus exactement du résultat suivant:

2.63.　THEOREME: Soit q une fonction universellement mesurable, α-fortement surmédiane par rapport à la réalisation canonique du semi-groupe P_t,(définie sur l'espace W des trajectoires continues à droite à valeurs dans D, et ayant des limites à gauche à valeurs dans E).

Pour toute mesure λ portée par D et pour toute mesure μ dominée par λ au sens de l'ordre fort d'ordre α,

(2.63.1)　　$\mu(q) \leq \lambda(q)$

En particulier, la fonction q est K-surmédiane et donc α-fortement surmédiane pour n'importe quelle réalisation du semi-groupe P_t .

En d'autres termes, ce théorème affirme que si $\mu(f) \leq \lambda(f)$ pour toute fonction f α-excessive, alors la même inégalité est valable pour toutes les fonctions α-fortement surmédianes. Cette propriété est beaucoup moins anodine que son énoncé simple pourrait le laisser croire. Elle est établie dans la littérature probabiliste([M7] et [A2] essentiellement) comme corollaire de la représentation des mesures μ qui dominent λ pour l'ordre α-fort, sous la forme λP_T^α, où T est un t.a. d'une réalisation du semi-groupe P_t , éventuellement plus grosse que la réalisation canonique. Ce très beau résultat, important et difficile à établir,

permet de décrire complétement l'ensemble de ces mesures qui dominent λ pour l'ordre α-fort et de montrer qu'il est faiblement relativement compact. On pourrait être tenté d'exploiter ce résultat
dans le même esprit qu'en 2.46. , mais nous sommes souvent limités
dans cette voie par le fait que la fonction v n'est pas continue
en général.

QUELQUES PROPRIETES DES FONCTIONS α-FORTEMENT SURMEDIANES

2.64.   Nous allons établir le théorème 2.63. en plusieurs étapes
qui utilisent des outils mathématiques importants: tout d'abord,
grâce à la théorie des capacités qui permet d'écrire la réduite
d'ordre α de la fonction 1 sur un borélien B comme limite décroissante de fonctions excessives, on montre que le théorème 2.63 est
vraie pour une telle fonction. Ce résultat est ensuite utilisé, en
suivant Azéma ([A]) pour montrer que les mesures μ qui dominent
λ ne chargent pas les ensembles λ-négligeables et λ-polaires. Elles
se représentent donc à l'aide d'une fonctionnelle additive gauche
A dont nous précisons, grâce à la théorie générale par rapport au
processus retourné, les propriétés . Elles nous permettront de
montrer que 2.63.1 est satisfaite par toute fonction q α-fortement
surmédiane optionnelle (2.52.) presque-borélienne. Pour montrer
que la même inégalité est satisfaite pour une fonction q α-forte-
ment surmédiane, on vérifie que le $\underline{T}$-système $q(X_T)e^{-\alpha T}$ satisfait
à l'inégalité des surmartingales sur les t.a. et que sa $\underline{P}$-pro-
jection optionnelle est une surmartingale forte, dont la régularisée continue à droite est égale à $e^{-\alpha t}q^+(X_t)$, où q^+ est la
régularisée excessive de q. On peut alors montrer que cette surmartingale forte optionnelle est suffisamment proche d'une surmartin-
gale forte de la forme $e^{-\alpha t}q^\circ(X_t)$ où q° est borélienne pour pouvoir
appliquer les résultats précedents.

      Le lecteur aura compris de lui-même qu'il est sans aucun doute
plus sage de se borner à la lecture de cette introduction et d'évi-
ter, sauf motivation particulière les démonstrations qui suivent.

Je ne peux terminer ces remarques sur les fonctions fortement surmédianes sans citer le nom de J F.Mertens, à qui on doit l'essentiel
des propriété de ces fonctions, mêmes si certaines ont été redémon-
trées ensuite parfois plus simplement. Il me semble que ces travaux
remarquables,[M3] et [M4], n'ont pas toujours eu l'echo qu'ils méri-
taient.

Dans cette première étape, nous montrons que le théorème 2.63.
est vrai pour les fonctions de la forme $e_B^{\alpha}(x) = E_x[e^{-\alpha D_B}]$ où B
est un ensemble presque-borélien et D_B le début de l'ensemble
$\{t \geq 0, X_t \in B\}$, grâce à un théorème de Shih ([61] p 83) qui étend aux
processus de Ray un théorème de Hunt.
Dans tout ce paragraphe, ainsi que dans les suivants, nous travaillons sauf mention contraire, sur la réalisation canonique du semi-
groupe.Voici le théorème de Shih:

2.65.   THEOREME: <u>L'application qui à tout borélien B associe $\lambda(e_B^{\alpha})$ est
une capacité de Choquet continue à droite.</u> Elle satisfait donc à:
(2.65.1.) $\lambda(e_B^{\alpha}) = \inf\{\lambda(e_G^{\alpha}); G \supseteq B$, G ouvert de E $\}$

$= \sup\{\lambda(e_K^{\alpha}) ; K \subseteq B$ K compact de E $\}$

2.66.   COROLLAIRE: <u>Soit B un ensemble presque-borélien contenu dans D.
Toute mesure μ qui domine λ au sens de l'ordre fort vérifie</u>
(2.66.1.) $\mu(e_B^{\alpha}) \leq \lambda(e_B^{\alpha})$
<u>En particulier, tout ensemble A λ-négligeable et λ-polaire</u> (c'est
à dire que $\{X \in A\}$ est P^{λ}- evanescent) <u>est aussi μ-négligeable et
μ-polaire.</u>
REMARQUE: Nous avons vu que le processus $e^{-\alpha t} e_B^{\alpha}(X_t)$ est l'enveloppe de Snell du processus $e^{-\alpha t} 1_B(X_t)$,(2.53.). Or le corollaire
montre que e_B^{α} qui majore 1_B majore aussi la K-réduite de 1_B .
Mais les propriétés de l'enveloppe de Snell permettent d'écrire
que $e_B^{\alpha}(x) = \sup_{T \geq 0} E[e^{-\alpha T} 1_B(X_T)] \leq \sup_{\mu \mid -\lambda} \mu(B)$.
La fonction e_B^{α} est donc la K-réduite de B, et la surmartingale
associée est l'enveloppe de Snell du processus $e^{-\alpha t} 1_B(X_t)$, et
ce résultat est valable pour toute loi initiale et toute réalisa-

tion du semi-groupe P_t .

PREUVE: Nous appliquons l'approximation par au-dessus établie au théorème 2.65. d'un ensemble borélien par des ouverts qui le contiennent et dont les temps d'entrée convergent vers le début de l'ensemble borélien. Or pour tout ouvert G la fonction e_G^α est α-excessive, car le temps d'entrée et le début d'un ouvert coincident p.s. On a donc : $\mu(e_B^\alpha) = \inf_{G \supseteq B} \mu(e_G^\alpha) \leq \inf_{G \supseteq B} \lambda(e_G^\alpha) = \lambda(e_B^\alpha)$.
Le cas des ensembles presque-boréliens se traite de la même façon car on peut trouver des ensembles boréliens qui les encadrent et dont la différence symétrique est λ-négligeable et λ-polaire , donc de réduite d'ordre α nulle λp.p. et donc aussi μ.p.p. Ces ensembles boréliens ont donc même réduite d'ordre α λ.p.p. et μ.p.p. CQFD.

Mais cette propriété des mesures de ne pas charger les ensembles λ-négligeables et λ-polaires permet de les représenter de la manière suivante:

2.67.   THEOREME:Toute mesure positive μ qui ne charge pas les ensembles λ-négligeables et λ-polaires se représente de la manière suivante:

(2.67.1.) $\mu(g) = E_\lambda \int_{[0,\infty]} e^{-\alpha s} g(X_s) \, dA_s$

où A est une fonctionnelle additive gauche,c'est à dire un processus croissant adapté, non nécessairement nul en 0 et vérifiant

$$A_{t+s} = A_{t-} + A_s \circ \theta_t \quad P_\lambda.p.s.$$

Ce très beau théorème est du à Azéma,([A1]); il repose sur les techniques de retournement du temps et les propriétés des temps de retour coprévisibles.

2.68.   Cette représentation peut être précisée lorsqu'on sait de plus que la mesure μ domine λ au sens de l'ordre α-fort.

PROPOSITION:Supposons que $\mu(f) \leq \lambda(f)$ pour toute fonction f α-excessive et désignons par A la f.a. gauche associée à μ par la formule (2.67.1.). La projection coprévisible de A est majorée par 1. Pour toute fonction presque-borélienne h positive, nulle en dehors d'un ensemble semi-polaire : $\mu(h) \leq \lambda(h)$

PREUVE: La fonction h étant presque-borélienne, le processus h(X) est P^λ-indistinguable d'un processus $h_0(X)$, où h_0 est une fonction borélienne minorant h. L'ensemble $\{\,h \neq h_0\,\}$ est λ-négligeable et λ-polaire. Il est donc aussi μ-négligeable et μ-polaire d'après le corollaire 2.66. On peut donc supposer h borélienne.

Si L est un temps de retour coprévisible au sens de ([A1]),(c'est à dire une v.a. à valeurs dans l'ensemble R^+ auquel on a adjoint un point supplémentaire désigné par Q_T et qui vérifie $L \circ \theta_T = (L-T)^+$,) le caractère coprévisible de L est traduit par l'existence d'une suite strictement décroissante de temps de retour L_n sur l'ensemble $\{L \geq 0\}$ et dont la limite est L. La fonction $h_L^\alpha(x) = E_x[e^{-\alpha L};\ L \geq 0]$ est α-surmédiane, car L est un temps de retour, et limite croissante des fonctions excessives $E_x[e^{-\alpha L_n};\ L_n > 0]$.

L'inégalité $\mu(f) \leq \lambda(f)$ valable pour toute fonction α-excessive est également vérifiée par h_L^α, ainsi que d'ailleurs par toute limite monotone de fonctions α-excessives.

Utilisant la représentation de μ par une fonctionnelle gauche A, (Théorème 2.67), nous voyons que :

$$\mu(h_L^\alpha) = E_\lambda \int_{[0,\zeta[} e^{-\alpha s}\ E_{X_s}(e^{-\alpha L}, L \geq 0)\ dA_s = E_\lambda \int_{[0,\zeta[} 1_{\{s \leq L\}} e^{-\alpha L}\ dA_s$$
$$= E_\lambda[e^{-\alpha L}\ A_L;\ L \geq 0\,] \leq E_\lambda[e^{-\alpha L}; L \geq 0\,] = \lambda(h_L^\alpha)$$

Cette série d'inégalités valables pour tout temps de retour coprévisible implique, d'après ([A1]), que la projection coprévisible du processus A est majorée par 1 et donc que pour tout processus Z positif et coprévisible : $E_\lambda[e^{-\alpha L}\ Z_L\ A_L; L \geq 0] \leq E_\lambda[e^{-\alpha L}\ Z_L; L \geq 0]$

Nous revenons maintenant à la fonction h de l'énoncé de la proposition ,(supposée borélienne),et à l'ensemble aléatoire à coupes dénombrables $\{(\omega,t);\ h(X_t) > 0\}$. Cet ensemble est optionnel et coprévisible; il est donc contenu dans une réunion dénombrable de graphes de temps de retour coprévisibles L_n, P^λ.p.s. (ainsi que d'ailleurs dans une réunion dénombrable de graphes de temps d'arrêt.). On peut alors écrire que:

$$\mu(h) = E_\lambda\Big[\Sigma_n h(X_{L_n})\ 1_{\{L_n \geq 0\}} \int e^{-\alpha s}\ 1_{[\![L_n]\!]}(s)\ dA_s\ \Big]$$

$$= E_\lambda [\Sigma_n \, h(X_{L_n}) \, 1_{\{L_n \geq 0\}} \, e^{-\alpha L_n} (A_{L_n} - A_{L_n}^-)] \leq \lambda(h) \qquad C.Q.F.D.$$

2.69.   COROLLAIRE: Soit q <u>une fonction α-fortement surmédiane optionnelle</u>
<u>et presque-borélienne, portée par D.</u>

<s>Pour</s> <u>toute mesure μ qui domine λ au sens de l'ordre α-fort et portée</u>
<u>par D,</u>   μ(q) ≤ λ(q)

PREUVE: Le processus $e^{-\alpha \cdot} q(X_\cdot)$ est une surmartingale forte optionnelle
de régularisée continue à droite $e^{-\alpha \cdot} q^+(X_\cdot)$, où q^+ est la régularisée excessive de q. L'ensemble $\{(\omega, t); \, q(X_t) > q^+(X_t) \}$ est
optionnel et à coupes dénombrable.

La fonction $h = q - q^+$ satisfait aux hypothèses du théorème 2.68.
ce qui entraine que: $\mu(q) = \mu(q^+) + \mu(h) \leq \lambda(q^+) + \lambda(h) = \lambda(q)$.

Il nous reste, pour établir le théorème 2.63. en toute
généralité, à éliminer les hypothèses de mesurabilité faites sur
q dans l'énoncé du corollaire 2.69. à savoir optionnelle et
presque-borélienne. Pour ce faire, nous allons d'abord montrer
qu'à toute fonction α-fortement surmédiane, on peut associer un
T-surmartingalsystème sur la réalisation canonique du processus
droit, puis nous montrerons comment on peut se ramener à utiliser
la proposition 2.68.

Auparavant, nous rappelons un lemme donnant la caractérisation
des temps d'arrêt algébriques définis sur l'espace canonique.
Dû initialement à Courrège et Priouret, on pourra en trouver la
preuve dans ([IR].p.237.).

2.70.   LEMME: <u>Sur l'espace canonique W, muni de sa filtration naturelle</u>
$\underline{F_t^o}$ <u>et des opérateurs de translation habituels</u> θ_t, <u>nous considérons</u>
<u>deux temps d'arrêt S et T tels que S ≤ T</u>

<u>Il existe une v.a.</u> $U(\omega, w)$ <u>définie sur W×W, à valeurs dans</u> $\overline{R}^+$ <u>et</u>
<u>possédant les propriétés suivantes:</u>

   a)   U est $\underline{F_S^o} \times \underline{F_{oo}^o}$ <u>mesurable</u>

   b) $U(\omega, w) = 0$ si $S(\omega) = +oo$ ou si $S(\omega) < oo$ et $X_o(w) \neq X_S(\omega)$

   c)   <u>Pour tout ω, U(ω,.) est un temps d'arrêt</u>

d) $T(\omega) = S(\omega) + U(\omega, \theta_S \omega)$ <u>pour tout</u> ω.

2.71.   LEMME: <u>Soit</u> q <u>une fonction</u> α-<u>fortement surmédiane. Pour toute loi</u> λ, <u>la projection optionnelle du processus</u> $e^{-\alpha \cdot} q(X.)$ <u>pour la proba-</u><u>bilité</u> P^λ, Y, <u>est une surmartingale forte de régularisée à droite</u> $e^{-\alpha \cdot} q^+(X.)$. (Nous travaillons sur la réalisation canonique du semi-groupe P_t.)

PREUVE: Il nous faut d'abord montrer que le processus $e^{-\alpha \cdot} q(X.)$ satisfait à l'inégalité des surmartingales sur les t.a. ou ce qui est équivalent que: $E_\lambda[e^{-\alpha S} q(X_S)] \geq E_\lambda[e^{-\alpha T} q(X_T)]$ si $S \leq T$. Or si S et T sont des t.a. des tribus $\underset{=}{F}_t^o$, le lemme 2.70. nous montre que : $E_\lambda[e^{-\alpha T} q(X_T)] = E_\lambda[e^{-\alpha S} E_{X_S}[e^{-\alpha U(.,w)} q(X_{U(.,w)}(w))]]$

$$\leq E_\lambda[e^{-\alpha S} q(X_S)]$$

Cette inégalité reste valable si T est un temps d'arrêt des tribus $\underset{=}{F}_t^{o,+}$ car le lemme 2.70 s'étend aisément à de tels t.a., et même un t.a. des tribus $\underset{=}{F}_t$, car ils sont indistinguables de t.a. des tribus non complétées.

Remarquons que si $S > T$, on peut remplacer q par q^+ dans le membre de gauche de l'inégalité ci-dessus, car pour tout $\varepsilon > o$,

$$E_\lambda[e^{-\alpha T} q(X_T) 1_{\{T \geq S+\varepsilon\}}] \leq E_\lambda[e^{-\alpha(S+\varepsilon)} P_\varepsilon \dot{q}(X_S)]$$

Après passage à la limite, il vient que:

$E_\lambda[e^{-\alpha T} q(X_T)] \leq E_\lambda[e^{-\alpha S} q^+(X_S)]$ car $S > T$.

Pour étendre cette inégalité au cas où S est un t.a. des tribus $\underset{=}{F}_t^{o,+}$, nous utilisons son approximation par une suite strictement décroissante de $\underset{=}{F}_t^o$ t.a. S_n, (par exemple $S+1/n$) et écrivons que: $E_\lambda[e^{-\alpha T} q(X_T) 1_{\{T > S_n\}}] \leq E_\lambda[e^{-\alpha S_n} q^+(X_{S_n}) 1_{\{T > S_n\}}]$ ce qui donne après passage à la limite:

$E_\lambda[e^{-\alpha T} q(X_T) 1_{\{T > S\}}] \leq E_\lambda[e^{-\alpha S} q^+(X_S) 1_{\{T > S\}}]$

Mais cette inégalité entraine celle que nous cherchons à établir car $q^+ \leq q$. Nous avons ainsi montré que le processus $e^{-\alpha \cdot} q(X.)$ satisfait à l'inégalité des surmartingales sur les t.a .ce qui est équivalent à dire que sa projection optionnelle est une surmar-tingale forte. Il est clair d'autre part que sa régularisée à droite est le processus $e^{-\alpha} \cdot q^+(X.)$.

2.72.   LEMME: <u>Le processus $e^{\alpha} \cdot Y. - q^+(X.)$, nul en dehors d'un ensemble</u> <u>à coupes dénombrables est P^λ-indistinguable d'un processus de la</u> <u>forme $h_o(X.)$, où h_o est une fonction borélienne majorée par $q-q^+$.</u>

PREUVE: Nous désignons par T_n une suite de t.a. dont la réunion des graphes contient l'ensemble optionnel, à coupes dénombrables $H = \{ e^{\alpha} \cdot Y. - q^+(X.) > 0 \}$. Posant $\lambda^* = \Sigma_n \ 1/2^n \ \lambda P^\alpha_{T_n}$, nous pouvons trouver une fonction h_o borélienne, majorée par la fonction universellement mesurable $q - q^+$, et telle que $h_o = q - q^+ \ \lambda^* $.p.s. Mais la définition de la mesure λ^* entraine que cette égalité p.s. équivaut à l'indistinguabilité des processus $h_o(X.)$ et $e^{\alpha} \cdot Y. - q^+(X.)$. CQFD.

Nous pouvons enfin conclure:

THEOREME: <u>Soit q une fonction α-fortement surmédiane. Pour toute</u> <u>mesure μ qui domine λ au sens de l'ordre fort des fonctions α-exces-</u> <u>sives</u>, $\mu(q) \leq \lambda(q)$.

<u>En particulier, toute fonction α-fortement surmédiane</u>(pour les <u>t.a. de la réalisation canonique) est K-surmédiane, et donc aus-</u> <u>si α-fortement surmédiane pour les t.a. de n'importe quelle réa-</u> <u>lisation.</u>

PREUVE: Nous appliquons la proposition 2.68. à la fonction h_o construite au lemme 2.72.,   qui est nulle en dehors d'un ensemble semi-polaire. Mais μtilisant la représentation de la mesure μ nous voyons que : $\mu(h_o) = E_\lambda \int_{[o,\zeta[} e^{-\alpha s} \ h_o(X_s) \ dA_s$

$$= \mu(q - q^+) \quad \text{car } h_o(X.) \text{ est projection}$$

P^λ-optionnelle de$(q - q^+)(X.)$.

On obtient alors l'inégalité $\mu(q-q^+) \leq \lambda(q-q^+)$, qui jointe au caractère excessif de q^+ implique l'inégalité cherchée. Les autres propriétés énoncées sont des simples conséquences de cette inégalité.

ENVELOPPE DE SNELL MARKOVIENNE

Nous considérons de nouveau une réalisation quelconque du semi-groupe P_t, $(\Omega, \underline{\underline{H}}_t, X_t, P^\lambda)$.

La longue discussion que nous venons de mener va nous permettre de résoudre rapidement le problème de la caractérisation de l'enveloppe de Snell d'un processus du type $e^{-\alpha \cdot} g(X_\cdot)$

2.73.   THEOREME: <u>Soit</u> g <u>une fonction presque borélienne, positive ou</u> <u>bornée, et</u> Kg <u>la fonction définie par</u> : $Kg(x) = \sup_{\mu \mid -\varepsilon_x} \mu(g)$ (où rappelons-le, le symbole $\mu \mid -\varepsilon_x$ signifie que la mesure μ domine ε_x au sens de l'ordre α-fort.). <u>La fonction</u> Kg <u>est presque-borélienne et</u> <u>pour toute mesure positive</u> λ <u>sur</u> E <u>portée par</u> D ,

(2.73.1.) $\lambda(Kg) = \sup_{\mu \mid -\lambda} \mu(g) = \sup_{s(x,.) \in K(x)} \lambda(s(.,g))$

<u>si</u> $s(x,.)$ <u>désigne un noyau permis au sens de</u> (2.57.)

<u>Pour toute loi initiale</u> λ, <u>et toute réalisation du semi-groupe</u> P_t <u>le processus</u> $e^{-\alpha \cdot} Kg(X_\cdot)$ <u>est la</u> P^λ<u>-enveloppe de Snell du processus</u> $e^{-\alpha \cdot} g(X_\cdot)$.

PREUVE: Nous commençons par supposer g borélienne.

L'égalité des termes 1 et 3 de la relation 2.73.1 est établie au corollaire 2.58. Elle entraine immédiatement que:

$\lambda(Kg) \le \sup_{\mu \mid -\lambda} \mu(g) \le \sup_{\mu \mid -\lambda} \mu(Kg) \le \lambda(Kg)$ car la mesure $\lambda.s$ définie comme l'intégrale du noyau $s(.,dy)$ par λ domine λ si $s(x,dy)$ appartient à $K(x)$. Les autres termes de ces inégalités sont des conséquences de la majoration de g par Kg, et du caractère fortement surmédiane de Kg, compte-tenu du théorème 2.73.

En particulier si S et T sont deux t.a. tels que $S \le T$, (de la réalisation considérée, bien sûr) la mesure λP_T^α domine λP_S^α et donc, toujours d'après le théorème 2.73., $\lambda P_T^\alpha(Kg) \le \lambda P_S^\alpha(Kg)$ ou ce qui est équivalent, le processus $e^{-\alpha \cdot} Kg(X_\cdot)$ satisfait à l'inégalité des surmartingales sur les t.a. Sa projection optionnelle est donc une surmartingale forte qui majore le processus $e^{-\alpha \cdot} g(X_\cdot)$, et donc aussi sa P^λ-enveloppe de Snell J.

Il reste à montrer l'inégalité inverse, ce que nous ferons à partir de l'identité $Kg = K[Kg \, 1_{\{\lambda Kg \le g\}}]$, $\lambda \in [0,1[$, établie au théorème 2.61.

Désignant par D_T^λ (resp. D^λ) le début après T de l'ensemble $\{X \in A^\lambda\}$,(resp le début) où A^λ est l'ensemble $\{\lambda Kg \leq g\}$,nous commençons par montrer que $Kg = P_D^\alpha \lambda [Kg \, 1_{A^\lambda} + K^+ g \, 1_{(A^\lambda)c}]$, fonction que nous désignons provisoirement par q^α.

La fonction q^α est une fonction α-fortement surmédiane: pour tout t.a. T, tel que $D_T^\lambda > D^\lambda$, $P_T^\alpha q^\alpha \leq P_D^\alpha \lambda [K^+ g]$, car d'après le lemme 2.71. $e^{-\alpha \cdot} K^+ g(X_{\cdot})$ est la régularisée à droite du processus $e^{-\alpha \cdot} Kg(X_{\cdot})$. Ceci entraine en particulier que:

$$E_x \left[e^{-\alpha D_T^\lambda} [Kg(X_{D_T^\lambda}) \, 1_{A^\lambda}(X_{D_T^\lambda}) + K^+ g(X_{D_T^\lambda}) 1_{(A^\lambda)c}(X_{D_T^\lambda})] 1_{\{D_T^\lambda > D^\lambda\}} \right]$$
$$\leq E_x \left[e^{-\alpha D^\lambda} K^+ g(X_{D^\lambda}) 1_{\{D_T^\lambda > D^\lambda\}} \right]$$

La majoration de $K^+ g$ par Kg , ainsi que l'identité valable sur $\{D_T^\lambda = D^\lambda\}$ des processus que nous intéressent montrent aisément

$$P_T^\alpha q^\alpha \leq q^\alpha \quad \text{pour tout t.a. } T. \qquad \text{CQFD.}$$

Or la fonction q^α majore Kg sur A^λ, donc elle majore sa K-réduite $K(Kg \, 1_{A^\lambda})$ car d'après le théorème 2.72. elle est K-surmédiane . D'autre part, elle est majorée par $P_D^\alpha \lambda [Kg]$ et donc aussi par Kg, puisque Kg est α-fortement surmédiane.Elle est donc égale à Kg.

Mais comme au théorème 2.38. cette propriété suffit à caractériser Kg. En effet, sur A^λ, le processus $e^{-\alpha \cdot} Kg(X_{\cdot})$ est majoré par $1/\lambda \, e^{-\alpha \cdot} g(X_{\cdot})$ et donc aussi par $1/\lambda \, J$ .Mais le processus J étant s.c.s. à droite sur les trajectoires, on a toujours:

$e^{-\alpha D_T^\lambda} Kg(X_{D_T^\lambda}) \leq 1/\lambda \, J_{D_T^\lambda}$ si $X_{D_T^\lambda} \in A^\lambda$ et

$e^{-\alpha D_T^\lambda} K^+ g(X_{D_T^\lambda}) \leq 1/\lambda \, J_{D_T^\lambda}$ si $X_{D_T^\lambda} \notin A^\lambda$ $\qquad$ si $D_T^\lambda < +\infty$

On a donc pour tout t.a. T,

$$E_\lambda [e^{-\alpha T} Kg(X_T)] \leq E_\lambda [1/\lambda \, J_{D_T^\lambda}] \leq E_\lambda [1/\lambda \, J_T \, 1_{\{T < \infty\}}] \quad \text{pour tout } \lambda$$
$$\text{de } [0,1[$$

(Le lecteur excusera la confusion de notations entre la mesure initiale λ qui intervient dans le symbole E_λ, et le paramètre réel qui intervient dans A^λ.)

La projection optionnelle du processus $e^{-\alpha \cdot} Kg(X_{\cdot})$ que nous notons H est indistinguable de J, P^λ.p.s. Ces deux processus ont donc même régularisée à droite $e^{-\alpha \cdot} K^+ g(X_{\cdot})$ et satisfont à:

$H = H^+ V e^{-\alpha} \cdot g(X.) = e^{-\alpha} \cdot [K^+ g V g](X.)$, ce qui entraine en particulier que pour toute loi initiale λ portée par D,

$\lambda(K^+ g V g) = \lambda(Kg)$. Il reste à prendre $\lambda = \varepsilon_x$ si $x \in D$ pour déduire que $Kg = K^+ g V g$, et donc que Kg est presque-borélienne, et même mesurable par rapport à la tribu engendrée par les fonctions excessives. Le processus $e^{-\alpha} \cdot Kg(X.)$ est optionnel, donc indistinguable de H , et donc de J. C'est l'enveloppe de Snell de $e^{-\alpha} \cdot g(X.)$.

Il reste à traiter le cas où g est presque-borélienne. Pour toute loi initiale λ portée par D, il existe deux fonctions boréliennes g_1 et g_2 encadrant g, et telles que l'ensemble $\{g_2 - g_1 > 0\}$ soit λ-négligeable et λ-polaire. D'après le corollaire 2.66. cet ensemble est aussi μ-négligeable et μ-polaire pour toute mesure μ dominant λ, ce qui entraine que:

$\lambda(Kg_1) = \sup_{\mu|-\lambda} \mu(g_1) = \sup_{\mu|-\lambda} \mu(g_2) = \lambda(Kg_2)$.

Mais on a plus: d'après ce que nous venons de voir les processus $e^{-\alpha} \cdot Kg_1(X.)$ et $e^{-\alpha} \cdot Kg_2(X.)$ sont les enveloppes de Snell des processus indistinguables $e^{-\alpha} \cdot g_1(X.)$ et $e^{-\alpha} \cdot g_2(X.)$. Ce sont donc des processus indistinguables, et l'ensemble $\{Kg_2 > Kg_1\}$ est λ-négligeable et λ-polaire. La fonction Kg peut donc être encadrée pour chaque loi initiale portée par D, par des fonctions presque-boréliennes qui ne diffèrent que sur un ensemble négligeable et polaire. Elle est donc presque-borélienne, et on montre comme ci-dessus qu'élle satisfait alors à : $Kg = K^+ g V g$
Elle est donc mesurable par rapport à la tribu engendrée par les fonctions excessives, si g l'est.

REDUITE ET PROCESSUS DROITS

On revient au problème initial de l'étude de la réduite d'un processus de la forme $e^{-\alpha} \cdot g(X.)$, lorsque X est un processus droit.
On désigne par E l'espace d'états de ce processus et par $\overline{E}$ son compactifié de Ray-Knight. Le semi-groupe de X est désigné par P_t, son prolongement à $\overline{E}$ par $\overline{P}_t$

Les liens existant entre le processus X et le processus de Ray
associé à $\overline{P}_t$ sont décrits en détail dans le livre de Getoor ([61]).
Nous les résumons dans le théorème suivant:

2.74.   THEOREME: Designons par **W** l'espace des applications de R^+ dans E,
qui sont continues à droite dans la topologie initiale et dans la
topologie de Ray, et qui ont des limites à gauche dans $\overline{E}$ pour la
Ray-topologie. X_t désigne les applications coordonnées et $\underline{\underline{F}}_t^o$ la
tribu engendrée par $X_s, s \leq t$.
Pour chaque probabilité μ sur E, P^μ est la mesure construite sur
$(W, \underline{\underline{F}}^o)$ à partir du semi-groupe P_t , et $\overline{P}^\mu$ celle construite à partir
de $\overline{P}_t$. Les probabilités P^μ et $\overline{P}^\mu$ sont égales, et le terme $(X_t, \underline{\underline{F}}_t^o, P^\mu)$
est un processus de Markov admettant $P_t (resp. \overline{P}_t)$ comme semi-groupe
de transition si on considère E, (resp. E) comme espace d'états.
REMARQUE: Les mesurabilités relatives à la topologie de Ray seront
soulignées par un indice r: par exemple, $\underline{\underline{E}}_r$ désigne la tribu borélienne relative à la topologie de Ray, $\underline{\underline{E}}_r^n$ la tribu presque-borélienne, $\underline{\underline{B}}_e$ la tribu engendrée par les fonctions excessives, restreinte à E.
Il est montré dans ([61] p.79) que: $\underline{\underline{E}} \subset \underline{\underline{E}}_r \subset \underline{\underline{B}}_e \subset \underline{\underline{E}}_r^n$

Le processus X est donc la restriction à E d'un processus
de Ray, qui est à valeurs dans **E** pour toute loi initiale portée
par E. Pour étudier la réduite d'un processus de la forme $e^{-\alpha} \cdot g(X.)$
on peut se ramener à l'étude faite sur les processus de Ray et énoncer:

2.75.   THEOREME: Soit g une fonction Ray-presque borélienne, restriction
à E d'une fonction $\overline{g}$ Ray presqueborélienne, définie sur $\overline{E}$, nulle
en dehors de $\overline{D}$.
Pour toute loi initiale λ sur E, le processus $e^{-\alpha} \cdot Kg(X.)$ est la
P^λ-enveloppe de Snell du processus $e^{-\alpha} \cdot g(X.)$, où , pour tout x
de E, $Kg(x) = \sup_\mu |-\varepsilon_x \mu(\overline{g})$ est la restriction à E de la réduite
de $\overline{g}$. On a de plus $Kg = K^+g \vee g$.
REMARQUE: Si Kg est mesurable par rapport à la tribu des excessives,
le processus $e^{-\alpha} \cdot Kg(X.)$ est une surmartingale forte optionnelle
pour n'importe quelle réalisation du semi-groupe P_t, comme peut
le prouver un raisonnement analogue à celui fait au théorème 2.72.

C'est donc l'enveloppe de Snell du processus $e^{-\alpha\cdot}g(X_.)$ pour n'importe quelle réalisation.

Nous pouvons résumer une partie des résultats obtenus au cours de cette étude en notant:

2.76.　THEOREME:<u>Soit</u> g <u>une fonction mesurable par rapport à la tribu engendrée par les fonctions excessives d'un semi-groupe droit.</u>

<u>Pour toute réalisation du semi-groupe, le processus</u> $e^{-\alpha\cdot}Kg(X_.)$
<u>est l'enveloppe de Snell du processus</u> $e^{-\alpha\cdot}g(X_.)$, <u>où</u> Kg <u>est définie</u>
<u>par</u> $Kg(x) = \sup_{\mu|-\varepsilon_x} \mu(\overline{g})$ [<u>où</u> $\overline{g}$ <u>est une fonction Ray-presque borélienne</u>
<u>qui coincide avec</u> g <u>sur</u> E.].

<u>De plus, si pour toute suite monotone de t.a.</u> T_n <u>de limite</u> T,
$\limsup_n P^{\alpha}_{T_n} g(x) \le P^{\alpha}_{T}g(x)$, <u>le début</u> D <u>de l'ensemble</u> $\{Kg = g\}$, <u>qui</u>
<u>est non vide, est un temps d'arrêt optimal.</u>

PREUVE: Il s'agit simplement de la traduction au cadre considéré ici du théorème 2.43.

METHODES DE PENALISATION

2.77.　　　Il est très important , en vue des applications d'avoir des procédés de construction par approximation de la réduite d'ordre α d'une fonction g , afin de pouvoir résoudre pratiquement le problème de l'arrêt optimal.

Nous avons déjà donné un tel procédé au théorème 2.50., en regardant les puissances successives de l'opérateur $R(g) = \sup_{r \in Q} P^{\alpha}_r g$
La méthode que nous allons décrire maintenant joue un rôle fondamental dans la résolution : par les méthodes d'équations aux dérivées partielles, et plus précisement d'inéquations variationnelles des problèmes d'arrêt optimal associé à un processus de Markov à valeurs dans R^n, dont le générateur est un opérateur élliptique. Elle a été étendue par Robin dans ([R2]) au cadre d'un processus de Markov général, mais fondamentalement, on trouvera un exposé fort complet des usages que l'on peut faire d'un tel procédé dans le livre de Bensoussan-Lions. Nous avons tenu à la faire connaitre aux probabilistes car c'est une méthode puissante d'approximation , qui permet par ailleurs d'établir

que pour un processus de Feller sur un espace compact, la réduite
d'une fonction continue est une fonction continue, résultat important dont je ne connais pas d'autre démonstration.

L'objectif de la méthode est de donner une approximation de
la réduite par des α-potentiels que l'on sait calculer et qui
convergent en croissant, ou éventuellement uniformément sous des
hypothèses supplémentaires. On leur impose de plus de payer un
certain coût proportionnel à un nombre λ, chaque fois qu'ils sont
inférieurs à la fonction g de départ. C'est ce qui motive le nom
de méthode de pénalisation.

DEFINITION DU PROBLEME PENALISE ET REDUITE

Nous considérons un processus de Markov droit $(\Omega, \underline{F}_t, X_t, P^x)$
de résolvante U^p; ζ désigne le temps de mort du processus.

2.78.   DEFINITION: Soit g une fonction positive, universellement mesurable
et bornée. On appelle solution du problème pénalisé, d'intensité
λ, associé à g, une fonction h, universellement mesurable, telle
que : $h = \lambda \, U^\alpha (g-h)^+$

REMARQUE: Si nous avons besoin de rappeler la dépendance de h
par rapport aux paramètres λ et g, on désignera par $H(\lambda, g)$ cette
fonction.

Avant d'étudier l'existence d'une telle fonction, nous allons d'abord montrer son lien avec la notion de réduite, en montrant tout d'abord que la solution d'un problème pénalisé, si elle
existe, est aussi solution d'un problème de contrôle stochastique
d'un type particulier.

2.79.   PROPOSITION: Nous supposons qu'il existe une solution h au problème
pénalisé d'intensité λ, associé à g.
Pour tout t.a. T,
(2.79.1.) $P_T^\alpha h(x) = \sup_{0 \leq v_s \leq 1} E_x \int_T^{\infty} e^{-\alpha s - \int_T^s \lambda v_u du} g(X_s) \lambda v_s \, ds$
où v_s est un processus progressivement mesurable.
Dans (2.79.1.) le sup est atteint pour le processus $v_s^* = 1_{\{(g-h)(X_s) \geq 0\}}$

PREUVE: Nous désignons par $M_s^T(v)$ le processus croissant, défini par:

$M_s^T(v) = 1 - \exp -\lambda \int_{]T,\ s\wedge T]} v_u\, du$. On a évidemment

(2.79.2.) $\qquad\qquad\qquad dM_s^T(v) = (1-M_s^T(v))\lambda v_s\, ds$

Nous pouvons alors calculer $P_T^\alpha h(x)$ de la façon suivante:

$P_T^\alpha h(x) = E_x \int_T^{+\infty} e^{-\alpha s}(g-h)^+(X_s)\, \lambda ds = E_x \int_0^\infty e^{-\alpha s}(g-h)^+(X_s)(1-M_s^T(v))\lambda ds$

$\qquad\qquad\qquad\qquad + E_x \int_0^\infty e^{-\alpha s}(g-h)^+(X_s)\, M_s^T(v)\, \lambda ds$

Calculons ce dernier terme en utilisant une intégration par parties.

$I_2 = E_x \int_0^\infty M_u^T(v) \int_u^\infty e^{-\alpha s}(g-h)^+(X_s)\, \lambda ds = E_x \int_0^\infty e^{-\alpha u}\, U^\alpha(g-h)^+(X_u)\lambda\, dM_u^T(v)$

Il reste à utiliser que h étant solution du problème pénalisé

$h = \lambda\, U^\alpha(g-h)^+$, pour voir que:

$P_T^\alpha h(x) = E_x \int_0^\infty e^{-\alpha s}[(g-h)^+(X_s) + v_s h(X_s)](1-M_s^T(v))\, \lambda\, ds$

$\qquad = E_x \int_0^\infty e^{-\alpha s} g(X_s)\, dM_s^T(v)$

$\qquad\qquad + E_x \int_0^\infty e^{-\alpha s}[(g-h)^+(X_s) - v_s(g-h)(X_s)](1- M_s^T(v))\lambda ds$

Nous-avons ainsi établi que pour tout v_s tel que: $0 \leq v_s \leq 1$

$\qquad E_x \int_0^\infty e^{-\alpha s} g(X_s)\, dM_s^T(v) \leq P_T^\alpha h(x)$ et qu'il y a égalité pour

$\qquad v_s^* = 1_{\{h(X_s) \leq g(X_s)\}}$. $\qquad$ CQFD.

REMARQUE: L'identité (2.79.1) prouve aisément qu'il ne peut y avoir qu'une **seule** solution au problème pénalisé.

$\qquad$ Cette même identité va également nous permettre de comparer solution du problème pénalisé et réduite d'ordre α.

2.80 $\qquad$ THEOREME: <u>Nous supposons toujours qu'il existe une solution au problème pénalisé, pour tout λ. Nous la notons h^λ.</u>
<u>La suite des fonctions h^λ est une suite croissante qui converge vers la réduite d'ordre α de g, si $g(X_.)$ est continue à droite</u>

PREUVE: La formule (2.79.1) permet d'établir facilement le caractère croissant de la suite h^λ, en remarquant que si $\lambda' \leq \lambda$ on a:

$h^{\lambda'}(x) = \sup_{0 \leq v_s \leq \lambda'/\lambda} E_x \int_0^\infty e^{-\alpha s - \int_{[0,s]} \lambda v_u\, du}\, g(X_s)\, \lambda v_s\, ds \leq h^\lambda(x)$

D'autre part, le processus croissant $M_t^o(v)$ est majoré par 1.

Le théorème 2.47. prouve alors immédiatement que pour tout $|v| \leq 1$

$E_x \int_{[o,oo]} e^{-\alpha s} g(X_s) \, dM_s^o(v) \leq Kg(x)$, où $Kg(x)$ est la réduite d'ordre α de g.

Si on ne veut pas utiliser le théorème 2.47. on peut redémontrer directement cette inégalité, en utilisant le changement de temps

$j_s = \inf\{t, M_t^o(v) \geq s\}$. On a alors:

$$E_x \int_0^{oo} e^{-\alpha s} g(X_s) \, dM_s^o(v) = E_x \int_0^{M_{oo}^o(v)} e^{-\alpha j_s} g(X_{j_s}) \, ds \leq \int_0^1 P_{j_s}^\alpha g(x) \, ds$$

$$\leq Kg(x) \quad \text{car } j_s \text{ est un t.a.}$$

Pour établir que la limite de cette suite croissante est $Kg(x)$, nous utilisons la convergence étroite sur R^+ de la suite de probabilités $e^{-\lambda t}\lambda \, dt$, et le fait que le processus $g(X_.)$ **est** par hypothèse continu à droite et borné. On a alors:

$$E_x[e^{-\alpha T}g(X_T)] = \lim_{\lambda \to oo} E_x \int_T^{oo} e^{-\alpha s - \lambda(s-T)}\lambda g(X_s) \, ds \leq \lim_{\lambda \to oo} h^\lambda(x)$$

ce qui établit l'égalité cherchée.

COROLLAIRE: Nous supposons que g est l'α-potentiel d'une fonction bornée f, $(g = U^\alpha f)$. La convergence de h^λ vers sa limite est alors uniforme.

En particulier, si les fonctions h^λ sont continues, il en est de même de la fonction Kg.

PREUVE: Un calcul tout à fait analogue à celui fait au cours de la preuve de 2.79. montre:

$$E_x \int_0^{oo} e^{-\alpha s} g(X_s) \, dM_s^T(1) = E_x \int_0^{oo} e^{-\alpha u} f(X_u) \, M_u^T(1) \, du \text{ et donc que}$$

$$\left| E_x[e^{-\alpha T}g(X_T)] - E_x \int_0^{oo} e^{-\alpha s} g(X_s) \, dM_s^T(1) \right| \leq \|f\|_{oo} \cdot 1/\alpha + \lambda \cdot E_x(e^{-\alpha T})$$

Cette inégalité entraine en particulier que:

$$0 \leq Kg(x) - h^\lambda(x) \leq \|f\|_{oo} 1/\alpha + \lambda$$

REMARQUE: Si g_n est une suite de fonctions qui converge uniformément vers g, la réduite de g_n, Kg_n, converge uniformément vers Kg, car on a toujours: $-|g - g_n| + P_T^\alpha g_n(x) \leq P_T^\alpha g(x) \leq P_T^\alpha g_n(x) + |g - g_n|$ inégalité qui entraine que:

$$-|g - g_n| + Kg_n(x) \leq Kg(x) \leq Kg_n(x) + |g - g_n|$$

En particulier, toute fonction limite uniforme de potentiels,dont les solutions du problème pénalisé associé sont continues admet une réduite d'ordre α continue.

RESOLUTION DU PROBLEME PENALISE

Nous allons établir maintenant l'existence d'une solution au problème pénalisé. La démonstration se fait en plusieurs étapes: nous commençons par montrer que si le rapport λ/α est strictement inférieur à 1, une méthode de point fixe permet de résoudre simplement ce problème. Nous utilisons ce résultat pour construire une solution, dans le cas général, en utilisant une autre méthode de point fixe. La méthode proposée ici est directement adaptée de ([B3] et [R2]).

2.81. PROPOSITION: <u>Pour toute fonction g, mesurable par rapport à la tribu $\underset{=e}{B}$ engendrée par les fonctions excessives, bornée, si le rapport $\lambda/\alpha < 1$, il existe une unique solution au problème pénalisé d'intensité λ, h^λ, $\underset{=e}{B}$-mesurable et bornée telle que:</u>

$$h^\lambda = \lambda \, U^\alpha (g-h^\lambda)^+$$

<u>Si, de plus, l'espace E est compact, et la résolvante Féllérienne la solution du problème pénalisé associée à une fonction continue est une fonction continue.</u>

PREUVE: Nous construisons par récurrence la suite de fonctions

$$h_o = \lambda U^\alpha g \quad , \qquad h_n = \lambda \, U^\alpha (g-h_{n-1})^+$$

Les inégalités en norme suivantes sont satisfaites:

$$\|h_n - h_{n-1}\| \le \lambda/\alpha \, \|(g-h_{n-1})^+ - (g-h_{n-2})^+\| \le \lambda/\alpha \, \|h_{n-1} - h_{n-2}\|$$

Par suite, si $\lambda/\alpha < 1$ la suite h_n converge uniformément vers une fonction h, qui satisfait à

$$h = \lambda \, U^\alpha (g-h)^+$$

car la suite $(g-h_n)^+$ est uniformément bornée.

Dans le cas féllérien, les fonctions h_n sont continues si g est continue, ainsi que h limite uniforme des fonctions h_n.

REMARQUE: Rappelons qu'une résolvante est féllérienne, si elle est la transformée de Laplace d'un semi-groupe féllérien , c'est à dire $P_t g$ est continue si g est continue, et $P_t g$ converge uniformément vers g si t tend vers O.

Or λ est destiné à tendre vers l'infini et α est fixé.
La condition $\lambda < \alpha$ est donc vraiment restrictive. Notons toutefois
que si h est solution du problème pénalisé d'ordre α associé à g
elle satisfait à $h = U^{\alpha+p}[ph + \lambda(g-h)^+]$ pour tout $p>0$.(C'est
l'équation résolvante.). C'est sous cette forme que nous allons
résoudre le problème pénalisé, en construisant pour $\lambda < \alpha+p$
une solution w au problème:

$$w = U^{\alpha+p}[\; p\, w + \lambda(g-w)^+]$$

2.82. THEOREME: Pour toute fonction φ, $\underset{=e}{B}$-mesurable et bornée, nous
définissons $T\varphi$ comme l'unique fonction $\underset{=e}{B}$-mesurable satisfaisant à:

$$T\varphi = U^{\alpha+p}\varphi + \lambda\, U^{\alpha+p}\,(g-T\varphi)^+ \qquad \text{si } \lambda < \alpha+p$$

L'application T est croissante et lipschitzienne d'ordre $1/\alpha+p$
(au sens où $|\; T\varphi - T\psi\; | \le 1/\alpha+\lambda\; |\varphi-\psi|$)

En particulier, la suite w_n définie par récurrence par:
$w_o = 0$, $\quad w_n = T(p\, w_{n-1})$ est croissante et converge uniformément
vers une fonction w, solution de $w = T(\; p\, w\;)$, ou ce qui est équivalent, vérifiant : $w = \lambda\, U^\alpha(g-w)^+$

Si la résolvante est féllérienne et la fonction g continue, il en
est de même de la fonction w .

PREUVE: Nous commençons par remarquer que $T\varphi$ est bien définie,
car $T\varphi - U^{\alpha+p}\varphi$ est solution du problème pénalisé d'ordre $\alpha+p$
associé à la fonction $g - U^{\alpha+p}\varphi$.

Des calculs analogues à ceux faits au cours de la démonstration
de la proposition 2.79, montrent que :

$$T\varphi(x) = \sup_{0\le v_s \le 1} E_x \int_0^\infty e^{-(\alpha+p)s}\; [g(X_s)\, dM_s^o(v) + \varphi(X_s)(1-M_s^o(v))]\; ds.$$

$$= \sup_{0\le v_s \le 1} \Gamma(\varphi,v)(x)$$

Nous déduisons de cette identité le caractère croissant de T, ainsi
que les majorations suivantes:

$$|\Gamma(\varphi,v) - \Gamma(\psi,v)| \le |U^{\alpha+p}|\varphi-\psi|| \le 1/\alpha+p\; |\varphi-\psi|$$

Ces majorations uniformes restent valables pour les sup, d'où

$$|\; T\varphi - T\psi\; |(x) \le 1/\alpha+p\; |\varphi-\psi|$$

Il est alors clair que la suite w_n est croissante car $0 \le W_1$ entraine que $w_1 \leq w_2$ et donc $w_n \leq w_{n+1}$.

L'inégalité $\|w_n - w_{n-1}\| \leq p/\alpha+p \ \|w_{n-1} - w_{n-2}\|$ implique que que la suite w_n converge uniformément vers une fonction w, solution de $w = T(\ p\ w\ )$. L'équation résolvante montre que cette solution est solution du problème pénalisé d'ordre α, associé à g. CQFD.

COROLLAIRE: <u>Considérons un processus de Feller sur un espace compact E, et g une fonction continue bornée.</u>

<u>Pour tout $\lambda > 0$, la solution au problème pénalisé associée à g est continue</u>, <u>et converge uniformément lorsque $\lambda \to \infty$, vers la réduite d'ordre α de g, qui est donc une fonction continue.</u>

PREUVE: Ce corollaire est une conséquence immédiate des résultats qui viennent d'être établis, et de l'approximation uniforme des fonctions continues par des potentiels de fonctions continues, dans le cadre des processus de Feller.La remarque 2.80. permet alors de conclure.

REMARQUE: Lorsque le processus de Markov considéré est à valeurs dans R^n, associé à un opérateur elliptique A, la régularité des solutions du problème pénalisé et de la réduite d'ordre α d'une fonction régulière est étudié en détail dans ([B3]) grâce aux méthodes d'<u>inéquations variationnelles,</u> que nous ne pouvons évidemment exposer ici. Ces méthodes sont très importantes dans la pratique car elles fournissent des procédés récursifs de construction de la réduite.

CHAPITRE III

CONTROLE CONTINU DANS UN MODELE TRES FORTEMENT DOMINE

3.1.   Nous exposons dans ce chapitre une généralisation de
l'exemple B du contrôle de diffusion exposé au chapitre I, à une
situation suffisamment générale pour rendre compte de la pluspart
des problèmes étudiés dans la littérature, en particulier ceux
concernant les processus ponctuels ou le contrôle des diffusions.
Les idées utilisées pour la résolution de ce problème dans le cadre de la théorie générale sont classiques, et dues surtout à
M.H.Davis ([D1]) ou Boel et Varaya ([B1]). Toutefois, nous avons
essayé de nous placer sous des hypothèses minimales, quitte à utiliser pour résoudre des résultats très fins de la théorie des semi-
martingales.Le plan est classique, compte-tenu du premier chapitre:
après avoir précisé la forme particulière du processus de coût
minimal conditionnel dans ce problème de contrôle,nous énonçons
lorsque les probabilités P^u sont équivalentes à une même probabilité P, des conditions suffisantes d'existence d'un contrôle optimal,choisi parmi ceux qui minimisent un certain hamiltonien.
Sous des hypothèses de continuité sur les coefficients, nous montrons
que l'ensemble des densités des probabilités P^u par rapport à P
est un ensemble faiblement relativement compact, lorsqu'on suppose
que ces densités sont des martingales exponentielles strictement
positives, et déduisons de cette propriété que tout contrôle qui
minimise l'hamiltonien mis en évidence dans le critère d'optimalité
est un contrôle optimal.
          Nous résolvons ensuite le cas markovien, toujours sous des
hypothèses de régularité sur les coefficients, en montrant qu'on
peut se borner à ne considérer que des contrôles étagés le long
de temps d'arrêt . Ensuite, nous montrons que le coût minimal
conditionnel associé à cet ensemble de contrôle étagé peut s'écrire
sous la forme $C_T^u + w(X_T)$, où w est une fonction indépendante

de la loi initiale, que nous construisons à l'aide de techniques
familières en Contrôle impulsionnel,([L4] et [E2]) en utilisant
les propriétés des réduites d'ordre α associées à un semi-groupe
dépendant d'un paramètre. Cette méthode, décrite pour la première
fois en ([E2]), est originale et permet de donner une solution correcte à un problème souvent maltraité dans la littérature.
D'autre part, les hypothèses faites sont beaucoup plus générales
que celles faites habituellement dans l'étude du contrôle continu
markovien.

Enfin nous abordons le cas du contrôle mixte, associé à un contrôle
continu et au choix de l'instant d'arrêt optimal. Sous des hypothèses
faibles, nous montrons rapidement comment les techniques développées
tout au long de ce cours, tant en arrêt optimal qu'en contrôle
continu permettent d'apporter une solution à ce problème, en pro-
cédant d'abord par une étude en Théorie Générale, puis en utilisant
les résultats obtenus, ainsi que la méthode d'approximation par des
contrôles étagés décrite précédemment pour résoudre le cas Markovien.
Les résultats de ce paragraphe sont entierement nouveaux.

LES DONNEES DU PROBLEME

3.2.   Nous considérons une base stochastique $(\Omega, \underline{F}_t, P, \zeta)$ (satisfaisant aux conditions habituelles de la Théorie Générale des Pro-
cessus), qui décrit l'évolution du processus contrôlé jusqu'au
temps terminal ζ.

La tribu des processus observables est la tribu optionnelle $\underline{O}$ de
la filtration $\underline{F}$, et la chronologie des temps d'observation celle
$\underline{T}$ de tous les t.a. Nous sommes donc dans une situation à observation complète.

L'ensemble des contrôles admissibles est contenu dans celui des
processus optionnels à valeur dans un espace lusinien $(U, \underline{U}, \delta)$

Le contrôleur agit sur la loi du phénomène, tout en restant
dans un modèle dominé, et même équivalent, au sens où, pour tout
contrôle admissible u, la loi P^u associée sur $\underline{F}_\zeta$ est équivalente

à une probabilité P. Nous exploitons tout de suite cette hypothèse en introduisant les martingales L^u, qui sont les versions continues à droite et limitées à gauche du processus des densités des restrictions de P^u à la tribu $\underline{\underline{F}}_t$ par rapport à P. En d'autres termes, pour tout $\underline{\underline{F}}.t.a.$ S et tout A de $\underline{\underline{F}}_S$, $P^u(A) = E(1_A L^u_S)$

3.3   Nous supposons que ces densités sont des martingales exponentielles. Plus précisement:

HYPOTHESES: A tout contrôle admissible u, nous associons une martingale locale N^u, nulle en zéro, et dont les sauts sont strictement minorés par −1.

Designant par L^u la martingale exponentielle associée à N^u, et aussi notée $\mathcal{E}(N^u)$, unique solution,de l'équation différentielle

(3.3.1.) $Z_t = 1 + \int_0^t Z_{s-} \, dN^u_s$

L^u est une martingale locale strictement positive, dont nous supposons que arrêtée à ζ, c'est une martingale uniformément intégrable, dont la v.a. terminale L^u_ζ est la densité de P^u par rapport à P.

3.4.   Les propriétés des martingales exponentielles ont été très étudiées dans la littérature. On pourra en trouver un bilan très complet dans ([J] p.190...) ou plus accessible dans ([LB]p.258) , pour ne citer que quelques références de base. Nous rappelons tout de suite quelques résultats parmi les plus importants, dont nous servirons dans la suite.([J]p.190 à 192.)

PROPOSITION: Soit N une semi-martingale, nulle en 0. L'équation

(3.4.1.) $Z_t = 1 + \int_0^t Z_{s-} \, dN_s$

admet une solution unique dans l'ensemble des semimartingales,donnée par: (3.4.2.) $L_t = \exp[N_t - N_0 - \langle N \rangle^c_t] \prod_{0 < s \le t} (1 + \Delta N_s) \, e^{-\Delta N_s}$

où $\Delta N_s = N_s - N_{s-}$ désigne le saut de N à l'instant s et $\langle N \rangle^c$ le crochet oblique de la partie martingale continue de N

− Les sauts de L sont liés à ceux de N par:

(3.4.3.) $L = (1 + \Delta N) \, L^-$

- Si N est une martingale locale, dont les sauts sont minorés par -1, L est une surmartingale positive qui s'annule sur $[R,+\infty[$ où $R = \inf\{t>0, \quad 1 + \Delta N_t = 0\}$.

3.5   Nous allons traduire sur N^u les hypothèses de compatibilité que nous avons dégagées au premier chapitre.

(3.5.1.) L'ensemble $\mathcal{D}$ des contrôles admissibles est stable par bifurcation (1.6.) et même plus généralement par recollement, c'est à dire que si u et v sont deux contrôles de le contrôle $u\overset{S}{\circ}v$ défini par $u \, 1_{[0,S]} + v \, 1_{]S,+\infty[}$ appartient à $\mathcal{D}$.

(3.5.2.) Si $v \in \mathcal{D}(u,S)$ $N^u_{t\Delta S} = N^v_{t\Delta S}$
La formule (3.4.2.) montre alors que $L^u_{t\Delta S} = L^v_{t\Delta S}$
ce qui implique que les probabilités P^u sont compatibles au sens de 1.5.

(3.5.3.) Nous précisons de plus la dépendance entre le passé et le futur en supposant que:
$N^{u\overset{S}{\circ}w}_{tVS} - N^u_S = N^{v\overset{S}{\circ}w}_{tVS} - N^v_S$ pour tous contrôles u et v de
En termes de densité, cela entraine que:
$L^{u\overset{S}{\circ}w}_t = L^u_t \quad (N^w_{tVS} - N^w_S)$
Ces densités se factorisent donc en un produit de deux termes, le premier ne dépendant que des valeurs du contrôle avant S, le second ne dépend que des valeurs du contrôle après S exclus

REMARQUE: Les conditions (3.5.2.) et (3.5.3.) sont manifestement satisfaites si les martingales locales N^u sont des intégrales stochastiques par rapport à des données de référence,indépendantes du contrôle,de processus,qui,eux sont des fonctions du contrôle. (cf. Exemple B du chapitre I.)

3.6.   Il reste à préciser la forme de la fonction de perte.
Nous supposons qu'elle est la valeur en ζ d'un processus à variation intégrable, adapté, C^u.(L'intégrabilité est considérée ici par rapport à P^u) . Si $t<\zeta$, C^u_t représente le coût d'évolution associé

à la politique de contrôle u, et le saut de C^u à l'instant ζ
représente le coût terminal.

Nous faisons sur C^u les mêmes hypothèses de compatibilité que sur
N^u, à savoir:

(3.6.1.) $C^u_{t\wedge S} = C^v_{t\wedge S}$ si $v \in \mathcal{D}(u,S)$

(3.6.2.) $C^u_{t\vee S} - C^u_S = C^v_{t\vee S} - C^v_S$ si u et v coincident après S,

plus une hypothèse de bornitude uniforme sur les potentiels
engendrés par C^u:

(3.6.3.)   Désignant par $X^u_S = E^u[C^u_\zeta - C^u_{S/\underline{F}_S}]$ le potentiel engendré par C^u, nous supposons ces processus uniformément bornés
(en S, et $u \in \mathcal{D}$) et positifs.

FONCTION DE VALEURS ET CRITERE D'OPTIMALITE

Si nous tenons compte des hypothèses faites sur le sys-
tème contrôlé au sens de 1.7. $(\Omega, \underline{F}_t , \underline{T}, \underline{O}^+, L^u.P)$, et sur la
fonction de perte, la dépendance en u du coût minimal conditionnel
est facile à préciser, ce qui permet de formuler le critère
d'optimalité sous une forme particulièrement simple.

Nous précisons tout d'abord le coût minimal conditionnel(1.3):

3.7.   PROPOSITION: Soit $J(u,S)$ le coût minimal conditionnel, défini par
$$J(u,S) = \operatorname{essinf}_{v \in \mathcal{D}(u,S)} E^v[C^v_{\zeta/\underline{F}_S}]$$

Il existe un processus W , optionnel, continu à droite et limité
à gauche, appelé fonction de valeurs , tel que $C^u + W$ agrège le
$\underline{T}$-système $(J(u,S))_{S \in \underline{T}}$.

PREUVE: Nous avons montré en 1.21. l'existence d'une sousmartingale s.c.i. à droite sur les trajectoires, J^u, optionnelle, qui
agrège le $\underline{T}$-système $(J(u,S))$, P^u.p.s. donc aussi P.p.s. puisque P^u et P sont équivalentes.

De plus, les hypothèses de type factorisation faites sur N^u et C^u
(3.5.2. , 3.5.3., 3.6.1. ,3.6 .2.) entrainent que:
$$J^u_S - C^u_S = P^u\text{-essinf}_{v \in \mathcal{D}(u,S)} X^v_S = P\text{-essinf}_{w \in \mathcal{D}} X^w_S$$

car les potentiels X^u_S ne dépendent manifestement que des valeurs
du contrôle u postérieures à S exclus, et il existe grâce à

l'opération de recollement $u\overset{s}{o}v$ une bijection entre $\mathcal{D}$ et $\mathcal{D}(u,S)$.

Le processus optionnel $J^u - C^u$ est donc indistinguable du processus optionnel $W = J^{u_o} - C^{u_o}$ (où u_o est un élément fixé de $\mathcal{D}$) et $C^u + W$ est donc un représentant de J^u.

Il reste à montrer la régularité à droite de W, en notant tout d'abord que $C^u + W$ est s.c.i. à droite et C^u continu à droite, et W donc s.c.i. à droite.

D'autre part, par construction $E^{u_o}[W_S] = \inf_{v \in \mathcal{D}(u_o, S)} E^{u_o}[X_S^v]$
Le processus W est donc égal en espérance à un inf de processus continus à droite en espérance; il est s.c.s. à droite en espérance. Mais son caractère s.c.i. est équivalent à la propriété d'être s.c.i. à droite en espérance. W est donc continu à droite en espérance. Comme il est optionnel, nous avons vu que cela était équivalent au fait d'être indistinguable d'un processus continu à droite.(2.42. à 2.44.). Il existe donc une version càdlàg de W pour P^{u_o}, donc pour P qui lui est équivalente. CQFD.

Nous pouvons énoncer le critère d'optimalité en tenant compte de la forme particulière de J^u:

3.8.   CRITERE D'OPTIMALITE : Il existe un processus optionnel W, càdlàg, tel que $E^u(W_o) = J_o$ pour tout u de $\mathcal{D}$
    et $C^u + W$ est une P^u-sousmartingale   positive
        $C^{u*} + W$ est une P^{u*}-martingale positive si et seulement si u* est optimal, et alors $W = X^{u*}$ P^{u*} .p.s.
PREUVE: C'est la stricte traduction du théorème 1.17.

PRINCIPE DU MINIMUM
    Nous allons rendre ce critère plus opératoire en ramenant toute l'étude sous la probabilité P.
    Nous aurons besoin de la forme suivante du théorème de Girsanov, qui décrit les liens entre les sousmartingales sous P^u et celles sous P. On en trouvera la preuve dans ([J.th.2.28.])

3.9.   PROPOSITION: Si X est un processus optionnel, les propriétés suivantes sont équivalentes:

a)   X est une semimartingale spéciale pour P^u

b)   X est une semimartingale pour P et $\hat{X} = X + [X, N^u]$ est une
       semimartingale spéciale.

Si B est le processus prévisible à variation finie qui intervient
dans la décomposition de $\hat{X}$ sous P ,(on dira que B est associé
à $\hat{X}$), B est associé à X sous P^u.

En particulier X est une sousmartingale si et seulement si $\hat{X}$
en est une.

REMARQUE: Pour tout ce qui touche la théorie des semimartingales
nous renvoyons le lecteur au livre de Dellacherie_Meyer ([LB])
où on trouvera un exposé très clair de la théorie, et au livre
de Jacod où on trouvera l'ensemble des résultats les plus fins
sur ce sujet .([J.])

Nous nous contenterons de rappeler au fur à mesure les notions les
moins classiques, lorsqu'elles jouent un rôle important dans la
question qui nous préoccupe. Rappelons qu'une semimartingale est
spéciale si elle admet une décomposition en une martingale locale
et un processus à variation finie prévisible; cette décomposition
est alors unique.D'autre part toute sousmartingale est spéciale.
([LBp232.]

3.10.   Appliquant cette propriété au coût minimal conditionnel, il vient:

THEOREME: L'ensemble des semimartingale $\hat{W}$, qui satisfont à :
-        $\hat{W}_\zeta = 0$ P.p.s.
-        pour tout u de $\hat{J}^u = C^u + \hat{W} + [C^u + \hat{W}, N^u]$ est une
         P-sousmartingale

possède un plus grand élément W .

Un contrôle u* est optimal si et seulement si $\hat{J}^{u*}$ défini par
$\hat{J}^{u*} = C^{u*} + W + [C^{u*} + W, N^{u*}]$ est une P-martingale.

Le processus à variation finie et prévisible associé à $\hat{J}^u$ sous P, Σ^u
est un processus croissant, qui est constant si et seulement si
u est optimal.

PREUVE: La proposition 3.9. montre que $C^u + \hat{W}$ est une P^u-sousmar-
tingale qui admet pour condition frontière C^u_ζ . La proposition

1.18 prouve alors la première partie du théorème, et $C^u + W$ est le coût minimal conditionnel. Il suffit ensuite d'appliquer le critère d'optimalité pour conclure à la seconde partie de ce théorème . CQFD.

REMARQUE: Nous voyons qu'un contrôle optimal satisfait nécéssairement à $\Sigma^{u*} \leq \Sigma^u$ pour tout u de $\mathcal{D}$, et $\Sigma_o^{u*} = W_o$.

Nous allons montrer maintenant que si l'ensemble des densités satisfait à une hypothèse supplémentaire de relative compacité, les seuls processus croissants qui valent W_o en 0 et minorent tous les processus Σ^u sont les processus constants.

3.11.   HYPOTHESE: (HA) L'ensemble $= \{L_\zeta^u$, $u\in\mathcal{D}\}$ est uniformément intégrable et son adhérence faible est contenue dans un ensemble de v.a. strictement positives.

REMARQUE: Nous verrons plus loin des conditions simples portant sur les martingales N^u pour que cette hypothèse auxilliaire dans la formulation que nous donnons ici, mais fondamentale pour la résolution du problème, soit satisfaite.

3.12.   THEOREME: Le seul processus croissant valant W_o en 0, qui minore tous les processus croissants Σ^u, $u\in\mathcal{D}$ est le processus constant.

PREUVE: Nous notons tout d'abord que pour tout t.a. S, par construction, $W_S = \text{P-essinf}_{u\in\mathcal{D}} X_S^u$. Le processus W est donc borné d'après l'hypothèse 3.6.3. et engendré par le processus à variation finie, sous P^u, $\Sigma^u - C^u$.

La condition frontière $W_\zeta = 0$ entraine donc que $0 = E^u[\Sigma_\zeta^u - C_\zeta^u]$. Si nous désignons maintenant par Σ^* un processus croissant, valant W_o en 0 et qui minore tous les processus Σ^u, nous voyons que: $E^u[\Sigma_\zeta^*] \leq E^u[C_\zeta^u]$ et donc que $\inf_{u\in\mathcal{D}} E^u[\Sigma_\zeta^*] \leq \inf_{u\in\mathcal{D}} E^u[C_\zeta^u] = J_o$ Mais, par construction, toutes les probabilités P^u restreintes à la tribu $\underline{F}_o$ sont égales à P, ce qui entraine que $J_o = E^u[W_o]$ pour tout u. L'inégalité précédente peut alors encore s'écrire

$$\inf_{u\in\mathcal{D}} E^u[\Sigma_\zeta^* - \Sigma_o^*] = 0$$

Considérons maintenant une suite u_n de contrôles admissibles, qui permettent de réaliser l'inf considéré ci-dessus, à savoir telle que: $\lim_n E^{u_n}[\Sigma_\zeta^* - \Sigma_o^*] = 0$. D'après l'hypothèse (HA) (3.11.), l'ensemble $\mathcal{A}$ est relativement compact pour la topologie $\sigma(L^1, L^{oo})$ puisque formé d'un ensemble uniformément intégrable de v.a. de L^1; on peut extraire de cette suite u_n une sous-suite(notée encore u_n) de contrôles admissibles telles que les densités associées $L_\zeta^{u_n}$ convergent pour la topologie faible. vers une v.a. L^* strictement positive. Ceci implique en particulier que pour tout entier K strictement positif, $E[L^*(\Sigma_\zeta^* \sim \Sigma_o) \wedge K] = 0$ et donc que $\Sigma_\zeta^* - \Sigma_o^* = 0$ p.s. puisque Σ^* est un processus croissant . CQFD.

3.13. COROLLAIRE: Sous l'hypothèse (HA), une condition nécessaire et suffisante pour qu'un contrôle u* soit optimal est que :

$$\Sigma^{u^*} \le \Sigma^u \quad P.p.s. \quad \text{pour tout u de } \mathcal{D} .$$

LE MODELE FORTEMENT DOMINE

3.14.

Nous précisons maintenant la forme des martingales N^u qui interviennent dans la définition des probabilités P^u, en supposant qu'elles sont dominées, c'est à dire des intégrales stochastiques de données fondamentales indépendantes du contrôle.
Des hypothèses de bornitude raisonnables sur les intégrands nous permettent de vérifier que l'hypothèse (HA) est satisfaite. Nous utilisons pour montrer ce résultat des propriétés très fines des semimartingales, dues essentiellement à Yor,([Y1]). Dans le paragraphe suivant, nous explicitons la forme des processus croissants Σ^u, pour montrer que sous des hypothèses de dépendance continue des coefficients par rapport au contrôle, il en existe un plus petit que tous les autres.

Dans cette partie du cours, nous allons être obligés de faire un usage beaucoup plus systématique de la théorie des semimartingales, ce qui va nous contraindre à un minimum de rappels.

3.15. Considérant toujours l'espace $(\Omega, \underline{F}, \underline{F}_t, P)$, nous désignons par $\underline{P}$ la tribu prévisible sur $\Omega \times R^+$, et si E désigne un espace lusinien, muni de sa tribu borélienne, par $\underline{\widetilde{P}}$ la tribu $\underline{P} \times E$.

Une première donnée de référence est une martingale locale continue $\underline{M}$, à valeurs dans R^n, dont les composantes sont désignées par M^i, i = 1....n .Nous désignons suivant l'habitude par $\langle M^i, M^j \rangle$ l'unique processus à variation finie continu tel que $M^i M^j - \langle M^i, M^j \rangle$ soit une martingale locale. Il est bien connu que chacun de ces crochets est dominé par le processus croissant $A = \Sigma_{i=1}^{i=n} \langle M^i, M^i \rangle$. Nous désignons par $a = (a^{ij})$ une matrice symétrique des densités prévisibles, au sens où :

$$\langle M^i, M^j \rangle_t = \int_o^t a^{ij}(s) \, dA_s \qquad \text{P.p.s.}$$

Nous aurons souvent à considérer des intégrales stochastiques par rapport à $\underline{M}$ de processus prévisibles à valeurs dans R^n. En suivant ([J] p143.) nous désignons par $\underline{L}^q(\underline{M})$ l'ensemble suivant :

$$\underline{L}^q(\underline{M}) = \{ \underline{H} \text{ prévisibles, à valeurs dans } R^n, \text{ tels que}$$
$$[{}^t\underline{H} \, a \, \underline{H} \, . A]^{q/2} \text{ soit intégrable } \}$$

L' intégrale stochastique des processus $\underline{H}$ de $\underline{L}^q(\underline{M})$, ${}^t\underline{H} . \underline{M}$ est alors bien définie et admet ${}^t\underline{H} \, a \, \underline{H} . A$ comme processus croissant.

3.16. Nous nous donnons d'autre part une mesure aléatoire à valeurs entières et positives, σ-finie, μ, définie sur $\Omega \times R^+ \times E$, optionnelle, de la forme $\mu = \Sigma_n \varepsilon_{(T_n, \xi_{T_n})}$ où T_n est une suite de t.a. et (ξ_{T_n}) une suite de v.a. à T_n valeurs dans E et $\underline{F}_{T_n}$ -mesurable. Le caractère σ-fini de μ est équivalent à l'existence d'un élément h de $\underline{\widetilde{P}}$ strictement positif, et tel que si $\mu(h) = \Sigma_n h(T_n, \xi_{T_n})$, $E[\mu(h)] < +\infty$.

Il est montré dans ([J] chap. III) que sous ces hypothèses il existe une unique mesure aléatoire prévisible, ν, de la forme $\nu(\omega, dt, dy) = n(\omega, t, dy) . d\widetilde{A}_t$, où $\widetilde{A}$ est le processus croissant prévisible, projection duale prévisible du processus croissant intégrable, $\mu(h \, 1_{[o,t]})$, et $n(\omega, t, dy)$ une mesure de transition de $\underline{P}$ vers $\underline{E}$. ν qui est caractérisée par la relation pour tout W de $\tilde{\underset{=}{P}}$ positif, $E[\mu(W)] = E[\nu(W)]$

s'appelle la projection duale prévisible de la mesure μ.

3.17.   Les propriétés des mesures aléatoires et de l'intégrale stochastique par rapport aux mesures martingales sont exposées
dans ([J]chap.III.). Nous les rappelons en partie ici en essayant
de les justifier intuitivement ici, en référence avec la théorie
de l'intégrale stochastique par rapport aux semimartingales supposée connue.

Nous désignons par S l'ensemble optionnel $S = \underset{n}{\cup} [\![T_n]\!]$
et remarquons que si $J = \{\Delta\tilde{A} > 0\}$, J est le support prévisible
de S, au sens où :

(3.17.1.)   pour tout t.a. T prévisible, $[\![T]\!] \cap S = \emptyset \Leftrightarrow [\![T]\!] \cap J = \emptyset$

En effet, par construction de ν pour tout t.a. prévisible T et
tout processus $\tilde{\underset{=}{P}}$-mesurable positif,W,

$E[W(T,\xi_T) 1_S(T); T < +\infty] = E[\nu(W 1_{[\![T]\!]}); T < +\infty]$ ce qui montre que:
(3.17.2.)   le processus prévisible $\hat{W} = \nu(1_{\{.\}}W)$ est la projection
prévisible du processus $W(t,\xi_t) 1_S(t)$. En particulier, $\Delta\tilde{A}$ est
la projection prévisible du processus $h(t,\xi_t) 1_S(t)$ ce qui entraine (3.17.1.) car h est strictement positif.

3.18.   En vue de définir l'intégrale stochastique par rapport
à la mesure martingale $\mu-\nu$, nous notons que si W est un processus
$\tilde{\underset{=}{P}}$-mesurable, tel que $E[\mu(|W|)] < +\infty$, le processus à variation
intégrable, $Q_t = W*(\mu-\nu)_t = (\mu-\nu)(W1_{[o,t]})$ est une martingale
purement discontinue dont les sauts valent
(3.18.1.) $\Delta Q_t = (\mu-\nu)(W1_{\{t\}}) = W(t,\xi_t) - \hat{W}(t,\xi_t)$
Si de plus cette martingale est de carré intégrable, ou ce qui est
équivalent si $[Q,Q] = \underset{s}{\Sigma}(\Delta Q)_s^2$ est intégrable, la projection
duale prévisible du processus $[Q,Q]$ notée $\langle Q,Q\rangle$ vaut
(3.18.2.) $\langle Q,Q\rangle = \nu(W-\hat{W})^2 + \Sigma_{s\in J}(1-\alpha)_s \hat{W}^2(s,\xi_s)$ où $\alpha = \hat{1}$
Toujours en suivant ([J] chap.III 3.63. etc .) on montre que plus
généralement, si W appartient à $\underset{=}{G}^1(\mu)$ c'est à dire:
(3.18.3.) $\underset{=}{G}^1(\mu) = \{W\in\tilde{\underset{=}{P}} ; (\Sigma_{s\in S\cup J}[(\mu-\nu)(W1_{\{s\}})]^2)^{1/2}$ est intégrable$\}$
on peut définir une martingale notée Q(W) ou $W*\mu-\nu$ telle que
(3.18.4.) $\Delta(W*\mu-\nu) = (\mu-\nu)(W1_{\{.\}})$

avec la convention habituelle que si on a une forme indéterminée elle vaut +oo.

La condition d'appartenance à $\underline{\underline{G}}^1(\mu)$ n'est pas toujours facile à vérifier. Aussi nous pourrons être amenés à utiliser l'inclusion suivante due à Lépingle ([15]) , à savoir $\underline{\underline{\widehat{G}}}^1(\mu) \subset \underline{\underline{G}}^1(\mu)$ où

(3.18.5.) $\quad \underline{\underline{\widehat{G}}}^1(\mu) = \{ W \in \underline{\underline{\widetilde{P}}} \; ; \; E[\mu(W^2)] < +oo \}$

REMARQUE: Il est clair que toutes ces notions se simplifient considérablement si la mesure aléatoire est quasi-continue à gauche ce qui signifie que ses temps de sauts sont totalement inaccessibles soit encore que le processus croissant $\widetilde{A}$ est continu ou que l'ensemble J est evanescent.

3.19.   Avant de conclure ces rappels, précisons quelques notations classiques sur les espaces de semimartingales. Nous suivons toujours ([J]) pour nos références.

$\underline{\underline{A}}$: ensemble des processus à variation intégrable [J].0.34.

$\underline{\underline{M}}_{loc}$ ensemble des martingales locales   [J] 0.36.

$\underline{\underline{S}}$ ensemble des semimartingales   [J] 29 .

$\underline{\underline{H}}^q = \{ X \in \underline{\underline{M}}_{loc} \; ; \; E[\sup_t |X_t|^q] < +oo \}$ [J] 2.2

$\quad = \{ X \in \underline{\underline{M}}_{loc} \; ; \; E([X,X]^{q/2}) < +oo \}$ [J] 2.34

Si X est une martingale locale, on désigne par:

$\underline{\underline{L}}^q(X) = \{ H \in \underline{\underline{P}} \; ; \; (H^2.[X,X])^{q/2} \in \underline{\underline{A}} \quad \}$ [J] 2.40.

Si $\underline{X}$ est une martingale locale vectorielle de composantes X^i, on désigne par A le processus croissant $\Sigma_{i=1}^{i=n} [X^i,X^i]$ et par $a = (a^{ij})$ la matrice des densités optionnelles de $[X^i,X^j]$ par rapport à A

$\underline{\underline{L}}^q(\underline{X}) = \{ \underline{H}$ prévisibles à valeurs dans R^n, tels que:

$$({}^t\underline{H} \, a \, \underline{H} \, . \, A)^{q/2} \in \underline{\underline{A}} \quad \}$$ [J] 4.59.

Si μ est une mesure aléatoire positive σ-finie optionnelle, à valeurs entières, au sens de 3.17 et 3.18. ,on désigne par :

$\underline{\underline{G}}^q(\mu) = \{ W \in \underline{\underline{\widetilde{P}}} \; ; \; (\Sigma_{s \in SUJ} (W - \widehat{W})^2(s))^{q/2} \in \underline{\underline{A}} \quad \}$ [J] 3.62.

$\underline{\underline{G}}^1(\mu) = \{ W \in \underline{\underline{\widetilde{P}}} \; ; \qquad\qquad E[\mu(W^2)^{1/2}] < +oo \quad \}$

3.20.   Ces données de base étant reprécisées, nous introduisons les paramètres du contrôleur.

Nous considérons deux espaces lusiniens D_1 et D_2 et nous nous donnons :

(3.20.1.) – une application φ de $\Omega \times R^+ \times D_1$ dans R^n, $\underline{\underline{P}} \otimes \underline{\underline{D}}_1$ –mesurable

– une application ψ de $\Omega \times R^+ \times E \times D_2$ dans R, $\underline{\underline{\widetilde{P}}} \otimes \underline{\underline{D}}_2$ –mesurable.

Un contrôle est alors un processus prévisible u à valeurs dans l'espace produit $D_1 \times E^{D_2}$, où on munit l'espace E^{D_2} des applications de D_2 dans E de la tribu borélienne. On désignera en général un tel contrôle u par les processus $d_1(\omega,t)$ et $d_2(\omega,t,.)$ de ses coordonnées. Les processus φ^{d_1} et ψ^{d_2} définis respectivement par :

$\varphi^{d_1}(\omega,t) = \varphi(\omega,t,d_1(\omega,t))$ et $\psi^{d_2}(\omega,t,y) = \psi(\omega,t,y,d_2(\omega,t,y))$

sont respectivement $\underline{\underline{P}}$ et $\underline{\underline{\widetilde{P}}}$ –mesurables

(3.20.2.) On suppose qu'il existe un processus prévisible Φ appartenant à $\underline{\underline{L}}^1(\underline{\underline{M}})$ tel que pour tout $d_1(.,.)$ de $\underline{\underline{P}}$,

$$|\varphi^{d_1}| \le |\Phi| \qquad \text{P.p.s.}$$

(3.20.3.) et qu'il existe un processus Ψ $\underline{\underline{\widetilde{P}}}$-mesurable , de $\underline{\underline{G}}^1(\mu)$ tel que pour tout $d_2(.,.,.)$ $|(\mu-\nu)(\psi^{d_2} 1_{\{.\}})| \le |(\mu-\nu)(\Psi 1_{\{.\}})|$

REMARQUE: La condition (3.20.3.) traduit une condition de bornitude uniforme des sauts des intégrales stochastiques par rapport à $(\mu-\nu)$ des processus ψ^{d_2}. Elle peut paraître difficile à vérifier puisqu'elle ne porte pas directement sur les processus ψ^{d_2} . Nous verrons qu'elle se vérifie assez facilement dans les modèles classiques, des processus ponctuels d'une part, des processus de diffusion d'autre part car dans cette dernière situation la mesure μ est supposée quasi-continue à gauche et il suffit d'imposer alors que les processus ψ^{d_2} sont uniformément majorés.

Les conditions (3.20.2.) et (3.20.3.) impliquent que les processus φ^{d_1} et ψ^{d_2} appartiennent resp. à $\underline{\underline{L}}^1(\underline{\underline{M}})$ et $\underline{\underline{G}}^1(\mu)$. On peut donc définir les intégrales stochastiques ${}^t\varphi^{d_1}.\underline{\underline{M}}$ et $\psi^{d_2}.(\mu-\nu)$.

3.21. A tout contrôle $u = (d_1(.),d_2(.,.))$, nous associons la martingale uniformément intégrable,(en fait dans $\underline{\underline{H}}^1$ d'après les hypothèses de bornitude faites sur φ et ψ.)

(3.21.1.) $\quad N^u = {}^t\varphi^{d_1}.\underline{\underline{M}} + \psi^{d_2}.(\mu-\nu)$

Les sauts de N^u valent $\Delta N^u = (\mu - \nu)(\phi^{d_2} 1_{\{.\}})$. Nous les supposons strictement minorés par -1.

Nous aurons parfois à faire l'hypothèse plus forte suivante:

(3.21.2.)   Il existe un processus optionnel $s(t)$, strictement positif tel que: pour tout contrôle u de $\mathcal{D}$ $\Delta N^u \geq s(.) > 0$

L'exponentielle $L^u = \mathcal{E}(N^u)$ est alors une surmartingale strictement positive.

DEFINITION: $\underline{\text{L'ensemble des contrôles admissibles est l'ensemble}}$ $\underline{\text{des processus prévisibles } u = (d_1(.), d_2(.,.)) \text{ à valeurs dans}}$ $\underline{U = D_1 \times E^{D_2} \text{ muni de sa tribu borélienne , tels que:}}$

$$(\mu - \nu)(\phi^{d_2} 1_{\{.\}}) + 1 > 0 \quad \text{P. p.s.}$$

$\underline{\text{et tels que l'exponentielle}} \quad L^u = \mathcal{E}(N^u) \quad , \underline{\text{arrêtée en } \zeta}$ $\underline{\text{soit une martingale uniformément intégrable.}}$

Nous nous ramenons ainsi à la situation décrite en 3.3 et 3.5. les conditions de compatibilité précisées en (3.5.1.)et (3.5.2.) et (3.5.3.) étant manifestement satisfaites.

REMARQUE: Nous reviendrons sur l'hypothèse d'uniforme intégrabilité des martingales exponentielles L^u . La littérature sur ce sujet est fort abondante et Jacod y consacre un chapitre dans son livre.([J] chap.VIII) . En particulier, si μ est quasi-continue à gauche, nous verrons que des conditions portant sur Φ et Ψ seulement assureront que cette hypothèse est satisfaite pour tous les contrôles.

3.22.   Comme nous l'avons annoncé, nous allons d'abord vérifier que l'hypothèse (HA) est vérifiée. Plus précisément:

THEOREME: $\underline{\text{Sous les hypothèses 3.20., et si de plus :}}$

- $\underline{\text{Il existe un processus optionnel } s(t) \text{ strictement positif,}}$ $\underline{\text{telque :}} \quad \Delta N^u + 1 \geq s(.) > 0 \quad \text{P.p.s.}$
- $\underline{\text{L'ensemble } \mathcal{A} \text{ des v.a. }} \quad L_\zeta^u, \ u \in \mathcal{D} \ \underline{\text{est uniformément}}$ $\underline{\text{intégrable.}}$

$\underline{\text{L'ensemble } \mathcal{A} \text{ est faiblement relativement compact, et son adhéren-}}$ $\underline{\text{ce est formée de v.a. strictement positives.}}$

En d'autres termes, l'hypothèse (HA) est satisfaite.

Les ensembles relativement compacts pour la topologie $\sigma(L_1, L_\infty)$ étant les ensembles de v.a. uniformément intégrables, ce théorème est une conséquence immédiate du beau résultat suivant du à Yor,([Y1]) dans le cas des intégrales stochastiques par rapport à une martingale locale et que les résultats de [J] permettent de généraliser aux intégrales stochastiques par rapport aux mesures aléatoires. Soulignons que pour l'établir, aucun théorème de représentation de martingales n'est nécessaire, contrairement aux premières démonstrations de cette propriété que l'on peut trouver dans la littérature sur le contrôle, par exemple ([D1]) ou ([D3]).

3.23. THEOREME: <u>Nous désignons par $\mathcal{E}$ l'ensemble des martingales exponentielles de la forme $\mathcal{E}(N)$, où N est une intégrale stochastique:</u> $N = {}^t\varphi \cdot \underline{M} + \psi.(\mu-\nu)$ <u>,où les processus φ sont prévisibles à valeurs dans R^n, majorés uniformément par un processus Φ de $\underline{L}_1(M)$ et les processus $\psi \ \widetilde{\underline{P}}$-mesurables; on suppose qu'il existe un processus Ψ de $\underline{G}_1(\mu)$ tel que :</u>

$$|(\mu-\nu)(\psi \ 1_{\{.\}})| \leq |(\mu-\nu)(\Psi \ 1_{\{.\}})| \quad \text{P.p.s.}$$

<u>On suppose aussi qu'il existe un processus optionnel s(.), strictement positif tel que:</u> $1 + (\mu-\nu)(\psi 1_{\{.\}}) \geq s(.) > 0$ P. p.s.

L'ensemble des v.a. terminales $\mathcal{E}_{\infty}$ des éléments de $\mathcal{E}$ <u>est un sous-ensemble convexe fermé dans L^1 pour les topologies faibles et fortes.</u>

La preuve du théorème s'établit en plusieurs étapes. On établit d'abord le caractère convexe de $\mathcal{E}_{\infty}$.

3.24. LEMME: <u>L'ensemble $\mathcal{E}_{\infty}$ est convexe.</u>

PREUVE: On désigne par $\mathcal{U} = \{(\varphi,\psi) \in \underline{P} \times \widetilde{\underline{P}}$ tels que $|\varphi| \leq \Phi$, et $1 + (\mu-\nu)(\psi 1_{\{.\}}) \geq s(.) > 0$, $|(\mu-\nu)(\psi 1_{\{.\}})| \leq |(\mu-\nu)(\Psi 1_{\{.\}})|$ $\}$ Considérons (φ^1,ψ^1) et (φ^2,ψ^2) deux éléments de $\mathcal{U}$ et $\alpha \in]0,1[$. Si $L = \alpha \ \mathcal{E}(N^1) + (1-\alpha) \ \mathcal{E}(N^2)$, L est une martingale locale strictement positive qui satisfait donc à :

$$L = 1 + L_- \cdot (1/L_- \cdot L) = 1 + L_- \cdot ({}^t\varphi^* \cdot \underline{M} + \psi^*.(\mu-\nu)) \qquad \text{où}$$

où $\quad \varphi^* = 1/L_-[\alpha\varphi^1\, \mathcal{E}(N^1)_- + (1-\alpha)\,\varphi^2\,\mathcal{E}(N^2)_-]$

$\qquad \psi^* = 1/L_-[\alpha\,\psi^1\,\mathcal{E}(N^1)_- + (1-\alpha)\,\psi^2\,\mathcal{E}(N^2)_-]$

On vérifie facilement que les processus φ^* et ψ^* appartiennent à l'ensemble $\mathcal{U}$. $\qquad\qquad$ CQFD.

3.25. $\qquad$ PREUVE du théorème 3.23.

Le caractère convexe de $\mathcal{E}_{oo}$ permet de n'établir le théorème que dans le cas de la fermeture forte, qui coïncide avec la fermeture faible.

Nous considérons donc une suite $L(n) = \mathcal{E}(N(n))$ de martingales de $\mathcal{E}$, dont les v.a. terminales convergent dans L^1 vers une v.a. H_{oo}. Nous désignons par $H.$ la martingale associée.

$\qquad$ Yor a montré, (nous suivons l'exposé de son résultat dans ([J] p122.)) qu'il existe une suite T_m de t.a. tendant en croissant vers $+oo$ p.s. et une sous-suite n_k d'entiers tels que: pour tout m, les martingales $L(n_k)^{T_m}$ appartiennent à $\underline{H}^1$ et convergent vers H^{T_m} dans $\underline{H}^1$ de manière uniforme au sens où:

(3.25.1.) $\quad \sup_{t<T_m} |L(n_k)_t - H_t| \leq m \qquad$ pour tout k.

Dans toute la suite nous désignerons cette sous-suite par $L(n)$, et les martingales $L(n)^{T_m}$ par $L(n,m)$.

Ces martingales étant des intégrales stochastiques par rapport à $\underline{M}$ et $(\mu-\nu)$, il en est de même de leur limite, car les espaces d'intégrales stochastiques sont fermés dans $\underline{H}^1$. ([J]p.143 et p.134.) Il existe donc des processus g et G, $\underline{P}$ et $\widetilde{\underline{P}}$-mesurables tels que:

(3.25.2.) $\quad H^{T_m} = 1 + {}^t g \cdot \underline{M}^{T_m} + G.(\mu-\nu)^{T_m}$

(3.25.3.) $\quad$ avec $g = \lim_n L(n)_- \varphi(n) \qquad$ dans $\underline{L}^1(\underline{M}^{T_m})$

$\qquad\qquad$ et $(\mu-\nu)(G1_{\{.\}}) = \lim_n L(n)_- (\mu-\nu)(\psi(n)1_{\{.\}})$ p.s.

(quitte à ne considérer qu'une sous-suite.)

D'après (3.25.1.) les processus $L(n)_-$ sont uniformément bornés en n sur $[0,T_m]$, de même que par hypothèse les processus $\varphi(n)$ et $(\mu-\nu)(\psi(n)1_{\{.\}})$. Le théorème de Lebesgue dominé pour les intégrales stochastiques montre qu'on peut remplacer $L(n)_-$ dans les expressions (3.25.3) par sa limite H_-. Il vient alors:

(3.25.4.) $\quad g = H_-^{T_m} \lim_n \varphi(n)$ et $(\mu-\nu)(G1_{\{.\}}) = H_-^{T_m} \lim_n (\mu-\nu)(\psi(n)1_{\{.\}})$

Posant $\varphi^* = \liminf \varphi(n)$ et $\widetilde{\psi}^* = \lim_n (\mu-\nu)(\psi(n)1_{\{.\}})$, ceci s'écrit

encore $g = \underline{H}^T_m . \varphi^*$ et $(\mu-\nu)(G1_{\{.\}}) = \underline{H}^T_m . \widetilde{\psi}^*$.

Pour revenir à G connaissant $\widetilde{G} = (\mu-\nu)(G1_{\{.\}})$, il suffit de

remarquer en suivant ([J] p.103) que :

$$G = \widetilde{G} + (1/1-a) \ \nu(\widetilde{G}) \ 1_{\{a <1\}} \qquad \text{où } a = \nu(1_{\{.\}})$$

Si nous définissons ψ^* à partir de $\widetilde{\psi}^*$ de la même manière, nous

voyons que $\underline{H}^T_m$ est solution de l'équation stochastique

$$\underline{H}^T_m = 1 + \underline{H}^T_m . (^t\varphi^* . \underline{M}^T_m + \psi^*.(\mu-\nu)^T_m)$$

C'est donc une martingale exponentielle, strictement positive

car les sauts de la partie purement discontinue de la martingale

dont on considère l'exponentielle valent $\widetilde{\psi}^*$ par construction

et sont donc minorés par $s(.) - 1$.

D'autre part le procédé de construction montre clairement que:

$$|\varphi^*| \leq \Phi \quad \text{et que} \quad |\widetilde{\psi}^*| \leq |(\mu-\nu)(\Psi 1_{\{.\}})| \qquad \text{P. p.s.}$$

L'ensemble $\mathcal{C}$ est donc bien fermé dans $\underline{H}^1_{loc}$. CQFD.

ETUDE DES HAMILTONIENS

Dans tout ce paragraphe, nous supposons que les hypothèses

(3.20. , 3.21. , 3.22.) sont satisfaites. Nous venons de voir

que la condition (HA) est aussi vérifiée.

Il nous reste à préciser la forme de la fonction de perte, puis

celle des processus croissants Σ^u associés, pour établir ensuite

que sous des hypothèses de dépendance continue des coefficients

par rapport aux contrôles, il en existe un plus petit que tous

les autres.

3.26.   Nous supposons que le coût est également fortement dominé

c'est à dire qu'il peut s'écrire :

(3.26.1.) $C^u = c_1(.,d_1(.)) . K + c_2(.,.,d_2(.,.)) * \mu$

où K est un processus croissant prévisible

$c_1(\omega,t,d_1)$ est un processus $\underline{\underline{P}} \times \underline{\underline{D}}_1$, majoré en module par un

processus γ_1 prévisible.

$c_2(\omega,t,y,d_2(y))$ est $\widetilde{\underline{\underline{P}}} \times \underline{\underline{E}}^D2$-mesurable et borné par un processus

$\gamma_2 \overset{\sim}{\underset{=}{P}}$-mesurable pour tout $d_2(y)$.

(3.26.2.) Désignant par C^* le processus croissant $\gamma_1 * K + \gamma_2 * \mu$ nous supposons que pour tout u de $\mathcal{D}$, le potentiel $E^u[C^*_\zeta - C^*_{S/\underset{=}{F}_S}]$ est uniformément borné en S et u

3.27   Nous proposons de donner, dans le modèle fortement domi-né que nous venons de décrire, la forme des processus Σ^u intro-duits au théorème 3.10 et qui jouent un rôle fondamental dans la résolution du problème d'optimalité. Rappelons que ce sont les processus croissants associés, sous P^u , à la semimartingale $C^u + W$.

THEOREME: **Sous les hypothèses précédentes, la semimartingale W est bornée et associée à un processus à variation finie prévisi-ble, S , sous la probabilité P.**

De plus, il existe :   – **un processus prévisible w à valeurs dans R^n**

                 – **un processus $\overset{\sim}{\underset{=}{P}}$-mesurable $\tilde{w}$**

                 – **un processus prévisible $w^* = {}^P(\Delta W 1_{S^c \cap J})/1 - a$**

tels que , si nous désignons par $\delta\psi^{d_2}$ le processus

$$\delta\psi^{d_2}(\omega,t,y) = \psi^{d_2}(\omega,t,y) - \nu(\psi^{d_2}1_{\{\cdot\}})(\omega,t)$$

(3.27.1.) $a(\omega,t) = 1 - \delta 1 = \nu(1_{\{\cdot\}})(\omega,t)$

(3.27.2.) $\Sigma^u = S + c_1^{d_1} * K + ({}^t\varphi^{d_1} . a w) . A$
                     $+ \nu[(\tilde{w} - w^*) \delta\psi^{d_2} + c_2^{d_2}(1 + \delta\psi^{d_2})]$

Ce que nous pouvons encore écrire sous la forme :

(3.27.3.) $\Sigma^u = [h_1^{d_1} + \alpha_3 n(h_2^{d_2})] . B$

où B est le processus croissant prévisible $B = S + K + A + \tilde{A}$ et où on a repris la décomposition de ν en $n(\omega,t,dy) . d\tilde{A}_t(\omega) . (3.16.)$ et posé $S = s . B$, $K = \alpha_1 . B$ $A = \alpha_2 . B$ $\tilde{A} = \alpha_3 . B$

(3.27.4) $h_1^d = s + \alpha_1 c_1^{d_1} + \alpha_2 ({}^t\varphi^{d_1} . a w)$

(3.37.5) $h_2^d = (\tilde{w} - w^*) \delta\psi^{d_2} + c_2^{d_2} (1 + \delta\psi^{d_2})$

PREUVE : Le théorème 3.10. montre que Σ^u est aussi le processus croissant prévisible associé, sous P, à la sousmartingale

$$J^u = C^u + W + [C^u + W , N^u]$$

Mais W est associé à S qui est prévisible. Il suffit donc de préciser la projection duale prévisible du processus à variation finie $B^u = C^u + S + [C^u + W, N^u]$, dont la partie continue $B^{u,c}$ est égale à $B^{u,c} = C^{u,c} + S^c + \langle W-S, N^{u,c} \rangle$ et la partie purement discontinue à

$$B^{u,d} = C^{u,d} + S^d + \Sigma (\Delta W + \Delta C^u) \Delta N^u$$

Nous étudions séparément chacun des deux termes.

a) Le processus $B^{u,c}$ est continu donc prévisible. Il suffit d'expliciter le crochet $\langle W-S, N^{u,c} \rangle$, en notant qu'il existe un processus vectoriel prévisible w tel que pour tout φ de $\underline{L}^1(\underline{M})$, $\langle W-S, {}^t\varphi. \underline{M} \rangle = {}^t\varphi . a\, w * A$
Si la matrice a est diagonale, il s'agit du vecteur des densités de $\langle W-S, M^i \rangle$ par rapport à A. Dans le cas général, l'intégrale stochastique ${}^t w . \underline{M}$ est la projection de la martingale W-S sur le sous-espace stable engendré par $\underline{M}$. Rappelons que tout étant continu, nous travaillons avec des processus localement de carré intégrables .

Il vient alors facilement que:
$$B^{u,c} = c_1^{d_1} . K^c + S^c + {}^t\varphi^{d_1} .a\, w * A$$

b) Pour étudier le deuxième terme, il suffit de préciser les paramètres de la projection duale prévisible du processus à variation localement intégrable , $\widetilde{B} = \Sigma (\Delta W + \Delta C^u) \Delta N^u + \Delta C^u$ en séparant ce qui se passe sur S et sur son complémentaire. Dans le calcul de la projection duale prévisible de $1_S * \widetilde{B}$, on peut remplacer ΔW par son espérance conditionnelle sur la tribu $\underline{\widetilde{P}}$ par rapport à la mesure $M_\mu(H) = E[\mu(H)]$, que nous désignons par $\widetilde{w}$ ([J] p.76 et 103.)
Les deux processus $1_S \widetilde{B}$ et $\mu[(\widetilde{w} + c_2^{d_2}) \delta\phi^{d_2} + c_2^{d_2}]$, où on a posé $\delta\phi^{d_2} = \phi^{d_1} - \nu(\phi^{d_2} 1_{\{.\}})$, ont même projection duale prévisible $\nu[(\widetilde{w} + c_2^{d_2}) \delta\phi^{d_2} + c_2^{d_1}]$.
D'autre part $1_{S^c} * \widetilde{B} = - \Sigma \Delta W \nu(\phi^{d_2} 1_{\{.\}}) 1_{S^c \cap J}$ est un processus à variation intégrable, dont la projection duale prévisible est égale à $-\Sigma {}^P(\Delta W\, 1_{S^c \cap J}) \nu(\phi^{d_2} 1_{\{.\}})$.

mais $\nu(\psi^{d_2} 1_{\{.\}}) = \nu(\delta\psi^{d_2} 1_{\{.\}})$ $1/1-a$ comme on le vérifie

facilement, ce qui permet d'écrire $(1_S c * \tilde{B})^p$ sous la forme

$- \nu(w* \delta\psi^{d_2})$. Regroupant les différents termes, nous établis-

sons (3.27.2.) . Les autres relations sont évidentes.   CQFD.

3.28.   Nous pouvons préciser encore un peu la dépendance des pro-

cessus Σ^u par rapport aux contrôles

DEFINITION: <u>Les fonctions définies sur</u> $\Omega \times R^+ \times D_1 \times R^n$ <u>et sur</u>

$\Omega \times R^+ \times E \times D_2 \times R$ <u>et mesurables,</u>

(3.28.1.) $H_1(\omega,t,d_1,p) = s(\omega,t) + \alpha_1(\omega,t) \, c_1(\omega,t,d_1) +$
$$\alpha_2(\omega,t) \, {}^t\varphi(\omega,t,d_1) \cdot p$$

(3.28.2.) $H_2(\omega,t,y,d_2,q) = \delta\psi^{d_2}(\omega,t,y) \, q + c_2(\omega,t,y,d_2)(1 + \delta\psi^{d_2}(\omega,t,y))$

<u>s'appellent</u> <u>les hamiltoniens associés au problème de contrôle</u> .

<u>Ils sont liés aux processus</u> $h_1^{d_1}$ <u>et</u> $h_2^{d_2}$ <u>introduits en</u> (3.27.) <u>par:</u>

(3.28.3.) $h_1^{d_1} = H_1(.,.,d_1(.),p*(.))$ où $p* = a \, w$

(3.28.4.) $h_2^{d_2} = H_2(.,.,.,d_2(.,.,.),q*(.,.,.))$ où $q* = \tilde{w} - w*$

REMARQUE: L'hamiltonien H_2 dépend du contrôle d_2 par l'inter-

médiaire du processus $\delta\psi^{d_2}$. C'est donc sur ce processus que nous

serons amenés à faire les hypothèses de régularité nécessaires pour

pouvoir conclure. Rappelons toutefois que $\delta\psi$ et ψ sont liés par

la relation : $\psi = \delta\psi + \nu(\delta\psi \, 1_{\{.\}}) \, {}^1/_{1-a}$

UN.RESULTAT D'EXISTENCE

3.29.   Il nous reste à faire des hypothèses de continuité pour

pouvoir conclure.

HYPOTHESE: - <u>Les fonctions</u> $c_1(.,.,d_1)$ et $\varphi(.,.,d_1)$ <u>sont continues</u>

          <u>en</u> d_1 .

       - <u>Les fonctions</u> $c_2(.,.,.,d_2)$ <u>et</u> $\delta\psi(.,.,.,d_2)$ <u>sont con-</u>

          <u>tinues en</u> d_2 .

       - <u>Les hamiltoniens</u> H_1 et H_2 <u>atteignent leur mini-</u>

          <u>mum sur</u> D_1 <u>et</u> D_2 . (<u>Il suffit par exemple que</u> D_1 <u>et</u>

          D_2 <u>soient compacts.</u>)

Nous désignons par $H_1^*(\omega,t,p) = \inf_{d_1} H_1(\omega,t,d_1,p)$

et par $H_2^*(\omega,t,y,q) = \inf_{d_2} H_2(\omega,t,y,d_2,q)$

REMARQUE: La continuité en d_1, resp d_2, de ces hamiltoniens assure que les fonctions H_1^* et H_2^* ont les mêmes propriétés de mesurabilité en (ω,t,p)(resp.(ω,t,y,q)) que les fonctions H_1 et H_2 , car l'inf est alors atteint le long d'une suite dénombrable.

3.30   Le problème dans un premier temps est de choisir une fonction mesurable en (ω,t,p)(resp.(ω,t,y,q)) qui réalise l'inf. Il sera ensuite aisé de construire un contrôle optimal en remplaçant p et q dans cette fonction par les processus p* ou q*. En d'autres termes, on cherche une section mesurable des ensembles

$A_1 = \{(\omega,t,d_1,p) \; ; \; H_1^*(\omega,t,p) = H_1(\omega,t,d_1,p) \}$

$A_2 = \{(\omega,t,y,d_2,q) \quad H_2^*(\omega,t,y,q) = H_2(\omega,t,y,d_2,q) \}$

Grâce aux hypothèses de continuité faites sur les coefficients nous pouvons utiliser le lemme suivant cité par Benès [B2] .

THEOREME: Soient (M, $\underline{M}$) un espace mesurable, F et V deux espaces métriques séparables, k(x,y) une application de M×V dans F, continue en y pour tout x, $\underline{M}$-mesurable en x pour tout y, z une application $\underline{M}$-mesurable à valeurs dans F telle que :

$\{(x,y) \; ; \; k(x,y) = z(x) \}$ ait une projection non vide, c.à.d.

$\{x \; ; \; \exists \, y \; k(x,y) = z(x) \}$ est non vide.

Il existe une application α, $\underline{M}$-mesurable telle que:

$$z(x) = k(x,\alpha(x))$$

REMARQUE: Si l'espace (M, $\underline{M}$) est muni d'une mesure positive, ce résultat serait valable sans l'hypothèse de continuité sur k , et α serait définie à un ensemble négligeable près. Il s'agit alors d'un théorème de section au sens de Dellacherie.([D6])

3.31.   THEOREME : Sous les hypothèses 3.20.,3.22.,3.28.,3.29., il existe un contrôle u* = $(d_1^*(.), d_2^*(.,.))$ qui minimise les processus Σ^u. Si de plus la martingale L^{u^*} est uniformément intégrable, ce contrôle admissible est optimal.

PREUVE: Nous désignons par $\delta_1(\omega,t,p)$ et $\delta_2(\omega,t,y,q)$ des applications mesurables qui d'après les hypothèses 3.29 et le théorème 3.30 réalisent l'inf des hamiltoniens, à savoir :

$$H_1^*(\omega,t,p) = H_1(\omega,t,\delta_1(\omega,t,p),p)$$
$$H_2^*(\omega,t,y,q) = H_2(\omega,t,y,\delta_2(\omega,t,y,q),q)$$

Le contrôle $d_1^*(\omega,t) = \delta_1(\omega,t,p^*(\omega,t))$ et
$$d_2^*(\omega,t,y) = \delta_2(\omega,t,y,\ q^*(\omega,t,y))$$

satisfait à la condition : $\Sigma^{u*} \leq \Sigma^u$ pour tout u de .
D'après le corollaire 3.13., si u* est admissible, donc en particulier si $L_\bullet^{u*}$ est une martingale uniformément intégrable,
c'est un contrôle optimal.

CONDITIONS D'UNIFORME INTEGRABILITE

3.32.   Afin de clôre cette étude, il nous reste à énoncer quelques critères d'uniforme intégrabilité pour les martingales
exponentielles $L^u = \mathscr{E}(N^u)$ portant sur les coefficients φ^u et ψ^u
et même parfois sur les coefficients Φ et Ψ , qui les majorent,
(3.20.2.) et (3.20.3.) .
Puis nous donnerons quelques conditions suffisantes pour que ces
martingales aient des v.a. terminales L_ζ^u de puissance $r\in]1,+\infty[$
uniformément intégrable.
Toutefois ces critères sont surtout cités à titre d'exemple et
le lecteur aura tout intérêt à consulter directement le chapitre
VIII de ([J]) qui fait le point sur la question, du moins en ce
qui concerne les premiers critères. Pour les seconds, il faut
lire ([L7]) qui est la seule étude que je connaisse sur ce sujet.

        Les notations et hypothèses sont celles du théorème 3.23.et 3.27.
Si φ est $\underline{P}$-mesurable et ψ $\widetilde{\underline{P}}$-mesurable , nous définissons
$$B(2,\varphi,\psi)^p = {}^t\varphi\ a\varphi\ .A + (\psi-\hat{\hat{\psi}})^2/1+|\psi-\hat{\psi}| * \nu + \Sigma (1-a)\ \hat{\psi}^2/1+|\hat{\psi}|$$
où $\hat{\psi} = \nu(\psi 1_{\{.\}})$ et $a = \hat{1} = \nu(1_{\{.\}})$
$C(\varphi,\gamma) = 1/2\ {}^t\varphi a\varphi.A + \Sigma\ Log(1+\gamma) - \gamma./1+\gamma.$ où γ est un
processus optionnel nul en dehors d'une infinité au plus dénom-
brable, c'est à dire nul en dehors d'un ensemble mince.
THEOREME: Supposons φ dans $\underline{L}^1(\underline{M})$ et ψ dans $\underline{G}^1(\mu)$ et posons
$N = {}^t\varphi\ .\ \underline{M} + \psi.\mu-\nu$.
Si le processus croissant $B(2,\varphi,\psi)^p$ est borné, la martingale

$\mathcal{E}(N)$ <u>est uniformément intégrable.</u>

- Si $\gamma = \Delta N = (\mu-\nu)(\psi 1_{\{.\}})$ et si $E[\exp C_{oo}(\varphi,\gamma)] < +\infty$
<u>la martingale</u> $\mathcal{E}(N)$ <u>est uniformément intégrable.</u>

REMARQUE: Le premier critère est dit prévisible borné, le second optionnel intégrable. Il est montré dans ([J]) qu'ils ne sont pas strictement équivalents.

Il ne s'agit en fait que de quelques-uns des critères cités dans ([J]), que nous avons retenus car ils permettent de ramener à des conditions portant sur Φ et Ψ le problème de l'uniforme intégrabilité des martingales L^u $u \in \mathcal{D}$.

3.33.   COROLLAIRE : <u>Nous supposons que le processus</u> $B(2,\Phi,\Psi)^p$ <u>est</u>

<u>borné, ou que le processus</u> $C(\Phi,\gamma)$ <u>où</u> $\gamma = |(\mu-\nu)(\Psi 1_{\{.\}})|$

<u>satisfait à</u> $E[\exp C_{oo}(\Phi,\gamma)] < +\infty$.

<u>Alors, pour tout u de</u> $\mathcal{D}$, <u>les martingales</u> L^u <u>sont uniformément</u>

<u>intégrables.</u>

PREUVE: La fonction $x^2/1+x$ étant croissante sur R^+, les conditions (3.20.2) et (3.20.3.) prouvent que :

$B(2,\Phi,\Psi)^p \geq B(2,\varphi^{d_1},\psi^{d_2})^p$ pour tout u de $\mathcal{D}$

On a aussi utilisé le fait que le processus $\Sigma (\Psi - \hat{\Psi})^2/1 + |\Psi - \hat{\Psi}|$ domine fortement tous les processus $\Sigma (\Delta N^u)^2 /1+|\Delta N^u|$.

Il en est donc de même de leur projection duale prévisible,

$B(2,\Phi,\Psi)^p - {}^t\Phi$ aΦ .A   et $B(2,\varphi^{d_1},\psi^{d_2}) - {}^t\varphi^{d_1}$ a φ . A .

On montre de même que $C_{oo}(\Phi,\gamma) \geq C_{oo}(\varphi^{d_1} , \Delta N^u)$ si $u \in \mathcal{D}$.

3.34.   Les critères d'appartenance à $\underline{\underline{L}}^r$ pour les v.a. terminales des martingales exponentielles sont un peu moins fins que les précédents. De plus, ils exigent souvent une condition sur les sauts des martingales considérées.

Les démonstrations de ([L7]) prouvent en général non seulement l'appartenance à $\underline{\underline{L}}^r$ mais également des majorations de $E[L^{u,r}_\zeta]$, qui nous permettrons d'établir l'intégrabilité uniforme de cette famille de v.a.

THEOREME: <u>Soit N une martingale.</u>

a) <u>S'il existe</u> $\delta > 0$, t.q. $\Delta N \geq -1 + \delta$ <u>et si</u> $[N,N]$ <u>est borné par C</u>

$$E[\mathcal{E}(N)^r] \leq \exp(r-1/r \cdot k\,C) \quad \underline{\text{avec}} \quad r = 1/(1-\delta/2)$$

b) Si $\Delta N \geq -1$ <u>et si</u> N <u>est uniformément intégrable, la condition</u>
$E[\exp r\,N_{oo}] < +oo$ <u>entraine que</u> $E[\mathcal{E}(N)^r] \leq E[\exp r N_{oo}] < +oo$
<u>Cette hypothèse est satisfaite en particulier si</u> $\Delta N \geq 0$ <u>et</u>
<u>si</u> $E[\exp 2r^2 [N,N]_{oo}]$ <u>est fini</u>, à cause de l'inégalité:
$$E[\exp r\,N_{oo}] \leq E[\exp 2\,r^2 [N,N]_{oo}]^{1/2}$$

c) <u>Si le crochet</u> $\langle N,N \rangle$ <u>existe et s'il existe</u> k>2 t.q.
$E[\exp k/2 \langle N,N\rangle_{oo}] < +oo$, $E[|\mathcal{E}(N)|^r_{oo}] \leq E[\exp k/2 \langle N,N\rangle_{oo}]^{1-r/2}$
où $r = 2k/k+2$

Si $\Delta N \geq 0$ <u>et si</u> $k\epsilon]1,4[$ <u>alors</u>
$$E[\mathcal{E}(N)^r_{oo}] \leq E[\exp k/2 \langle N,N\rangle_{oo}]^{1-r/\sqrt{k}} \qquad \text{et} \quad r = k/2\sqrt{k}-1$$

Nous pouvons là aussi essayer d'énoncer une condition sur Φ et Ψ pour que l'hypothèse d'intégrabilité uniforme de l'ensemble des v.a. terminales L^u_ζ soit satisfaite.

3.35. COROLLAIRE: <u>Sous les hypothèses ci-dessus.</u>

a) <u>Si le processus</u> s(.) <u>qui minore les sauts de</u> $1 + \Delta N^u$ <u>est minoré par</u> $\delta > 0$ <u>et si</u> $C = {}^t\Phi a\Phi.A + \Sigma\,(\mu-\nu)(\Psi 1_{\{.\}})^2$ <u>est borné</u>
<u>ou si</u> $E[\exp 2 r^2 C_{oo}] < +oo$ <u>et</u> s(.) ≥ 1

b) <u>Si la projection duale prévisible de</u> C <u>existe et si</u>
$E[\exp k/2\,C^p_{oo}] < +oo$ <u>pour</u> k>2 , <u>l'ensemble</u> $\{L^u_\zeta\,;\,u\epsilon\mathcal{D}\}$
<u>est uniformément intégrable</u> .

PREUVE: Le théorème 3.34. prouve que sous ces hypothèses, il existe r>1 t.q. $\sup_{u\epsilon\mathcal{D}} E[(L^u_\zeta)^r] < +oo$, ce qui d'après le lemme de Lavallée-Poussin ,([IR]p.38) entraine la propriété recherchée.

CONTROLE DE PROCESSUS PONCTUELS

La littérature sur ce problème est abondante. Citons quelques titres importants: [B7],[B11],[B12],[D2],[D3],[D5],[E3],[E4],[P2] [R1]. En suivant [D3] , nous présentons d'abord le cas du processus à un saut, nous plaçant ainsi dans la ligne de ([IR]p.239)et [C1]) qui traite en détail de ce processus , et généralisons ensuite.

3.36   Nous considérons un processus ponctuel à un saut ξ à l'instant T, à valeurs dans un espace lusinien $(E,\underline{E})$ et sa réalisation sur l'espace canonique :

$$\Omega = R^+ \times E \quad , \quad \underline{F}_{oo} = \underline{B}(R^+) \times \underline{E}$$

T désigne la projection de Ω sur R^+ et X le processus défini par: $X_t(\omega) = x_o$ si $t < T(\omega)$, $= \xi(\omega)$ si $t \geq T(\omega)$,où ξ est une v.a. à valeurs dans E.

On désigne par $\underline{F}_t^o$ la tribu engendrée par $(X_{t \wedge T}^-, t \wedge T)$. Toute v.a. $\underline{F}_t^o$ -mesurable est donc constante sur $t \leq T$.

Les tribus $\underline{F}_{t+}^o$ sont les tribus $\underline{F}_t^o$ rendues continues à droite, et lorsque une loi P est donnée sur Ω , $\underline{F}_t$ désigne la complétée de la manière habituelle de $\underline{F}_{t+}^o$ à l'aide des ensembles P-négligeables de $\underline{F}_{oo}$. Les processus prévisibles sont alors déterministes sur $[0,T]$.

3.37.   Nous munissons Ω d'une probabilité P et désignons par $F(t) = P(T>t)$. Nous supposons pour simplifier que $F(t) > 0$,sinon on travaillerait avec un temps de mort égal à $c = \inf\{ t; F(t) = 0\}$.

La mesure aléatoire $\mu = \varepsilon_{(T,\xi)}$ est optionnelle, σ-finie, et admet une projection duale prévisible ν de la forme :

$$(3.37.1.) \quad \nu(]0,t] \times A) = \int_{]0,t \wedge T]} n(s,A) \, d\Lambda_s$$

où $n(.,dy)$ est une mesure de transition de R^+ vers E et Λ un processus croissant réel, lié à F par la relation :

$$(3.37.2.) \quad d\Lambda = - 1/F_{s-} \, dF \quad \text{avec} \quad \Delta\Lambda < 1 \text{ car } F>0 \text{ et } n(.,1) = 1.$$

Il est montré dans ([D3]) et ([J]p.86) que le couple (n,Λ) détermine P de manière unique et que de plus, si Q est une probabilité sur Ω, absolument continue par rapport à P, n^Q et Λ^Q sont absolument continues par rapport à n et Λ , de densité $\beta(.,.)$ au sens où : si $\alpha(.) = n(.,\beta(.,.))$, $n^Q = \beta/\alpha \cdot n$ et $d\Lambda^Q = \alpha \cdot d\Lambda$.

La martingale $(dQ/dP)_{\underline{F}_t} = L_t$ est alors égale à :

$$(3.37.3.) \quad L_t = \beta(T,\xi) \, \exp{-\int_{[0,T]}(\alpha(s)-1)d\Lambda_s^c} \; \overparen{\prod_{s<T}}(1 + \gamma_s) \, 1_{\{T \leq t\}}$$
$$+ \, \exp{-\int_{[0,t]} (\alpha(s)-1) \, d\Lambda_s^c} \; \overparen{\prod_{s\leq t}}(1 + \gamma_s) \, 1_{\{T > t\}}$$

où $\gamma_s = (1-\alpha(s)\Delta\Delta_s) / (1-\Delta\Delta_s)$

3.38. **LEMME: L est une martingale exponentielle $\mathcal{E}(N)$ où**

$N = \psi \cdot \mu - \nu$ **et** $\psi(\omega,t,y) = \beta(t\Delta T(\omega),y) - 1 - \gamma(t\Delta T(\omega))$

PREUVE: D'après 3.4., si L est de la forme $\mathcal{E}(\overline{N})$, les sauts de L et de $\overline{N}$ sont liés par la relation $L = (1+\Delta\overline{N}) L_-$ et donc nécessairement $\Delta N = 1_{\{.<T\}} \gamma_. + 1_{[\![T]\!]}(\beta(T,\xi)-1)$,

Compte-tenu des égalités $n(.,1) = 1$ et $n(.\beta) = \alpha(.)$, on vérifie facilement que si ψ a la forme indiquée dans l'énoncé de ce lemme,

$$\Delta N = \psi(T,\xi) 1_{[\![T]\!]} - \Delta\Delta n(.,\psi) = 1_{[\![T]\!]}[\beta(T,\xi) - 1 - \gamma(T) - \Delta\Delta_T \alpha(T)$$
$$- \Delta\Delta_T(1+\gamma(T))]$$
$$+ 1_{\{.<T\}}[\Delta\Delta.(1+\gamma.) - \Delta\Delta.\alpha(.)]$$

$$= 1_{[\![T]\!]}(\beta(T,\xi)-1) + 1_{\{.<T\}}\gamma. = \Delta N$$

Les deux martingales purement discontinues $\overline{N}$ et N qui ont mêmes sauts sont donc égales.

3.39. Pour décrire les paramètres du contrôleur, nous supposons donnée une fonction β définie sur $\Omega \times E \times D$ à valeurs dans R^+ telle que :

(3.39.1) $0 < c_2 \leq \beta(s,y,d) \leq c_3$ et telle que pour tout application mesurable $d(.)$ de E dans D,

(3.39.2.) $\alpha(s,d) = \int n(s,dy) \beta(s,y,d(y)) \leq \inf(c_4, 1-\theta(s)/\Delta\Delta_s)$ où c_2 , c_3, c_4 sont des constantes et $\theta(.)$ une fonction strictement positive sur $\{\Delta\Delta > 0\}$.

Un contrôle est un processus de la forme $u(t) = d(t\Delta T, X_{t\Delta T})$ auquel on associe $\beta^u(t,y) = \beta(t,y,d(t,y))$

(3.39.3.) $\alpha^u(t) = \int n(t,dy) \beta^u(t,y)$

$\gamma^u(t) = (1 - \alpha^u(t)\Delta\Delta_t) /(1 -\Delta\Delta_t)$

On pose $\psi^u(\omega,t,y) = \beta^u(t\Delta T(\omega),y) - 1 - \gamma^u(t\Delta T(\omega))$

(3.39.4.) $N^u = \psi^u \cdot \mu - \nu$ $L^u = \mathcal{E}(N^u)$

Il est facile de vérifier que les hypothèses de bornitude faites sur les coefficients assurent que :

$1 + \Delta N^u = \beta^u(T_.,\xi) 1_{[\![T]\!]} + 1_{\{.<T\}}(1 + \gamma.)$ est strictement positif, et que les martingales N^u et L^u sont uniformément intégrables. De plus, toutes les martingales L^u sont manifestement majorées par

par KL^o , où L^o est la martingale exponentielle associée à

$\beta = c_2$. L'ensemble des v.a. terminales est alors majoré par une

v.a. intégrable. Il est donc uniformément intégrable.

Les hypothèses décrites dans le modèle fortement dominé sont

donc satisfaites.

Il reste à définir la fonction de coût, que nous supposons

de la forme:

$(3.39.5.) \quad C^u_\cdot = c(T,\xi,d(T,\xi)) \, 1_{\{T \le \cdot\}}$ \quad où c est borné et positif.

3.40. \qquad Dans ce modèle, les coûts conditionnels ont une forme

particuliérement simple.

LEMME: <u>Avec les notations du premier chapitre.</u>

$$W_t = 1_{\{t < T\}} \, w(t) \quad \text{où ; } w(t) = dF.\text{essinf } v(t,u)$$

<u>avec</u> $\quad v(t,u) = E^u[C^u_{T/T>t}]$

$$= 1/F^u_t \int_{]t,+\infty]} F^u_{s-} d\Lambda_s \int c(s,y,d(s,y))\beta^u(s,y)n(s,dy)$$

<u>et</u> $\quad F^u_t = \exp - \alpha^u \cdot \Lambda^c_t \quad \prod_{s \le t}(1 - \alpha^u_s \, \Delta\Lambda_s)$

PREUVE: Dans ce modèle canonique, on a:

$\Gamma^u_t = E^u[C^u_{\infty/\underset{\equiv t}{F}}] = 1_{\{T \le t\}} C^u_T + 1_{\{t < T\}} \quad v(t,u)$, car les v.a. de

$\underset{\equiv t}{F}$ sont constantes sur $\{t < T\}$.

La forme de $v(t,u)$ est une conséquence immédiate du fait que la

loi du couple (T,ξ) sous P^u est donnée par la probabilité

$- n^u(s,dy) \, dF^u$ \quad où $n^u = \beta^u/\alpha^u \cdot n$ et $dF^u_s/ F^u_{s-} = \alpha^u_s \cdot d\Lambda_s$

Il suffit ensuite d'écrire l'expression de $v(t,u)$ en tenant compte

de cette loi.

Il reste à prendre le P-essinf des processus $1_{\{\cdot < T\}} v(t,u)$, conti-

nus à droite en t. D'après l'appendice A2 , on obtient un

processus de la forme $1_{\{\cdot < T\}} w(t)$, où $w(t)$ est un inf dénom-

brable de fonctions $v(t,u)$.

Mais alors par définition d'un essinf de processus, on peut affir-

mer que $\{\omega, \exists t < T(\omega) \, v(t,u) < w(t) \}$ est P-evanescent , ou ce

que est équivalent que : $\{y, \exists t < y , v(t,u) < w(t) \}$ est dF-

evanescent. Mais cela entraine en particulier que le début de l'ensemble $\{ v(.,u) < w(.) \}$ est infini dF.p.s. car $F > 0$.

w(.) minore donc dF.p.s. tous les processus v(t,u). Or par ailleurs nous avons vu que w(.) était un inf dénombrable de telles fonctions. C'est donc le dF-essinf v(.,u).

REMARQUE: Le critère d'optimalité permet d'affirmer que s'il existe un contrôle qui réalise l'inf dans l'expression de W_t , il est optimal. Or il peut être facile de chercher à minimiser l'expression $\int c^u \beta^u n(.,dy)$, mais plus délicat de minimiser F_{s-}^u / F_t^u .

L'étude générale permet de se ramener à un problème de minimisation plus simple, et que l'on sait résoudre.

La version du théorème 3.27. adaptée au problème que nous envisageons ici est la suivante :

THEOREME: <u>Soit S le processus croissant prévisible associé à W.</u>

<u>Pour tout u de , le processus</u>

$$\Sigma_t^u = S_t + \int_0^{t \wedge T} d\Lambda_s [\int n(s,dy)[c(s,y,d(s,y))\beta^u(s,y) - w(s)(\alpha^u(s)-1)]]$$

<u>est un processus croissant.</u>

<u>Si toutes les fonctions qui interviennent dépendent continument de d , le contrôle d*(s,y) , qui satisfait à :</u>

$$[c_s^{u*} - w(s)] \beta_s^{u*} = \inf_{d \in D} [c(s,.,d) - w(s)] \beta^d(s,.)$$

<u>est un contrôle optimal.</u>

PREUVE: Rappelons que Σ^u est la projection duale prévisible du processus $B^u = C^u + S + [C^u + W, N^u]$.

Compte-tenu de la forme de C^u et de ΔN^u , cette expression se transforme en :

$$B_t^u = S_t + 1_{\{T \leq t\}} [C_T^u + (C_T^u - w(T-))(\beta_T^u - 1) - \Delta w(T) \gamma^u(T)]$$
$$+ \Sigma_{s \leq t \wedge T} \Delta w(s) \gamma^u(s)$$

dont la projection duale prévisible est égale à:

$$\Sigma_t^u = S_t + \Sigma_{s \leq t \wedge T} \Delta w(s) \gamma^u(s) + \int_0^{t \wedge T} d\Lambda_s \int n(s,dy)[c_s^u \beta_s^u - w(s-)(\alpha_s^u - 1) - \Delta w(s) \gamma^u(s)]$$

Compte-tenu de la forme de γ^u , nous voyons que:

$\Sigma_{s \leq t \wedge T} \Delta w(s)[\gamma^u(s) - \Delta\Lambda_s \gamma^u(s)] = 0$, ce qui prouve la forme de Σ^u .

Le critère d'optimalité prouve alors le caractère optimal de d* .

3.42.   Il reste , en suivant ([D3], [D5]) à étudier les processus ponctuels multivariés, sur lesquels on trouvera toutes les informations nécessaires dans ([J] p.83.)

On désigne par (T_n, ξ_n) les points de ce processus et par $G_{n+1}(dt,dy)$ la loi conditionnelle de (T_{n+1}, ξ_{n+1}) par rapport à la tribu engendrée par les v.a. (T_p, ξ_p) si $p \leq n$.

On suppose la **perte de la forme**

$$\Sigma_k r^k c_k[\omega_{k-1}, T_k, \xi_k, d(T_k, \xi_k)]$$

et on applique l'étude précédente à la loi $G_{n+1}(.,.)$ dans l'intervalle $]T_n, T_{n+1}]$, et on obtient de la même façon par recollement l'existence d'un contrôle optimal.

REMARQUE: L'hypothèse selon laquelle nous ne considérons que des probabilités équivalentes est assez restrictive dans la pratique mais fondamentale dans le point de vue adopté ici. Les travaux de [P2],[G3],[B7], montrent que dans le cas markovien, et sous des hypothèses fortes de régularité des coefficients, on peut se passer de cette hypothèse pour établir l'existence d'un contrôle optimal.

3.43.   Pour terminer, nous citerons un "exemple concret" , repris de ([D5]), qui illustre assez bien le genre de problème qu'on peut être amené à résoudre.

Un marchand des quatre saisons commence sa journée avec un stock de N ananas un peu trop mûrs, qui, s'ils ne sont pas vendus à la fin de la journée devront être jetés. Le marchand a la liberté de modifier ses prix continuellement, tout au long de la journée, ce qui a évidemment une influence sur le nombre de clients et leur désir d'acheter. Quelle doit être sa politique pour maximiser son revenu?

On peut modéliser ce problème à l'aide d'un processus ponctuel, en désignant par x_t le nombre d'objets en stock et

u_t le contrôle qui représente le prix par objet, $u_t \in [0,\bar{u}]$ où
$\bar{u}$ est le prix maximum acceptable. Nous supposons que les instants
d'arrivée des clients à l'échoppe suivent la loi d'un processus
ponctuel, d'intensité $l(t,u_t)$, qui dans un modèle simple peut
être supposée de la forme $l(t)(1 - \Phi(u_t))$, où $l(t)$ est la densité
d'arrivée des clients et $\Phi(u_t)$ la fraction qui s'en retourne
sans acheter. Les clients sont supposés acheter au plus M objets,
$M \leq N$, avec une propention à l'achat mesurée par une distribution
de probabilité dépendant de u, $(q_1(u), q_2(u),\ldots q_M(u)$) .
On dispose d'un coût terminal $d(x)$ si $x>0$, qui représente par
exemple le coût d'un voyage à la décharge.
On a donc un processus ponctuel à valeurs dans $E = \{1,2, \quad N\}$
dont les points (T_k, ξ_k) ont pour loi conditionnelle celle
associée à n_k , $dΛ^k$ définis par:
 pour $\xi_{k-1} \geq 1$, on pose $Λ^k(t) = t$ et

$$n_k(\omega_{k-1}, t, \{i\}) = 1/M \quad \text{pour} \quad i = \xi_{k-1}-1,\ldots,1 \vee (\xi_{k-1}-M)$$

$$n_k(\omega_{k-1}, t, \{0\}) = (M-\xi_{k-1}+1)/M \quad \text{si } M > \xi_{k-1}$$

$$= 0 \quad \text{sinon}$$

Si $\xi_{k-1} = 0$, on pose $Λ^k(t) = 0$ et n_k arbitraire.
Il reste à définir les densités $\alpha(t,u,\omega) = l(t,u_t(\omega))$
et $\beta(t,i,u,\omega) = M q_{x_{t-}-1})(u)$ si $i = x_{t-}-1,\ldots, 1 \vee x_{t-}-M$

$$\beta(t,0,u,\omega) = 1_{\{x_{t-} \leq M\}}(M / M-x_{t-}+1)(\Sigma_{x_{t-} \leq j \leq M} q_j(u))$$

qui permettent grâce aux formules précédentes de définir des
probabilités équivalentes à condition de supposer que $l(t,u)$
 et $q_i(u)$ sont minorés par un nombre strictement positif, ce qui
ici n'a rien d'absurde.

        Il reste à préciser la forme de la fonction de gain par
journée de T_f heures. Le revenu brut du commerçant est donné
par $R(u) = \Sigma_{s \leq T_f} - u_s \Delta x_s - d(x_{T_f})$.
Le problème est de trouver une politique de prix optimale, c'est
à dire qui minimise $E^u[-R(u)]$, que nous pouvons résoudre avec
les techniques que nous venons de décrire.

COMPARAISON DES PROBLEMES DE CONTROLE

3.44.   Nous revenons à l'étude générale faite dans le cas du modèle fortement dominé, et considérons deux ensembles de contrôles admissibles $\overline{\mathcal{D}}$ et $\mathcal{D}$ avec $\overline{\mathcal{D}} \subseteq \mathcal{D}$. Par exemple, $\overline{\mathcal{D}}$ est l'ensemble $\mathcal{D}_e$ des contrôles étagés de la forme $\Sigma \, \delta^i(T_n,..) \, 1\!\!1_{\rrbracket T_n, T_{n+1} \rrbracket}$.

Nous supposons les ensembles $\overline{\mathcal{D}}$ et $\mathcal{D}$ stables par bifurcation (1.6.)

Ils définissent ainsi deux problèmes de contrôle différents, auxquels on peut associer les fonctions de valeurs $\overline{W}$ et W.

Nous proposons d'énoncer des conditions suffisantes pour qu'elles soient indistinguables. Il convient de noter tout de suite que l'inclusion $\overline{\mathcal{D}} \subseteq \mathcal{D}$ implique que $\overline{W} \geq W$.

Pour établir la réciproque, sous des hypothèses supplémentaires bien sûr, nous utilisons la forme du processus $\overline{\Sigma}^u$ associé à $\overline{W}$ pour tout u de $\overline{\mathcal{D}}$ par le théorème 3.27.

PROPOSITION: <u>Il existe des processus $\overline{p}$ et $\overline{q}$,respectivement $\underset{=}{P}$ et $\underset{=}{\tilde{P}}$ -mesurables, tels que, pour tout u de $\overline{\mathcal{D}}$</u>

$$\overline{h}_1^{d_1} = H_1(.,..,d_1(.),\overline{p}(.,.)) \quad \text{et} \quad \overline{h}_2^{d_2} = H_2(.,..,.,d_2(.,..,.),\overline{q}(.,..,.))$$

et $\overline{\Sigma}^u = [\overline{h}_1^{d_1} + \alpha_3 n(\overline{h}_2^{d_2})]$. B <u>soit un processus croissant.</u>

Nous allons essayer d'étendre cette propriété à tous les éléments de $\mathcal{D}$. Pour ce faire, nous aurons besoin d'une majoration uniforme de $\overline{h}_2^{d_2}$, qui permette d'affirmer ensuite que $n(\overline{h}_2^{d_2})$ dépend continûment de d_2.

3.45.   **LEMME:** <u>Nous supposons que $c_2^{d_2}(1+\delta\phi^{d_2})$ est majoré uniformément en d_2 par un processus Ψ_2, positif, $\underset{=}{\tilde{P}}$ -mesurable et μ-intégrable.
et que $|\delta\phi^{d_2}|$ est majoré uniformément par un processus appartenant à $\underset{=}{G}(\mu)$, Ψ_1.
Le processus $H_2(.,..,d_2,\overline{q}(.,..,.))$ est majoré uniformément en d_2 par un processus $\underset{=}{\tilde{P}}$ -mesurable et ν-localement intégrable.</u>

PREUVE: Les hypothèses faites entrainent qu'il suffit en fait d'établir que $:(\overline{\tilde{w}} - \overline{w}^*)\delta\phi^{d_2}$ peut être majoré en module par un pro-

Pour établir ce résultat, nous utilisons les critères d'appartenance à $\underset{=}{G}_1(\mu)$, tels qu'on peut les trouver dans ([J]p.99).
Ils montrent en particulier que si $f(x) = x^2/_{1+|x|}$, les processus $f(\widetilde{w})$ et $f(\delta\phi^{d_2})$ sont localement ν-intégrables.
Mais ΔW étant borné, il en est de même des processus $\tilde{W}$ et $\overline{w}^*$.
Nous désignons par k un majorant ≥ 1 . Ceci entraine en particulier que $\tilde{w}^2$ est localement ν-intégrable.
Il reste à majorer :
$$|(\tilde{w}-\overline{w}^*)\delta\phi^{d_2}| \leq 1/2[\tilde{w}^2 + \overline{w}^{*2} + 4k \; f(\delta\phi^{d_2})] \leq K[\tilde{w}^2 + \overline{w}^{*2} + f(\Psi_1)]$$
Tous ces processus sont localement intégrables par rapport à ν.
CQFD.

3.46   THEOREME: <u>Nous supposons que les hypothèses de continuité de 3.29. sont satisfaites ainsi que les majorations du lemme</u> 3.45.
a) <u>Si l'ensemble $\overline{\mathcal{D}}$ contient les contrôles constants, la fonction de valeurs associée est identique à la fonction de valeurs portant sur l'ensemble des contrôles prévisibles admissibles, à valeurs dans</u> $D_1 \times D_2$, <u>c'est à dire ne dépend pas de</u> y.
b) <u>Si $\overline{\mathcal{D}}$ contient tous les contrôles de la forme</u> $(d_1,d_2(y))$ <u>et s'il existe une mesure m, sur E, positive et bornée telle que :</u> $n(\omega,t,dy) \ll m$
<u>la fonction de valeurs associée à $\overline{\mathcal{D}}$ coincide avec celle associée à tous les contrôles</u> $\underset{=}{P} \times \overset{\sim}{\underset{=}{P}}$ —<u>mesurables.</u>
REMARQUE: En lisant cet énoncé, il convient de ne pas oublier que par hypothèse, l'ensemble $\overline{\mathcal{D}}$ est stable par bifurcation, ce qui entraine en gros que, puisqu'il contient les contrôles constants il contient aussi les contrôles étagés du type de ceux évoqués en 3.44.
PREUVE: Le raisonnement est sensiblement le même dans les deux cas : nous nous proposons de montrer que sous ces hypothèses , pour tout contrôle u de $\mathcal{D}$ et non plus seulement de $\overline{\mathcal{D}}$, on peut définir un processus $\overline{\Sigma}^u$ de manière naturelle à partir de H_1 et H_2 comme dans la proposition 3.44. qui est encore un

processus croissant. Mais cette propriété est équivalente au fait que , pour tout u de $\mathcal{D}$, $C^u + \overline{W} + [C^u + \overline{W}, N^u]$ est une sous-martingale, ou ce qui est encore équivalent , $C^u + \overline{W}$ est une P^u-sous martingale pour tout u de $\mathcal{D}$. Le théorème 3.10 montre alors que $\overline{W}$ est nécessairement majorée par la fonction de valeurs W associée au problème $\mathcal{D}$, ce qui, compte-tenu de l'inégalité inverse qui est évidente prouve l'égalité.

a) Sous les hypothèses de a), il est clair , grâce à la majoration uniforme établie au lemme 3.45. que l'application $h_1^{d_1} + n(h_2^{d_2})$ est continue en d_1 et d_2 . Les espaces D_1 et D_2 étant supposés métriques séparables, on peut utiliser une suite dénombrable dense pour construire un ensemble N prévisible dB-négligeable, et tel que :

$\mathbf{V}(\omega,t) \notin N$, pour tous (d_1,d_2) , $h_1^{d_1}(\omega,t) + \alpha_3(\omega,t) \, n(\omega,t,h_2^{d_2}) \geq 0$.

Mais on peut alors remplacer dans cette expression d_1 et d_2 par des processus prévisibles sans en changer le signe, et c'est ce que l'on cherchait.

b) Dans le cas où les contrôles constants dépendent de y, il faut arriver à mettre une topologie métrisable et séparable sur les fonctions mesurables de E dans D_2, pour pouvoir faire le même genre d'opération. Ne pouvant y arriver directement, nous travaillons sur les classes de m-équivalence de telles fonctions que nous désignons par δ , munies de la distance $m(d(\delta^1,\delta^2)\wedge 1)$ où d est une distance sur D_2 . Nous leur associons des familles de processus $\phi(\omega,t,y,\delta)$ qui sont tous égaux v.p.s. à cause de l'hypothèse de domination. L'application $\delta \to \phi(\omega,t,y,\delta)$ est alors continue et on peut raisonner comme dans le cas a) .CQFD.

REMARQUE: Dans le cas a), les hamiltoniens à minimiser vont avoir une forme différente de celle décrite en (3.28.) si on veut ne pas devoir sortir de la classe des contrôles prévisibles. Il faut en particulier minimiser directement $n(h_2^{d_2})$, dont nous venons de montrer que c'est une fonction continue de d_2 . Sous les hypothèses de a), il existe donc un contrôle prévisible optimal.

LE CAS MARKOVIEN

3.47   Comme pour les problème d'arrêt optimal, l'étude des problèmes de contrôles continus a souvent été menée dans un cadre
markovien, où les données en particulier ne dépendent que de l'état
d'un processus de Markov. Le problème est là encore de savoir si
on peut trouver un contrôle optimal pour toute loi initiale, et
qui ne dépend que de l'état du processus.

Ce problème a souvent été abordé dans la littérature, mais sauf
dans de rares exceptions,([B4]), les démonstrations prouvant qu'
il existe une version de la fonction de valeurs markovienne,
c'est à dire associée à l'ensemble $\mathcal{D}_m$ des contrôles prévisibles
markoviens de la forme $(d_1(X_{t_-}),\ d_2(X_{t_-}))$ indépendante de la loi
initiale, sont   inexactes. L'erreur généralement commise consiste à admettre (sans démonstration) que le coût minimal conditionnel défini à partir de $\mathcal{D}_m$ est une sousmartingale, alors que
l'ensemble $\mathcal{D}_m$ n'est pas stable par bifurcation.

Ne pouvant travailler directement sur les contrôles markoviens, nous allons utiliser en suivant ([E2]) les contrôles étagés
prévisibles de la forme $\Sigma\ \delta_n^i\ 1_{]T_n,T_{n+1}]}$ et ramener la construction
de la fonction de valeurs associée, par des procédés itératifs
à celle associée à des problèmes d'arrêt optimal dépendant d'un
paramètre. Les techniques utilisées sont très proches de celles
du contrôle impulsionnel exposées en ([L4]) . Un lien certain
existe aussi avec la méthode des semi-groupes affines employées par
Nisio ,([N3]), méthode qui revient à utiliser des contrôles étagés
à des temps fixes. Mais cette classe n'est pas suffisamment riche
pour résoudre les problèmes du contrôle markovien, sauf sous des hy
pothèses de régularité très fortes.

3.48.   HYPOTHESES : Nous contrôlons l'évolution d'un processus droit à
valeurs dans un espace lusinien $(E, \underline{\underline{E}})$, $X = (\Omega, \underline{F}_t\ ,\ X_t,\ \theta_t,\ P_x)$
de durée de vie ζ. Nous désignons par $\overline{E}$ le compactifié de Ray-Knight

de E.

L'action du contrôleur se traduit par une modification de la loi de X en une probabilité P_x^u par rapport à laquelle le processus peut perdre son caractère markovien, mais qui reste équivalente à P_x .

Le modèle est le même que celui décrit en [3.20.→3.29.] mais on suppose de plus que:

- $\underline{M}$ est une martingale fonctionnelle additive continue par rapport à toute loi P_x . Ceci entraine que le processus croissant A est une fonctionnelle additive continue et que la matrice des densités prévisibles a est de la forme $a(X-)$.

- μ est une mesure aléatoire à valeurs entières, optionnelle, fonctionnelle additive. Sa projection duale prévisible ν est aussi une mesure fonctionnelle additive, qui se désagrège en $n(\omega,t,dy).d\tilde{A}$ où $\tilde{A}$ est une f.a. prévisible. Cette décomposition peut être choisie indépendante de la loi initiale.

- Le processus croissant K est une f.a. prévisible.

- Il existe des fonctions φ , c_1,(ψ , c_2) respectivement $\underline{E} \times \underline{D}_1$ ou $\underline{E} \times \underline{E} \times \underline{D}_2$ mesurables, et continues en d_1 ou d_2 .

Une politique de contrôle est un couple $u = (d_1(\omega,s), d_2(\omega,s,y))$ $\underline{P} \times \underline{\tilde{P}}$ -mesurable, à laquelle on associe les processus $\varphi^{d_1} = \varphi(X_-, d_1(.)), \psi^{d_2} = \psi(X_-,.,d_2(.,.))$ (resp $c_1^{d_1}$ et $c_2^{d_2}$) et on suppose φ et ψ, c_1 et c_2 suffisamment bornées pour que les hypothèses du modèle fortement dominé soient satisfaites. En particulier on désigne par $N^u = {}^t\varphi^{d_1} .\underline{M} + \psi^{d_2} \bullet(\mu-\nu)$ et par $L^u = \mathcal{E}(N^u)$.

Notons que sous la loi $P_x^u = L_\zeta^u . P_x$ le processus n'est plus markovien, sauf si les contrôles sont markoviens, c'est à dire de la forme $(d_1(X_-), d_2(X_-,y))$. On désigne par $V_C^u(x)$ le potentiel associé au processus croissant C^u , lorsque le contrôle u est non aléatoire.

CONSTRUCTION DE LA FONCTION DE VALEURS ASSOCIEE A DES CONTROLES ETAGES

3.49.   Il est clair que si la fonction de valeurs peut être choisie endépendamment de la loi initiale, elle peut s'écrire w(X.)
où $w(x) = \inf_{u \in \mathcal{D}_e} E^u_x[C^u_\zeta]$.

Pour établir la mesurabilité de w et ses propriétés, nous utilisons
une procédure de contrôle impulsionnel telle que celles décrites en ([L4]), en ne travaillant que sur des contrôles étagés,
c'est à dire de la forme:

$$d_i(.) = \delta^o_i 1_{\{o\}} + \Sigma_{0 \leqslant k \leqslant n} \delta^k_i 1_{]T_k,T_{k+1}]} \qquad T_o = 0 \text{ p.s.}$$

et $T_n = +\infty$ si $T_n > \zeta$,   et $\delta^k_i \in \underset{=}{F}_{T_k}$ ou $\underset{=}{F}_{T_k} \underset{=}{\times} E$

suivant que i = 1 ou 2.

Si u appartient à $\mathcal{D}_e$, c'est à dire de la forme que nous venons de
décrire, les v.a. C^u_ζ et N^u_ζ se décomposent en :

$$C^u_\zeta = \Sigma_{0 \leqslant k \leqslant +\infty} \int_{]T_k,T_{k+1}]} [c_1(X_{s-},\delta^k_1)dK_s + \int_E c_2(X_{s-},y,\delta^k_2(y)\,\mu(ds \times dy)]$$

$$N^u_\zeta = \Sigma_{0 \leqslant k \leqslant \infty}[\int_{]T_k,T_{k+1}]} \varphi(X_{s-},\delta^k_1)\,d\underline{M}_s + 1_{]T_k,T_{k+1}]}\psi(X_-,.,\delta^k_2(.))(\mu-\nu)$$

        Faire choix d'une politique de contrôle dans l'ensemble
des contrôles étagés, c'est donc déterminer des instants de sauts
$T_1,T_2,...T_n$, ainsi que l'amplitude des sauts $u^k =(\delta^k_1 , \delta^k_2)$.
Nous sommes donc exactement dans une procédure de contrôle impulsionnel, mais sans coût d'impulsion au sens où on ne paye aucun
coût spécifique lorsqu'on décide de sauter.

3.50.   La fonction de valeurs associée à $\mathcal{D}_e, W^e$, est construite par
approximation à partir de celle associée aux ensembles $\mathcal{D}_n$ des
contrôles étagés à n sauts,($T_{n+1} = +\infty$). Ces ensembles ne sont pas
stables par bifurcation,car en modifiant un contrôle à un t.a.
quelconque, on introduit en général un saut supplémentaire et
on construit ainsi un contrôle de $\mathcal{D}_{n+1}$, sauf si la bifurcation
a lieu à un instant de sauts des contrôles considérés.
DEFINITIONS: $\mathcal{D}_n$ désigne l'ensemble des contrôles étagés qui
ont n sauts au plus,($T_{n+1} = +\infty$).
$\mathcal{D}_n(v,S)$ désigne l'ensemble des contrôles de $\mathcal{D}_n$, qui valent

v en 0 et dont le premier saut a lieu à l'instant S, et

$$w_n(x) = \inf_{u \in \mathcal{D}_n} E_x^u[C_\zeta^u] .$$

REMARQUE: $w_1(x) = \inf_{(v,S)} \inf_{u \in \mathcal{D}_1(v,S)} E_x^v[C_S^v + v_C^{U(.)}(X_S)]$

où $U(.)$ représente u_S^+ .

Si on peut intervertir inf et espérance, il vient :

$$w_1(x) = \inf_{(v,S)} E_x^v[C_S^v + \inf_{u \in \mathcal{D}_0} v_C^u(X_S)]$$

Plus généralement, nous allons montrer que:

$$w_n(x) = \inf_{(v,S)} E_x^v[C_S^v + w_{n-1}(X_S)]$$

L'opérateur suivant va donc jouer un rôle fondamental:

3.51. DEFINITIONS: Pour toute fonction g universellement mesurable sur

$E \times U$, nous définissons :

$$Jg(x) = \inf_{(v,S)} E_x^v[C_S^v + e^{-\alpha S} g(X_S, v)]$$

et $mg(x) = \inf_v g(x,v)$

REMARQUE: L'opérateur J est construit à partir des réduites affi-
nes de g, $R_*^v g(x) = \inf_{S \geq 0} E_x^v[C_S^v + e^{-\alpha S} g(X_S, v)]$ pour les semi-
groupes P_t^v et de l'inf en v du résultat obtenu.

3.52.   Afin d'établir la mesurabilité en v des réduites ainsi cons-
truites, nous allons considérer v comme une v.a. d'état au même
titre que x. Pour cela, il est nécessaire que v appartienne à
un espace lusinien, ce qui est le cas si les contrôles $d_2(.)$
sont constants , ou si on peut munir l'ensemble des applications
mesurables de E dans D_2,(éventuellement leurs classes d'équivalence par rapport à une mesure bien choisie,(3.46.b))) d'une
structure d'espace lusinien. Nous supposerons donc toujours
que nous sommes dans l'une ou l'autre de ces situations.

     Nous allons rappeler quelques définitions et propriétés
des reduites, dans cette situation.

Nous posons $Q_t g(x,v) = P_t^v g(.,v)(x)$.

U étant lusinien, Q_t est manifestement un semi-groupe droit dont
une réalisation est donnée par le processus $\overline{X}_t = (X_t, U_0)$, où
U_0 est une v.a. constante à valeurs dans U.

Plus précisément, nous désignons par:

$\overline{\Omega} = \Omega \times U$, $\overline{F}_t = F \times U^*$, si U^* est la complétée universelle de U et par $\overline{X}_t(\omega,u) = (X_t(\omega), U_o(u))$.

A toute loi initiale λ sur $E \times U$, nous associons la probabilité sur $\overline{\Omega}$, $\overline{P}_\lambda$ définie par : $d\overline{P}_\lambda = \lambda(dx,dv) P_x^v \times \varepsilon_v$, où P_x^v est la probabilité sur Ω associée au processus droit de semi-groupe P_t^v .

Le théorème 2.76. permet alors de préciser les propriétés de mesurabilité des réduites considérées par rapport au semi-groupe, Q_t, ainsi que leur lien avec le problème envisagé ici.

3.53. PROPOSITION: Pour toute fonction g, bornée, et Ray-analytique (c'est-à-dire analytique par rapport au Q_t compactifié de Ray de $E \times U$) la fonction :
$$R^v g(x) = \sup_{S \geq 0} E_x^v [e^{-\alpha S} g(X_S, v)] = \sup_{\mu |-\varepsilon_{(x,v)}} \mu(g)$$
est Ray-analytique , et pour toute loi initiale λ sur $E \times U$ le processus $e^{-\alpha \cdot} R^v g(X.)$ est la $\overline{P}_\lambda$ -enveloppe de Snell du processus $e^{-\alpha \cdot} g(X.)$.

De plus, pour toute loi initiale λ sur E , on a , P_λ .p.s.
$$(3.53.1.) \quad \text{essup}_{S \geq T_n} E_\lambda^u [e^{-\alpha S} g(X_S, U_n)_{/F_{T_n}}] = e^{-\alpha T_n} R^{U_n} g(X_{T_n})$$
où u est un contrôle de $\mathcal{D}_n$, de dernier temps de saut T_n , et de valeur U_n, F_{T_n} -mesurable, en T_n.

PREUVE: La seule chose à vérifier d'après 2.76. est la relation (3.53.1.) , que nous allons établir sous forme intégrée.

Designons par $v(h) = E_\lambda^u [e^{-\alpha T_n} h(X_{T_n}, U_n)]$, et par $\mu_S(h)$ $E_\lambda^u [e^{-\alpha S} h(X_S, U_n); S \geq T_n]$.

Nous vérifions facilement que $\mu_S |- v$, car si $U^\alpha f(x,v) = U^{\alpha,v} f(.,v)(x)$
$$\mu_S(U^\alpha f) = E_\lambda^u [e^{-\alpha S} \int_{S}^{U_n} e^{-\alpha t} f(X_t, U_n) dt] = E_\lambda^u [\int_{[S,+\infty]} e^{-\alpha t} f(X_t, U_n) dt]$$
$$\leq v(U^\alpha f) \qquad \text{si f est positive.}$$

Mais nous avons établi au théorème 2.63. que cette inégalité est encore valable pour toute fonction α-fortement surmédiane par rapport au semi-groupe Q_t , ce qui entraine en particulier que:

$$\mu_S(g) \leq \mu_S(R^{\bullet}g(.)) \leq \nu(R^{\bullet}g(.)) \leq \sup_{S \geq T_n} E_{\lambda}^u[e^{-\alpha S}g(X_S, U_n)]$$

d'où l'égalité :

$$\nu(R^{\bullet}g(.)) = \sup_{S \geq T_n} \mu_S(g) \quad . \qquad \text{CQFD.}$$

Il reste à vérifier la mesurabilité des sup en v des fonctions ainsi définies. L'outil des fonctions analytiques est parfaitement adapté, comme nous l'avons déjà vu au chapitre II.

3.54. PROPOSITION: <u>Soit $h(x,v)$ une fonction Ray-analytique et bornée.</u>
<u>La fonction $Mh(x) = \sup_{v \in U} h(x,v)$ est Ray-analytique, et</u>
<u>pour toute mesure μ sur E, il existe $v(.)$, U-mesurable, telle que:</u>
$\mu.p.s.$ $\qquad Mh(x) \leq h(x,v(x)) + \varepsilon$
<u>En particulier, pour tout espace de probabilité $(W, \underline{G}, Q)$ complet,</u>
(3.54.1.) $\quad$ Q-essup$_{U \in \underline{G}} h(Z,U) = Mh(Z)$ <u>si Z est une v.a. $\underline{G}$-mesurable.</u>
PREUVE: La première partie de l'énoncé est une simple conséquence du théorème fondamental des fonctions analytiques, qui assure que le sup d'une famille de fonctions analytiques est analytique, (du moins sous les hypothèses de l'énoncé). Quant à l'existence de $v(.)$, il s'agit tout simplement d'un théorème de section.(2.57.) Reste à établir (3.54.1), après avoir noté que par définition $Mh(Z) \geq h(Z,U)$. Mais le théorème de section montre l'existence d'une suite $v_n(.)$ de fonctions U-mesurables telles que:
Q.p.s. $\quad Mh(Z) \leq h(Z,v_n(Z)) + 1/n \leq \text{essup}_{U \in \underline{G}} h(Z,U) + 1/n$
CQFD.
COROLLAIRE: <u>Pour toute fonction g Ray-analytique bornée, la</u>
<u>fonction $Jg(.)$ (3.51.) est Ray-analytique</u>.
PREUVE: Il suffit de remarquer que $h = V_C^{\bullet}(.) - g(.,.)$ est Ray-ananlytique, donc aussi $R^{\bullet}h(.)$ et que
$Jg = - M[-V_C^{\bullet}(.) + R^{\bullet}(V_C^{\bullet} - g(.,.))]$ pour conclure.

Les propositions 3.53. et 3.54 permettent d'établir aisément le petit lemme suivant, fondamental pour l'étude des fonctions de valeurs $w_n(.)$.

3.55. LEMME: <u>Pour tout contrôle u de $\mathfrak{D}_n$, de dernier temps de saut T_n</u>

$$P_\lambda^u.\text{p.s.} \quad e^{-\alpha T_n} Jg(X_{T_n}) = \text{essinf}_{S \geq T_n, v_n \in F_{T_n}} E_\lambda^v [C_S^v - C_{T_n}^v + e^{-\alpha S} g(X_S, v_n) /_{F_{T_n}}]$$

où **v** est le contrôle de $\mathcal{D}_{n+1}$ qui coincide avec u jusqu'en T_n et vaut V_n en S, qui est alors son dernier temps de saut.

Plus généralement:

THEOREME: Pour tout contrôle u de $\mathcal{D}$, nous désignons par $T_n(u)$ le temps du n-ième saut, et par $V_n(u)$ sa valeur.

Les puissances successives de J, $J^n g$, sont les fonctions de valeurs associées aux problèmes de contrôle $\mathcal{D}_n$, au sens où

$$J^n g(x) = \inf_{v \in \mathcal{D}_n} E_x^v [C_{T_n(v)}^v + e^{-\alpha T_n(v)} g(X_{T_n(v)})]$$

De plus,

(3.55.1.)
$$J^k g(X_{T_n(u)}) = P_\lambda\text{-essinf}_{\substack{v \in \mathcal{D}_{n+k} \\ v(.\Lambda T_n(u)) = u(.\Lambda T_n(u))}} E_\lambda^v [C_{T_{n+k}}^v (v) - C_{T_n}^v(u) + G_{n+k} /_{F_{T_n}}]$$

où
$$G_{n+k} = e^{-\alpha T_{n+k}(v)} g(X_{T_{n+k}}(v), V_{n+k}(v))$$

PREUVE: Il suffit d'appliquer le lemme précédent un certain nombre de fois, compte-tenu de ce que l'ensemble des contrôles étagés étant stable par bifurcation, on peut à chaque étape intervertir essinf et espérance conditionnelle.

Il reste à étudier le comportement de la suite $J^n g$ quand n tend vers +oo. Nous pouvons tout de suite remarquer que c'est une suite décroissante, car $Jg \leq g$, et bornée en module, qui converge donc vers une limite notée J^*g, dont nous précisons les propriétés.

3.56. THEOREME: Nous notons par J^*g la limite de la suite décroissante $J^n g$, pour toute fonction g Ray-analytique et bornée.

On a:

(3.56.1.) $\quad J^*g = J^*(mg)$

(3.56.2.) $\quad J^*(V_C^\bullet(.)) = \rho^*(.) = \inf_{u \in \mathcal{D}_e} E_x^u [C_\zeta^u]$

(3.56.3.) pour toute loi initiale λ et tout t.a.S. P_λ^u.p.s.
$$J^*g(X_S) = \text{essinf}_{u \in \mathcal{D}_e, T \geq S} E_\lambda^u [C_T^u - C_S^u + e^{-\alpha T} mg(X_T) /_{F_S}]$$

(3.56.4.) $\quad J^*g(x) = \inf_{v \in \mathcal{D}_e, T \in \underline{\underline{T}}} E_x^v [C_T^v + e^{-\alpha T} mg(X_T)]$

PREUVE: Pour établir la première relation, nous utilisons le fait que Jg est majoré par mg et les inégalités:

$$J^*g = \lim_n J^n(Jg) \leq \lim_n J^n(mg) \leq \lim_n J^n g$$

La seconde est une conséquence simple de la propriété de Markov et de l'égalité (3.55.1.)

Les dernières sont un peu moins immédiates. Nous notons d'abord que la relation (3.56.1) nous permet de ne considérer que des fonctions g indépendantes de v.

Mais d'après (3.55.1.) $J^n g(x) = \inf_{v \in \mathcal{D}_e, T \in \underline{T}, v^T \in \mathcal{D}_{n-1}} E_x^v[c_T^v + e^{-\alpha T} g(X_T)]$

car un contrôle de $\mathcal{D}$ considéré jusqu'à l'instant $T_n(v)$ est un contrôle étagé qui arrêté à cet instant appartient à $\mathcal{D}_{n-1}$.

La limite est alors aisée à préciser, car les ensembles $\mathcal{D}_n$ tendent en croissant vers $\mathcal{D}_e$. On démontrerait de même (3.56.3.)

3.57.   COROLLAIRE: <u>Pour toute loi initiale λ , le processus</u> $\rho^*(X_.)$ <u>est la fonction de valeurs associée au problème de contrôle consi-</u> <u>déré.</u>

La seule chose à vérifier est que le processus $\rho^*(X_.)$ est optionnel. Or le processus $e^{-\alpha .} \rho^*(X_.) - \rho^*(X_o)) + c^u o$ est une $P_\lambda^u o$-sous martingale qui tend vers $c_\zeta^u o - \rho^*(X_o)$ si $t \to \zeta$.

Ceci entraine que la fonction $v_c^u o - \rho^*(x)$ est α-excessive, car la sousmartingale que nous venons de décrire est continue à droite en espérance. Le processus $\rho^*(X_.)$ est donc $P_\lambda^u o$ continu à droite sur les trajectoires pour toute loi initiale λ , et cette propriété est vraie P_λ .p.s. car les probabilités sont équivalentes.

REMARQUE: La fonction J^*g est manifestement associée, d'après (3.56.4) , à un problème de contrôle mixte, portant à la fois sur le contrôle continu étagé u et sur l'instant d'arrêt T. Nous utiliserons ce résultat un peu plus loin dans la résolution de ce problème de contrôle.(3.65. et suivants.).

3.58.   Nous venons d'établir que la fonction de valeurs W_t est de la forme $e^{-\alpha .} \rho^*(X_.)$, et ceci quelque soit la loi initiale. Nous avons donc ainsi résolu la première partie du problème soulevé en 3.47. Il nous reste à montrer l'existence d'un contrôle markovien, indépendant de la loi initiale. Les contrôles markoviens ne sont évidemment pas des contrôles étagés, aussi nous devons d'abord faire référence au théorème de comparaison des fonctions de valeurs associées à des problèmes de contrôle différents pour pouvoir conclure que sous les hypothèses du théorème 3.46. la fonction de valeurs associée à des contrôles étagés est identique à celle associée à l'ensemble des contrôles prévisibles admissibles., prouvant ainsi que cette dernière est markovienne.

Les théorèmes 3.27 et 3.31 montrent ensuite que pour établir l'existence d'un contrôle markovien, il suffit de montrer d'abord que les hamiltoniens H_1 et H_2, (déf.3.28) ne dépendent que de l'état du processus, puis qu'il en est de même des processus p* et q*. Nous avons donc à préciser le caractère markovien des densités de fonctionnelles additives par rapport à une fonctionnelle additive de référence, coefficients $s(.), \alpha_1(.), \alpha_2(.)$ etc... ainsi que des paramètres intervenant dans la projection de la semi-martingale fonctionnelle additive, $\rho^*(X.) - \rho^*(X_o)$ sur le sous-espace stable engendré par $\underline{M}$ d'une part, $\mu-\nu$ de l'autre. Dans tous les cas, les résultats de ([C2] chap.3 et6) montrent que ceci ne sera vrai que si la fonctionnelle additive K est continue , et si la mesure μ est quasi-continue à gauche, ou ce qui est équivalent si $\widetilde{A}$ est continue.

On a alors le résultat suivant:

3.59.   THEOREME: <u>Nous supposons que les hypothèses de continuité de</u> <u>3.29 sont satisfaites, ainsi que les majorations de 3.45.</u> <u>Nous supposons de plus K,et $\widetilde{A}$ continues.</u>
<u>Alors</u>, a) <u>Si l'ensemble de contrôle est l'ensemble des processus</u> <u>sus prévisibles admissibles,$(d_1(.),d_2(.))$ dont la deuxième composante</u> <u>ne dépend pas de l'état ξ. du saut de μ,</u>
<u>b) Si l'ensemble de contrôle est l'ensemble des processus</u> $\underline{P} \times \widetilde{\underline{P}}$ <u>mesurables admissibles et si le noyau n(.,.,dy) est dominé</u> <u>par une mesure m positive sur E,</u>

il existe, dans le cas a) un contrôle $(d_1^*(X_-), d_2^*(X_-))$ optimal dans la classe des contrôles prévisibles dans le cas b) un contrôle $(d_1^*(X_-), d_2^*(X_-, y))$ optimal dans la classe des contrôles $\underline{P} \times \underset{\sim}{\underline{P}}$ -mesurables.

PREUVE: Les hypothèses faites montrent que le noyau $n(\omega, t, dy)$ admet une version de la forme $n(X_-, dy), ([C2].th 6.19.)$. De plus, le théorème 6.27 de $([C2])$ prouve que les processus $\widetilde{w}$ et w , (théorème 3.27.) sont de la forme $w(X_-)$ et $w(X_-, y)$. De plus, les fonctionnelles additives K et A étant continues les densités peuvent également être choisies de la forme $\alpha_1(X_-)$, $\alpha_2(X_-)$, (théorème 3.27.) d'après le célèbre théorème de Motoo, $([C2]th.3.55.)$. Réunissant toutes ces propriétés nous voyons que les hamiltoniens sont markoviens, ainsi que les processus p* et q*.

Pour conclure dans le cas a), nous utilisons la remarque 3.46. qui souligne que dans ce cas l'hamiltonien à minimiser est le processus $n(h_2^{d_2})$, qui dépend continûment de d_2 . Les hypothèses faites entrainent qu'il est de la forme $n(X_-, h_2(X_-, ., d_2))$ et donc qu'un contrôle optimal sera de la forme $d_2^*(X_-)$.

On procède de même pour minimiser l'hamiltonien dépendant de d_1. Dans le cas b), les hypothèses faites permettent de montrer que la fonction de valeurs associée aux contrôles prévisibles étagés dépendant du processus ξ. est la même que celle associée à tous les contrôles $\underline{P} \times \underline{P}$ -mesurables. Les hamiltoniens à minimiser sont ceux décrits en 3.28..Ils sont manifestement markoviens et le théorème 3.30 montre qu'un contrôle optimal peut être choisi markovien.

CONTROLE DE PROCESSUS DE DIFFUSION A SAUTS

3.60.   Un exemple très classique de contrôle en situation fortement dominée, telle que nous venons de décrire est le contrôle des

processus de diffusion à sauts à valeurs dans R^n. Mais le cadre
du modèle fortement dominé s'adapte aisément à l'étude de nombreux
autres problèmes de contrôle, markoviens ou non: contrôle de processus de réflexion, de processus de sauts ,etc .... dans lesquels
certaines martingales ou mesures-martingales jouent un rôle
prépondérant, mais aussi plus généralement dans le contrôle de
processus de Markov, pour lesquels on resterait dans le modèle
dominé.

La littérature sur le contrôle des diffusions est très abondante:
dans le cas continu, on peut se référer à:([B4],[B6],[D1],[D4],
[D10],[D12],[E5],[E6],[F1],[F2],[F3],[F4],[F5],[G3],[K1],[K2],[K3],
[K6],[K7],[N2],[N1],[N3],[P3]), et dans le cas avec sauts, à
([B7],[L3]).

LE PROBLEME DES MARTINGALES

3.61.   Soit Ω l'espace $D(R^+,R^n)$ des applications càdlag à valeurs
dans R^n, et $\underline{\underline{F}}^o_t$ la tribu engendrée par les coordonnées $X_s, s \leq t$.
Nous désignons par $a(.)$ une fonction définie sur R^n, à valeurs
dans l'ensemble des matrices carrées d'ordre n, symétriques positives et bornées.
$n(x,dy)$ est une mesure positive,σ-finie, sur $R^n - \{o\}$ telle que:
$n(x,y^2 \wedge 1)$ soit bornée.
Pour toute fonction de classe C^2 à support compact,$(\in C^2_K)$, on
désigne par f_{x_i} la dérivée partielle par rapport à x_i , et par
f_{x_i,x_j} la dérivée d'ordre 2 par rapport à x_i, x_j , et on
désigne par Lf l'opérateur intégro-différentiel ,
$$Lf = 1/2 \ \Sigma_{i,j} \ a_{i,j} \ f_{x_i,x_j} + \int [f(.+y) - f(.) - 1_{\{|y| \leq 1\}} \Sigma_i y_i f_{x_i}(.)] n(.,dy)$$
DEFINITION: Une probabilité P sur Ω est dite solution au problème
des martingales, associé à L , et partant de x à l'instant 0,
si $P(X_o = x) = 1$, et $f(X_.) - \int_o^. Lf(X_s)ds$ est une P-martingale
pour toute f de C^2_K .

Il est rappelé dans ([L3]) que cette condition de martingale est équivalente à la propriété suivante:

nous désignons par μ la mesure aléatoire à valeurs entières définie

par $\mu = \Sigma_s \, \varepsilon_{(s,\Delta X_s)}$ où ΔX représente le saut de X .

(3.61.1.) La P-projection duale prévisible de la mesure μ

est la mesure $\nu(dt,dy) = n(X_{t-},dy)\,ds$

(3.61.2) Le processus $\underline{M}. = X.-X_0 -\Sigma_{s\leq .}\Delta X_s \, 1_{\{|\Delta X_s|>1\}} - y1_{\{|y|\leq 1\}} \cdot \mu - \nu$

est une martingale locale continue de processus croissant $a(X.).t$.

3.62. LEMME: Soient φ un élément de $L^1_{=loc}(\underline{M})$ et ψ de $G^1_{=loc}(\mu)$ pour la probabilité P_λ . On pose $N = {}^t\varphi . \underline{M} + \psi . \mu - \nu$, et on suppose que $1 + \psi > 0$ et que $\mathcal{E}(N)$ est une martingale uniformément intégrable.

Si on définit sur $\underline{F}_\zeta$ $Q = L_\zeta.P$ où $L = \mathcal{E}(N)$ pour toute fonction $f \in C^2_K$, $f(X.) - \int_0^t L_{(\varphi,\psi)}f(X_s)\,ds$ est une Q-martingale locale si :

$$L_{(\varphi,\psi)}f = 1/2 \, \Sigma_{i,j} \, a_{ij} \, f_{x_i x_j} + \langle {}^t\varphi a + \int_{|u|\leq 1} u\psi(.,u)n(.,du), f_{x.} \rangle$$
$$+ \int [f(.+y)-f(.) - 1_{\{|y|\leq 1\}} \langle y, f_{x.}(.)\rangle (1 + \psi(.,y)) \, n(.,dy)$$

REMARQUE: On dit encore que Q est une solution au problème des martingales associé à $L_{(\varphi,\psi)}$, et on peut montrer que si P est l'unique solution associée à L , alors Q est l'unique solution associée à $L_{(\varphi,\psi)}$.

PREUVE: D'après la proposition 3.9., $f(X.)$ est une Q-semimartingale associée au même processus à variation finie prévisible que:

$Lf(X.). t + [f(X.),N]$ dont la projection duale prévisible est, d'après la formule d'Ito, égale à

$Lf(X.) . t + \langle \varphi, a \, \text{gradf}\rangle . t + (\Sigma \, \Delta f(X.)\Delta N.)^p$

Mais $(\Sigma\Delta f(X.)\Delta N.)^p = [\int n(X.,dy)[f(X.+y)-f(X.)] \psi(X.,y)] . t$

Il nous reste à regrouper ce dernier terme avec $Lf(X.) . t$

et à noter qu'à condition de séparer ce qui se passe pour le terme en $\text{gradf}(X.)$ sur $\{|y|\leq 1\}$ ou sur son complémentaire, on met facilement en evidence $L_{(\varphi,\psi)}f(X.) . t$. CQFD.

3.63. LE PROCESSUS CONTROLE

Les données de référence sont l'espace de probabilité canonique

$(\Omega, \underset{=t}{F^o}, X_t)$, l'opérateur intégro-différentiel L, et une famille de probabilités P_x , uniques solutions aux problèmes des martingales issus de x .

On se donne par ailleurs une v.a.ζ indépendante, de loi exponentielle de paramètre α. On sait alors que le terme $(\Omega, \underset{=t}{F^o}, X_t, P_x)$ considéré jusqu'en ζ seulement est un processus de Hunt.

μ et $\underline{M}$ sont les termes définis en (3.61.1.) et (3.61.2.) et $h(y) = |y|^2 \wedge 1$.

Les fonctions $\varphi(x,d_1)$, $c_1(x,d_1)$ sont supposées continues en d_1 et bornées uniformément en: d_1.

Les fonctions $\psi(x,y,d_2)$ et $c_2(x,y,d_2)$ sont supposées continues en d_2, définies pour $y \neq 0$, et majorées par:

$$0 < s_o < s(x,y) \leq 1 + \psi(x,y,d_2) \quad \text{et} \quad |\psi(x,y,d_2)|^2 \leq A\, h(y) \quad \text{si } y \neq 0.$$
$$|c_2(x,y,d_2)| \leq c_4\, h(y) \quad .$$

Comme dans le modèle fortement dominé, un contrôle est un processus $(d_1(s,\omega), d_2(s,\omega,y))$ auquel on associe les processus φ^u et ψ^u definis par :
$$\varphi^u(\omega,s) = \varphi(X_{s-}(\omega),d_1(\omega,s)) \quad \text{et} \quad \psi^u(\omega,s,y) = \psi(X_{s-}(\omega),y,d_2(\omega,s,y)).$$
On définit de même les processus c_1^u et c_2^u .

3.64. LEMME: Les martingales $L^u_{\cdot \wedge \zeta}$ sont uniformément intégrables et $\{ L^u_\zeta ; u \in \mathcal{D}\}$ est uniformément intégrable si α est assez grand.

REMARQUE: Nous n'avons pas chercher à énoncer les conditions minimales sur φ et ψ pour que ces deux propriétés soient satisfaites. On trouvera dans ([L3]) par exemple des conditions un peu plus faibles.

PREUVE: Nous appliquons les critères énoncés en 3.32.$\rightarrow$ 3.35. Le critère prévisible borné 3.32. montre que pour tout z, $L^u_{\cdot \wedge z}$ est une martingale uniformément intégrable. Il suffit ensuite d'intégrer en z suivant une loi exponentielle de paramètre α pour en déduire que $L^u_{\cdot \wedge \zeta}$ est aussi une martingale uniformément intégrable.

Ensuite, nous vérifions que sous les hypothèses faites, et avec les notations de 3.35.,

$$C_\zeta^p = k_1 \; (\text{trace } a(X.) \cdot t \;)_\zeta + k_2 \; (\; n(X.,h) \; , \; t \;)_\zeta \; \leq \; K \zeta$$

car par hypothèse les fonctions trace$a(.)$ et $n(.,h)$ sont bornées.

Par suite , $E_x[\exp k \; C_\zeta^p] \leq \int_{R^+} \alpha \; e^{-\alpha z} \; e^{kKz} \; dz = \alpha /_{\alpha - kK}$ si α est grand.

Notre modèle satisfait donc aux hypothèses du théorème 3.59. si

nous ne considérons que des contrôles prévisibles, et si

$n(.,dy)$ est dominé par une mesure m aux hypothèses faites dans

le cas général. Il existe donc un contrôle markovien optimal dans

chacune des deux situations considérées.

3.65.   REMARQUE: Le critère d'optimalité repose sur la décomposition de la

fonction de valeurs $\rho^*(X.)$, que nous connaissons explicitement

si elle est de claasse C^2, grâce à la formule d'Ito.

Avec les notations du théorème 3.27. on a alors $S = L\rho^*(X.) \cdot t$,

$w = \text{grad} \rho^*(X.)$ et $w = \rho^*(X._- + y) - \rho^*(X.)$

Sous de telles hypothèses, il est clair que ρ^* satisfait à

l'inéquation : (3.65.1.)   si la fonctionnelle additive K est égale à $t\Delta\zeta$,

$$\inf_{u = (d_1, d_2(.))} c_1(.,d_1) + \int n(.,dy) c_2(.,y,d_2)(1 + \psi(.,y,d_2(.,y)))$$
$$+ \; L_{(\varphi^u, \psi^u)}\rho^* - \alpha \; \rho^* = 0$$

Réciproquement, et c'est le point de vue adopté dans les méthodes

de résolution utilisant les inéquations variationnelles, s'il

existe une fonction ρ solution de l'inéquation (3.65.1.) ,

le processus $c_1^u * t\Delta\zeta + (c_2^u * \mu)_{t\Delta\zeta} + \rho(X_{t\Delta\zeta})$ est alors

manifestement une P^u-sousmartingale pour tout u, ce qui implique

d'après le théorème 3.10. que $\rho \leq \rho^*$.

Mais les hypothèses faites impliquant que l'inf est atteint dans

l'inégalités 3.65.1. pour un contrôle$(d_1^o(.), \; d_2^o(.,.)) = u_o$

ρ est donc de la forme $V_c^{u_o}$, fonction qui majore ρ^* par définition.

CONTROLE MIXTE

3.66.   L'exemple que nous traitons maintenant est un bon exercice

d'application des techniques mises en oeuvre tout au long de ces

trois chapitres. Il permet de résoudre dans un cadre très général un problème qui n'avait de solution pour le moment que dans le cadre des diffusions fortement fellériennes.([B5] , et [K3]).

Le problème est le suivant: le contrôleur agit sur la loi du processus de manière continue, tout en restant dans un modèle fortement dominé, et il doit faire choix à la fois d'un instant d'arrêt et d'une politique d'évolution qui optimisent un critère de la forme $C^u_. + Y_.$.

Plus précisément, nos notations et hypothèses sont celles du modèle fortement dominé. Nous les utilisons sans les rappeler, et nous nous donnons de plus un processus Y optionnel et borné, tel que :
$Y_{oo} = 0$.

On cherche donc un couple $(u*,T*)$ qui maximise

$$\hat{\Gamma}^{u,T} = E^u[C^u_T + Y_T] \qquad \text{où} \quad C^u \text{ représente le gain d'évolution}$$
$$\text{et } Y \text{ le gain d'arrêt.}$$

La loi P^u est régie par une martingale exponentielle du type $\mathcal{E}(N^u)$ décrit ci-dessus.

Nous allons montrer que pour résoudre ce problème, on peut se ramener à choisir d'abord le temps d'arrêt optimal $T*$, puis à résoudre ensuite un problème de contrôle continu du type de celui que nous venons d'exposer, à condition de travailler jusqu'au temps $T*$ seulement.

3.67.　　　　　L'étude repose évidemment sur le principe d'optimalité de Bellman

THEOREME: <u>Nous posons</u> $\hat{J}(S,u) = P.\text{esssup}_{v^S=u^S, T\geq S} E^v[C^v_T + Y_T{}_{/F_S}]$
i) $\hat{J}(S,u)$ <u>est un</u> P^u-<u>surmartingalsystème</u>
<u>qui se décompose en</u> $\hat{J}(S,u) = C^u_S + \hat{W}(S)$
ii) <u>Un contrôle</u> $(u*,T*)$ <u>est optimal si et seulement si</u>
　　-　$\hat{W}(T*) = Y_{T*}$ 　　p.s.
　　-　$\hat{J}(S\wedge T*,u*)$ <u>est un</u> P^{u*}-<u>martingalsystème.</u>

PREUVE: Il s'agit évidemment du principe d'optimalité décrit en 1.17.adapté à la situation qui nous intéresse. Nous utilisons évidemment que l'ensemble $\{\hat{\Gamma}(v,S,T); v^S = u^S , T \geq S\}$ est filtrant croissant , si $\hat{\Gamma}(v,S,T) = E^v[C^v_T + Y_T{}_{/F_S}]$.

La décomposition de $\hat{J}(S,u)$ en $C_S^u + \hat{W}(S)$ repose sur le fait que $\hat{\Gamma}(v,S,T)$ est indépendant de u, si $v^S = u^S$, c'est à dire ne dépend que des valeurs de v postérieures à S.

Le critère d'optimalité résulte alors, comme précédemment, de la série d'inégalités :

$$E^{u*}[\hat{J}(SAT*,u*)] = \sup_{v^{SAT*} = u*^{SAT*}} \hat{\Gamma}^{v,T*} \leq \sup_{v,T} \hat{\Gamma}^{v,T} = \hat{\Gamma}^{u*,T*}$$
$$\leq E^{u*}[\hat{J}(SAT*,u*)]$$

qui sont donc en fait des égalités.

On note ensuite que $\hat{W}(S) \geq Y(S)$ pour établir les deux termes du critère.

REMARQUE: Ce théorème est évidemment à rapprocher des deux critères d'optimalité que nous avons établi dans le problème d'arrêt optimal et dans le problème de contrôle continu.

3.68.   En utilisant un procédé d'approximation tout à fait analogue à celui utilisé en arrêt optimal, on montre :

THEOREME: $\hat{J}(S,u)$ <u>est le plus petit surmartingalsystème compatible, qui majore</u> $C_S^u + \hat{W}(S)$. <u>Il existe un processus optionnel</u> $\hat{W}.$, <u>qui agrège</u> $\hat{W}(S)$.

<u>De plus, si nous désignons par</u> $D_S^\varepsilon = \inf\{t \geq S, \hat{W}_t \leq \hat{Y}_t + \varepsilon\}$
(3.68.1) $\hat{J}(S,u) = $ P. esssup$_{v^S = u^S} E^v[\hat{J}(D_S^\varepsilon,v)/\underline{F}_S]$ <u>si</u> $\hat{J}(S,u)$ <u>est borné</u>.

<u>Si le processus</u> $Y.$ <u>est càdlàg, il existe une version càdlàg de</u> $\hat{W}.$ <u>et de</u> $\hat{J}^u_. = C^u + \hat{W}$

PREUVE: La démonstration est assez standard. La première partie du théorème est établie en 1.18 et 1.21.

Pour établir (3.68.1.) nous procédons comme dans le cadre de l'arrêt optimal, en considérant $\hat{J}^\lambda(S,u)$ qui est le plus petit surmartingal-système compatible qui majore $\hat{J}(S,u)$ sur l'ensemble $\{\lambda\hat{J}(S,u) \leq C_S^u + \hat{W}_S\}$, ensemble non vide car sinon $\hat{J}(S,u)$ ne serait pas le plus petit surmartingalsystème qui majore $C^u + \hat{W}$. Mais $(1-\lambda)\hat{J}^\lambda(S,u) + \lambda\hat{J}(S,u)$ est un surmartingalsystème qui majore $C_S^u + \hat{W}_S$, et donc aussi $\hat{J}(S,u)$. $\hat{J}^\lambda(S,u)$ qui est majoré par définition par $\hat{J}(S,u)$ le majore donc, d'après ce que nous venons d'établir, et ces deux surmartingalsystèmes sont donc égaux.

Mais si $\hat{J}(S,u)$ est borné , $\{\lambda\hat{J}(S,u) \leq c_S^u + Y_S\} \subset \{\hat{W}_S \leq (1-\lambda)\hat{J}(S,u) + Y_S\}$
$$\subset \{\hat{W}_S \leq Y_S + \varepsilon\}$$

si ε est bien choisi.

Mais:

$$\hat{J}(S,u) \leq \text{P-esssup}_{v^S = u^S, T \geq D_S^\varepsilon} E^v[\hat{J}(T,v)/\underline{F}_S] \leq \text{P-esssup}_{v^S = u^S} E^v[\hat{J}(D_S^\varepsilon,v)/\underline{F}_S]$$

$$\leq \hat{J}(S,u).$$

La première inégalité est une conséquence immédiate de la propriété
d'approximation que nous venons d'établir, les autres viennent de
ce que $\hat{J}(S,u)$ est un surmartingalsystème compatible, (1.10.).
Il est établi en 1.21. que $\hat{J}(S,u)$ s'agrège en un processus $\hat{J}^u$
làdlàg pour P^u donc pour P, qui satisfait à $(\hat{J}^u)^+ \leq \hat{J}^u$.
Traduit en terme de $\hat{W}$, ceci entraine que $c^u + \hat{W}^+$ est un surmartingal-système qui majore $c^u + Y$, si Y est càdlàg et qui est
donc indistinguable de $c^u + \hat{W}$.   CQFD.

3.69.   Comme dans le problème d'arrêt optimal, il ne reste plus qu'à
faire tendre ε vers 0. Les ensembles suivants jouent alors un rôle
important: (on suppose dans cette partie que Y est càdlàg)

$$\hat{H}_{D_S}^- = \{ D_S^\varepsilon \text{ croit strictement vers une limite } D_S \} \subset \{\hat{W}_{D_S}^- = Y_{D_S}^-\}$$

$$\hat{H}_{D_S} = \{ D_S^\varepsilon \text{ est constante à partir d'un certain moment.}\}$$
$$\subset \{ \hat{W}_{D_S} = Y_{D_S} \}$$

En passant à la limite dans (3.68.1.) , $\hat{J}$ étant supposé borné,
nous voyons que :

$$\hat{J}(S,u) = \text{esssup}_{v^S = u^S} E^v[1_{\hat{H}_{D_S}^-} \hat{J}_{D_S}^{v-} + 1_{\hat{H}_{D_S}} \hat{J}_{D_S}^v/\underline{F}_S] =$$

$$\text{esssup}_{v^S = u^S} E^v[1_{\hat{H}_{D_S}^-} (c^v + Y)_{D_S}^- + 1_{\hat{H}_{D_S}} (c^v + Y)_{D_S}/\underline{F}_S]$$

En particulier, si le processus $c^u + Y$ est régulier, au sens où
il n'a pas de saut prévisible, le temps d'arrêt D_S restreint à $\hat{H}_{D_S}^-$
étant prévisible, on a :

THEOREME : <u>Si le processus $\hat{J}$ est borné et si le processus $c^u + Y$</u>

est continu à droite et régulier

(3.69.1.) $\hat{J}(S,u) = \text{P-esssup}_{\substack{v \\ =u}}^{S} E^{v}[C_{D_S}^{v} + Y_{D_S}/\underset{=}{F}_S]$

REMARQUE: Sous de telles hypothèses, on sait qu'il existe un t.a. optimal qui maximise $E^{v}[C_T^{v} + Y_T]$, mais il dépend de v à priori.

3.70.　　　En particulier, $\hat{J}_o = \sup_{v \in \mathcal{D}} E^{v}[C_D^{v} + Y_D]$ où D est le début de l'ensemble $\{ Y = \hat{W} \}$, non vide.

On s'est donc ramené à un problème de contrôle continu de temps terminal D, dont la fonction de valeurs vaut $\hat{W}_{t \wedge D}$.

On est alors tout à fait dans la situation étucdiée ci-dessus, à condition d'utiliser comme processus à variation finie:

$$\hat{C}_{\bullet}^{u} = C_{\bullet}^{u} + Y_D \, 1_{\{D \le \bullet\}}$$

Il suffit de supposer que les coefficients vérifient les hypothèses du théorème 3.46. jusqu'à l'instant D pour qu'il existe un contrôle optimal, obtenu en minimisant les hamiltoniens associés à $\hat{W}_{t \wedge D}$.

3.71.　　　Le cas markovien se traite aisément à partir des résultats précédents. Les notations et hypothèses sont celles de 3.48.

On suppose de plus que Y est de la forme $g(X_{\bullet}) \, e^{-\alpha \bullet}$.

Le théorème 3.56. prouve que la fonction $J^*g(x)$ définie par $J^*g(x) = \sup_{v \in \mathcal{D}_e}, \, T \ge 0 \, E_x^{v}[C_T^{v} + e^{-\alpha T} g(X_T)]$ est Ray-analytique et que $C_S^{u} + J^*g(X_S)e^{-\alpha S}$ est le gain maximal conditionnel associé au problème de contrôle mixte. Mais si g est continue à droite sur les trajectoires, le T-système $C_S^{u} + J^*g(X_S)e^{-\alpha S}$ est continu à droite en espérance, et la fonction $J^*g - v_C^{u}$ est α-P^{u} excessive. et donc continue à droite sur les trajectoires. Le processus $J^*g(X_{\bullet})$ est optionnel, et $e^{-\alpha \bullet} \, J^*g(X_{\bullet})$ est la fonction de valeurs $\hat{W}$.

Le temps d'arrêt optimal est alors le début D de l'ensemble $\{ J^*g = g \}$ et le problème de contrôle continu est donc celui associé à un processus droit tué en D.

D'après le théorème 3.59. , nous ne savons établir l'existence
d'un contrôle markovien que si la partie purement discontinue
de C^u est quasi-continue à gauche., hypothèse que nous pouvons
faire raisonnablement sur C^u , mais qui n'est en général pas
vérifiée par C^u car le temps d'arrêt D n'est en général pas
totalement inaccessible. Dans ce cadre, on ne saura donc établir
l'existence d'un contrôle markovien que si g est nulle.
C'est en particulier la situation étudiée en ([B5]) dans un cadre
beaucoup plus limité.
Mais alors, sous les hypothèses du théorème 3.59. et si J_o^* est
bornée, où J_o^* est la fonction J*g associée à g = 0 , il existe
un contrôle markovien optimal.

APPENDICE

Nous exposons ici les propriétés essentielles des ess-inf de famille de v.a. ou de processus , qui ont joué un rôle important dans toute cette étude.

Si la première notion est classique, la seconde a été développée dans ([D7]), article auquel nous nous référerons systématiquement.

A.1.

Nous considérons un espace de probabilité complet $(\Omega, \underline{F}, P)$ et sur cet espace une famille $(Y^i)_{i \in I}$ de v.a. à valeurs dans $\overline{R}$.

DEFINITION: On dit qu'une v.a. Y est le P-essinf Y^i si et seulement si:

a) $Y \leq Y^i$ P. p.s.   pour tout i∈I

b)   Si Z est une v.a. telle que $Z \leq Y^i$ pour tout i∈I P.p.s. alors $Z \leq Y$ P.p.s.

On a alors le résultat d'existence suivant:

THEOREME: Pour toute famille $(Y^i)_{i \in I}$ de v.a. il existe un P-essinf $Y^i = Y$, et $Y = \inf_{i \in J} Y^i$ où J est une partie dénombrable de I .

PREUVE: Nous commençons par envisager le cas où les v.a. Y^i sont des indicatrices d'ensembles mesurables A^i, et nous désignons par J_o un ensemble dénombrable qui minimise $P(B_J)$, où J décrit les parties dénombrables de I et B_J désigne l'ensemble $\cap_{i \in J} A^i$.

Il est clair que $P(B_J \cap A^i) = P(B_J)$ et donc que :

$B_J \subseteq A^i$ P.p.s. et aussi que si $C \subseteq A^i$ P.p.s. $\forall i \in I$

$C \subseteq B_J$ P.p.s.

L'indicatrice de B_{J_o} est donc le P-essinf des Y^i .

Pour passer au cas général, nous posons $A^{i,r} = \{ Y^i \geq r \}$ si r∈Q

Si J_1 est une partie dénombrable de I telle que pour tout r∈Q $\inf_{i \in J_1} A^{i,r} = \text{esssinf}_{i \in I} A^{i,r}$ P.p.s. , on a clairement

$$\inf_{j \in J_1} Y^j = \text{esssinf}_{i \in I} Y^i \quad . \qquad \text{CQFD.}$$

Nous avons beaucoup utilisé que si la famille $(Y^i)_{i \in I}$ est filtrant décroissante , essinf et espérance conditionnelle peuvent être intervertis.

A.2. PROPOSITION: Si la famille $(Y^i)_{i \in I}$ est filtrante décroissante, pour toute sous-tribu $\underline{G}$ de $\underline{F}$,

$$E[\text{essinf } Y^i /_{\underline{G}}] = P\text{-essinf}_{i \in I} \ E[Y^i /_{\underline{G}}] \qquad P.p.s.$$

PREUVE: Le membre de droite est manifestement minoré à priori par le membre de gauche. Le caractère filtrant décroissant de la famille Y^i, permetde construire une suite Y^n décroissante qui converge vers essinf Y^i . Le membre de gauche s'écrit donc comme $\inf_n E[Y^n /_{\underline{G}}]$ et il est donc minoré par le membre de droite. D'où l'égalité recherchée. CQFD.

A.3. Nous avons également utilisé le théorème analogue pour les processus, tel qu'il est énoncé dans ([D7]). Notons tout de suite qu'il ne peut être vrai en toute généralité, c'est à dire sans condition de régularité sur les processus , car il est manifestement déjà faux dans le cas de l'espace réduit à un p point.

Nous supposons donc donné un espace de probabilité satisfaisant aux conditions habituelles,$(\Omega, \underline{F}, \underline{F}_t, P)$ et une famille non vide de processus mesurables $(X^i)_{i \in I}$.

Nous dirons que X est essentiellement minoré par Y si l'ensemble $\{X > Y\}$ est P-évanescent.

DEFINITION : Un processus X est le P-essinf des X^i si X minore essentiellement tous les X^i et si tout processus Y qui minore essentiellement tous les X^i minore X. essentiellement.

Enonçons tout de suite le théorème de Dellacherie.

THEOREME: Soit $(X^i)_{i \in I}$ une famille non vide de processus mesurables, vérifiant la condition suivante: pour tout i et tout ω , la trajectoire $t \to X_t^i(\omega)$ est une fonction s.c.s. pour la topologie droite, ou la topologie gauche.

Il existe une partie dénombrable J de I telle que:

$$\inf_{j \in J} X^j = \text{essinf}_{i \in I} X^i \qquad \underline{\text{où l'égalité est entendue}}$$

$$\underline{\text{au sens des processus evanescents.}}$$

PREUVE: Comme dans le cas des v.a. on peut se borner à considérer des processus X^i , indicatrices d'ensembles mesurables H^i , dont les coupes sont fermées pour la topologie droite,(resp. gauche.) Nous désignons par $\overline{H}^i$ l'adhérence des ensembles H^i, coupe par coupe, qui est mesurable d'après ([D6], IV.89.) . Il est bien connu que $\overline{H}^i$ est indistinguable de l'adhérence $U_{r \in Q}[\![D^i_r]\!]$ où $D^i_r = \inf\{t \geq r \ (\omega,t) \in H^i\}$.

Soit J une partie dénombrable de I telle que, pour chaque r

$$\sup_{j \in J} D^j_r = \text{esssup}_{i \in I} D^i_r \ .$$

Il est alors clair que : $\inf_{j \in J} \overline{H}^j = \text{essinf}_{i \in I} \overline{H}^i$ car si U est une v.a. dont le graphe passe dans $\inf_{j \in J} \overline{H}^j$, sur l'ensemble $\{ k/_{2^n} \leq U < k+1/_{2^n} \}$ il est clair que pour tout j de J , $r_n \leq D^j_{r_n} \leq U$ où $r_n = k/_{2^n}$, soit $r_n \leq \sup_{j \in J} D^j_{r_n} \leq U$.

Mais par définition, $r_n \leq D^i_{r_n} \leq \sup_{j \in J} D^j_{r_n}$, ce qui entraine que sur l'ensemble considéré le graphe de U est contenu dans $\overline{H}^i$.

La suite est plus délicate et plus technique.

Pour tout i, l'ensemble $\overline{H}^i - H^i$ est contenu dans l'ensemble des points isolés à droite,(resp. à gauche) de $\overline{H}^i$ et donc $K - \overline{H}^i$ si $K = \inf_{j \in J} \overline{H}^j$ est contenu dans l'ensemble L des points de K isolés à droite,(resp. à gauche.) . Or L est la reunion d'une suite de graphes de v.a. L_n . Nous désignons par β_n la mesure sur $\underline{\underline{F}} \times B(R^+)$ definie par $\beta_n(Z) = E(Z_{L_n} ; L_n < +\infty)$ et par m la mesure $\Sigma_n 1/_{2^n} \beta_n$.

Soit J' une partie dénombrable telle que :

$$\inf_{j' \in J'} H^{j'} = \text{m-essinf}_i H^i$$

En d'autres termes , J' permet de réaliser le m-essinf des v.a. $H^i_{L_n}$.

Si nous posons $J^* = J \cup J'$ et $H = \inf_{j \in J^*} H^j$, H est clairement le m-essinf des H^i .

A.4.   COROLLAIRE: <u>Sous les hypothèses du théorème A3. , il existe donc</u>

<u>un processus mesurable</u> X <u>tel que pour toute v.a. U</u> ≥ 0

$(\text{P-essinf } X^i)_U = X_U = \text{P-essinf } (X_U^i)$ sur $\{ U < +\infty \}$

REMARQUE: Sous cette forme, il s'agit d'un résultat d'agrégation.

Il est d'ailleurs utilisé comme tel dans ([D9]).

PREUVE: Désignons par χ_U le P-essinf des v.a. X_U^i .

Il est clair par construction que $X_U \leq \chi_U$ P.p.s.

Mais X est atteint selon un inf dénombrable, et on a donc

l'inégalité dans l'autre sens .   CQFD.

BIBLIOGRAPHIE

[LR] C.Dellacherie   <u>Probabilités et Potentiel,</u>
      P.A.Meyer   Chap I à IV. Nouvelle édition
                    Hermann. 1977.

[?LB] C.Dellacherie   <u>Probabilités et Potentiel</u>
      P.A.Meyer   Chap.V à VIII. Nouvelle édition.
                    Hermann. 1980.

[J]   J.Jacod   <u>Calcul stochastique et problèmes de</u>
                    <u>Martingales</u>.
                    Lect.Notes in Math.n°714. Springer 1979.

———————————

[A1] J.Azéma   Le retournement du temps.
                    Ann.Sci.Ecole Normale Supérieure .4ème
                    série G.p.439-519.(1973.)

[A2] J.Azéma   Une nouvelle représentation du type Skorohod
      P.A.Meyer   Sem.ProbaVIII. Lect in Math.n°381.
                    Springer.1974.

[B1] J.Baxter
      R.V.Chacon   Compactness of stopping times.
                    Z.f.W.n°40-p.169-182. 1977

[B2] V.E.Benès   Existence of optimal stochastic control law.
                    SIAM.J.of Control.t-9.p.446-472. 1971.

[B3] A.Bensoussan   <u>Applications des inéquations variationnelles</u>
      J.L.Lions   <u>au Contrôle Stochastique.</u>
                    Dunod.1978.

[B4] J.M.Bismut   Théorie probabiliste du Contrôle des diffusions
                    Mém.Am.Math.Soc. 4 -1.130- 1976.

[B5]   " "   Dualité convexe, temps d'arrêt optimal et
                    contrôle stochastique.
                    ZfW.38. p.169-198. 1976.

[B6]   " ":   Linéar quadratic optimal stochastic contrôl
                    with random coefficients
                    SIAM J. of Control n)14.p.419-444. 1976.

[B7]   " "   Control of jump processes and applications
                    Bull.SMF.t.106. 1. p.25-60.   1978.

[B8]   " "   Temps d'arrêt optimal, quasi-temps d'arrêt
                    et retournement du temps.
                    Ann.of Proba. à paraitre .

[B9]   J.M.Bismut   Contrôle des systèmes linéaires quadrati-
                          ques: applications de l'intégrale stochas
                          tique.
                          Sém.Proba.XII.Lect.Notes in Math.n°649.
                          p.180-264. 1978.Springer.

[B10]   J.M.Bismut   Temps d'arrêt optimal, théorie générale
        B.Skalli   des processus, et processus de Markov.
                          ZfW n°39. p.301-313. 1977.

[B11]   R.Boel   Optimal control of jump processes
        P.Varaiya   SIAM.J.of Control n° 13.p.1022-1061. 1975.

[B12]   R.Boel   Martingales on jump processes. Part I:
        P.Variya   représentation results.PartII,applications.
        E.Wong   SIAM.J.of Control. 13.5.p.999-1061. 1975.

[C1]   C.S.Chou   Sur la représentation des martingales com-
        P.A.Meyer   me intégrales stochastiques dans les pro-
                          cessus ponctuels.
                          Sém.Proba IX.LectNotes in Math.n°465.
                          p.226-236. Springer 1974.

[C2]   E.Cinlar   Semimartingales et Processus de Markov.
        J.Jacod.   (à paraitre.)
        P.Protter
        M.J.Sharpe

[D1]   M.H.A.Davis   On the existence of optimal policies in
                          stochastic contrôl.
                          SIAM.J.of Contrôl.n°11.pp.587-594. 1973.

[D2]   " "   The représentation of martingales of
                          jump processes
                          SIAM.J.of Contrôl.n°14.pp623-638. 1976.

[D3]   M.H.A.Davis   Optimal contrôl of jump process
        R.J.Elliott   ZfW.n°40. pp.183-202.   1977

[D4]   M.H.A.Davis   Dynamic programming conditions for partial-
        P.Varaiya   ly observable stochastic système.
                          SIAM.J.of Contrôl .n°11.pp.226261. 1973.

[D5]   M.H.A.Davis   Existence of optimal contrôls for stocha-
        C.B.Wan   stic jump processes.
                          SIAM.J.of Contrôl.n°17.pp.511-524. 1979.

[D6]   C.Dellacherie   Capacités et processus stochastiques
                          Springer n°67.   1972.

[D7]   "   ""   Sur l'existence de certains essinf et
                          esssup de familles de processus mesurables.
                          Sem.Proba.XII Lect.Notes in Math.n°649.
                          1977 . pp.512-514.

[D8]   C.Dellacherie   Sur des problèmes de régularisation,
            E.Lenglart   recollement et interpolation en théorie
                                des martingales.
                                (A paraitre.)

[D9]   " "   Recollement de v.a. en un processus.
                                (A paraitre.)

[D10]   T.Duncan   On the solution of a stochastic control
            P.Varayia   système.
                                Siam.J.of Control n°9 pp 354-371. 1971.

[D11]   E.B. Dynkin   The optimum choice of the instant for
                                stopping Markov Process.
                                Dokl.Akad. Nauk.SSSR. n°150.pp238-240.
                                (1963)

[D12]   E.B. Dynkin   <u>Controlled Markov Process</u>
                                Springer Verlag 1979.

[E1]   N.EL Karoui   Arrêt optimal prévisible
                                Proc. Oberwolfach.1977. Lect. Notes in
                                Math. n° 695 . pp. 1- 13 .   1978.

[E2]   N.EL Karoui   Arrêt optimal dépendant d'un paramètre
            J.P.Lepeltier et contrôle continu markovien
            B.Marchal   (A paraitre 1980).

[E3]   R.J.Elliott   Lévy systèmes and absolutely continuous
                                changes of mesure for a jump process.
                                J. Math.Anal.appl. n°61. pp785-796. 1977.

[E4]   " "   Stochastics intégrals for martingales of
                                a jump processes with partially accessi-
                                ble jump times.
                                ZfW n° 36 pp. 213-226   .   1976.

[E5]   " "   The optimal control of a stochastic syst
                                tèms.
                                SIAM.J. of Control n°15. pp.736-778. 1977.

[E6]   " "   Stochastic control théory and stochastic
                                différential systèms
                                Proc. Lect.Notes Cont. Inf. n°16 . pp.142-
                                155. . 1979.

[E7]   " "   A stochastic minimum principle
                                Bull.Am.Math.Soc. n°82. pp.944-946. 1976.

[F1]   W.Fleming   Optimal continuous parameter stochastic
                                control
                                SIAM. Rev. n°11 . 1969.

[F2]   W.Fleming   <u>Optimal deterministic and stochastic control</u>
            R.Rishel   Springer Verlag Berlin 1975.

[F3]   M.Fujisaki   On the stochastic control of a Wiener
                           process.
                           J.Math.Kyoto Uni. nº18-2 pp.229-238. 1978.

[F4]   "   "   On the uniquess of optimal controls
                           Sem Proba XIII. Lect.Not.in Math. nº721.
                           pp.548-557 .   1979.

[F5]   "   "   Contrôle stochastique continu et martingales
                           (A paraitre 1980.)

[G1]   R.K.Getoor   Markov processes: Ray processus and
                          Right processes.
                          Lect. Notes in Math.nº440 .   1975.

[G2]   I.I.Gikhman   Stochastic différential équations:I,II,III
       A.V.Skorokhod   Springer Verlag.Berlin 1972.

[G3]   "   "   Controlled Stochastic process
                         Springer Verlag   1979.

[J1] ou   J.Jacod   Calcul stochastique et problèmes des
[J]   martingales.
                           Lect.Notes in Math.nº714.   1979.

[K1]   Y.A.Kogan   On the optimal control of a non termina-
                          ting process with reflexion.
                          Th. of Proba.Appl. vol.14. pp.496-502. 1969.

[K2]   M.V.Krylov   Control of solution of a stochastic inté-
                          gral équation.
                          Th. of Proba.Appl. vol 27. pp.114-131. 1972.

[K3]   "   "   Optimal stopping of controlled diffusion
                         of controlled diffusion processes
                         Proc.of Third Japan-USSR Esymposium
                         Lect.Notes in Math. nº550.pp.324-354 .   1976.

[K4]   "   "   Controlled Diffusion processes
                         Springer Verlag vol14.   1980.

[K5]   H .J.Kushner   Necessary conditions for continuous parame-
                          ter stochastic optimization problèms.
                          SIAM.J. of Control vol.10..nº3 .   1972.

[K6]   "   "   Existence results for optimal stochastic
                         controls.
                         J.Optimization Théory.Appl. nº15. pp347-
                         359.   1975.

[L1]   E.Lenglart   Transformation des martingales locales
                          par changement absolument continu de
                          probabilité.
                           ZfW nº39. pp.65-70.   1977 .

[L2]   E.Lenglart   Tribu de Meyer et théorie des processus.
Sém. Proba.XIV. Lect.Notes in Math.n°784.
pp.500-546.   1980.

[L3]   J.P.Lepeltier   Sur l'existence de politiques optimales
        B.Marchal.   en contrôle intégro-différentiel.
Ann.IHP.B.t13.pp. 45-97.   1977.

[L4]   "   "   Théorie générale du contrôle impulsionnel
(A paraitre . 1980.)

[L5]   D.Lépingle   Une inégalité de martingales
Sém. Proba.XII.Lect. Notes in Math.n°649
pp. 134-138.   1978.

[L6]   "   "   Sur l'intégrabilité uniforme des martinga-
        J.Mémin   les exponentielles.
ZfWn°42. pp. 175-203.   1978.

[L7]   "   "   Intégrabilité uniforme et dans L^r des
martingales exponentielles
(A paraitre.)

[L8]   R.S.Liptser   Statistics of random process
        A.N.Shirayev   N.Y. Springer .   1977.

[M1]   M.A.Maingueneau   Temps d'arrêt optimaux et théorie générale
Sém. Proba XII. Lect.Notes in Math.n°649
pp457-468.   1978.

[M2]   J.Mémin   Conditions d'optimalité pour un problème
de contrôle portant sur une famille domi-
née de probabilités.
Journée du contrôle - Metz. Mai 1976.

[M3]   J.F.Mertens   Théorie des processus stochastiques généraux. Application aux surmartingales.
ZfW.n°26. pp. 119-139.   1973.

[M5]   P.A.Meyer   Probabilités et potentiel
Hermann.(Ancienne version 1966.)

[M6]   "   "   Un cours sur lesintégrales stochastiques
Sém.Proba.X.Lect.Notes in Math.n° 511
pp.246-354.   1976.

[M7]   "   "   Réduites et jeux de hasard
Sém.Proba VII.Lect.Notes in Math.n°321.
pp.155-172.   1973.

[M8]   "   "   Convergence faible et compacité des t.a.
d'après Baxter et Chacon.
Sém.Proba. XII. Lect.Notes in Math.n°649
pp411-424.

[M9]   G.Mokobodski   Elements extrémaux pour le balayage.
Sém.Brelot-Choquet-Deny n°5   1969-1970.

[N1]   M.Nisio   Remarks on stochastic optimal control
Jap.M.Math. n°1 pp.159-183.   1975.

[N2]   "   "   Some remarks on stochastic optimal controls
Proc.of Third Japan-URSS Symposium
Lect.Notes in Math.n°550.pp446-460. 1976.

[N3]   "   "   On stochastic optimal controls and enveloppe of Markovian semi-groupe
Proc. of Int.Symp.Kyoto. pp.297-325. 1976.

[P1]   T.Parthasarathy   Selections théorèmes and their applications
Lect.Notes in Math. n°263. 1972.

[P2]   S.R.Pliska   Controlled jump processes
Stochastic Processes Appl. n°3 pp.259-
282 .   1975.

[P3]   M.L.Putermann   Optimal control of diffusion process
with réflection
J.Opt.Th. and App. vol22n°1.pp.103-119. 1977.

[R1]   R.Rishel   A minimum principle for controlled jump
processes
Lect.Notes in Eco.Math.Systèm.n°107.
pp. 493-508.   1975.

[R2]   M.Robin   Contrôle impulsionnel des Processus de
Markov.
Thèse d'état.Université Paris IX-Dauphine.
1977.

[S1]   A.N.Shirayev   Optimal Stopping Rules
Springer Berlin 1978.

[S2]   C.Striebel   Martingales conditions for optimal control
of continuous time stochastic systèm.
Int.Workshop on Stoch.Filtering and
Contrôl.Los Ang. Mai 1974.

[Y1]   M.Yor   Sous-espaces denses dans L^1 ou dans H^1.
Sém.Proba.XII.Lect.Notes In Math n°649.
pp.265-310.   1978.

Nicole EL KAROUI
Ecole Normale Supérieure
5, rue Boucicaut
92260 - Fontenay-aux-roses.

SUR LA THEORIE DU FILTRAGE

Par   M. YOR

UNE EQUATION GENERALE POUR LE FILTRAGE

Marc YOR

Le but du présent exposé est d'établir une équation de filtrage dans un cadre qui soit suffisamment général pour englober et unifier les calculs faits sur cette question dans les différents modèles probabilistes considérés dans la littérature.

Les résultats ci-dessous complètent ceux de Kunita [1] qui, comme de coutume, a fait l'essentiel du travail en ce qui concerne l'obtention d'une telle "version générale".

Une seconde partie du travail est consacrée à l'étude détaillée d'exemples de plus en plus particuliers, et de ce qu'il advient du problème de l'innovation dans ces diverses situations.

1. Cadre de l'étude

Outre l'espace de probabilité $(\Omega, \mathcal{F}, P)$, les données de base sont constituées par deux filtrations (i.e. : familles croissantes, et continues à droite, de sous-tribus $(\mathcal{F}, P)$ complètes de $\mathcal{F}$) $(\mathcal{F}_t)_{t \geqslant 0}$ et $(\mathcal{G}_t)_{t \geqslant 0}$ qui vérifient :

$$\text{pour tout } t , \quad \mathcal{G}_t \subseteq \mathcal{F}_t .$$

Par rapport aux présentations plus classiques, $(\mathcal{F}_t)$ représente l'histoire de tout le phénomène d'"émission-réception-brouillage", dont l'étude fait l'objet de la théorie du filtrage, alors que $(\mathcal{G}_t)$ joue le rôle de la filtration naturelle du processus d'observation ; aussi peut-on appeler $(\mathcal{G}_t)$ la _filtration d'observation_, ou la _filtration observée_.

2. Projection d'une $(\mathcal{F}_t)$ semi-martingale sur la filtration $(\mathcal{G}_t)$

2.1. Rappelons tout d'abord quelques résultats généraux dûs à C. Stricker : soit X une $(\mathcal{F}_t)$ semi-martingale, et $\hat{X}$ sa $(\mathcal{G}_t)$ projection optionnelle (lorsque celle-ci existe) ;

- si X est adaptée à $(\mathcal{G}_t)$, X est une $(\mathcal{G}_t)$ semi-martingale ([2])
- il existe des exemples de $(\mathcal{F}_t)$ semi-martingale bornée X tels que $\hat{X}$ ne soit pas une $(\mathcal{G}_t)$ semi-martingale ([3]).
- par contre, il est immédiat que si X est une $(\mathcal{F}_t)$ quasi-martingale, $\hat{X}$ est définie, et est une $(\mathcal{G}_t)$ quasi-martingale.

Il apparaît donc nécessaire, pour que $\hat{X}$ (soit définie et) soit une $(\mathcal{G}_t)$ semi-martingale, de faire des hypothèses adéquates sur X. Par ailleurs, on s'intéresse beaucoup, pour les besoins du filtrage, à l'expression "explicite" de la décomposition canonique de $\hat{X}$ (si elle existe) comme $(\mathcal{G}_t)$ semi-martingale (spéciale).[1] Aussi ne chercherons-nous pas à faire, dans le paragraphe suivant, des hypothèses minimales, mais seulement des hypothèses "raisonnables".

2.2. Les hypothèses suivantes expriment une sorte de "dépendance stochastique" des filtrations $(\mathcal{F}_t)$ et $(\mathcal{G}_t)$.

---

[1] de façon générale, étant donnée la récente multiplication des cours, livres, etc ... sur le calcul stochastique, nous supposons le lecteur familier (des principales notions) de ce calcul.

On suppose qu'il existe une suite $(J^i)_{i \in \mathbb{N}}$ de $(\mathcal{G}_t)$ martingales de carré intégrable (ie : pour tout t, $E((J_t^i)^2) < \infty$), deux à deux orthogonales (en tant que $(\mathcal{G}_t)$ martingales) et telles que :

a) la suite $(J^i)_{i \in \mathbb{N}}$ engendre l'espace stable $\mathcal{M}^2$ $(\mathcal{G}_t)$ des $(\mathcal{G}_t)$ martingales de carré intégrable.

(on sait, d'après Kunita-Watanabe, qu'une telle suite-appelée base de $\mathcal{M}^2$ $(\mathcal{G}_t)$-existe dès que l'espace L^2 $(\Omega, \mathcal{G}_\infty , P)$ est séparable).

b)   pour tout $i \in \mathbb{N}$,

(1) J^i est une $(\mathcal{F}_t)$ semi-martingale, dont la décomposition canonique dans la filtration $(\mathcal{F}_t)$ s'écrit : $J^i = G^i + \overset{\vee}{J}{}^i$, où (G_t^i) est un processus $(\mathcal{F}_t)$ prévisible, nul en 0, tel que

(2)   pour tout t , $E\left[(\int_0^t |d\ G_s^i|)^2 \right] < \infty$,
        et $(\overset{\vee}{J}{}_t^i)$ est une $(\mathcal{F}_t)$ martingale (qui est, nécessairement, de carré intégrable).

Remarques :

α) On ne sait pas (peut pas ?) montrer, en général, que pour i fixé,

   (1) implique (2).

   Par contre, (1) implique <u>toujours</u> que $(\overset{\vee}{J}{}_t^i)$ est de carré intégrable ;

   en effet, on a : $[J^i] = [G^i] + 2\ [G^i, \overset{\vee}{J}{}^i] + [\overset{\vee}{J}{}^i]$. Mais, d'après le

   lemme de Yoeurp ([4], p. 454) $[G^i ; \overset{\vee}{J}{}^i]$ est une $(\mathcal{F}_t)$ martingale

   locale. Il existe donc une suite de $(\mathcal{F}_t)$ temps d'arrêt

   T_n ($\uparrow \infty$, P p.s.) tels que :

   $E\left[[\overset{\vee}{J}{}^i]_{t \wedge T_n} \right] + E\left[[G^i]_{t \wedge T_n} \right] = E\left[[J^i]_{t \wedge T_n} \right]$

   d'où, en faisant tendre n vers ∞, $E\left[(\overset{\vee}{J}{}_t^i)^2 \right] \leqslant E\left[(J_t^i)^2 \right] < \infty$.

β) <u>Il n'est pas vrai</u> que b) implique que toute $(\mathcal{G}_t)$ martingale soit une

$(\mathcal{F}_t)$ semi-martingale. Soit, en effet, $(\mathcal{G}_t)$ la filtration naturelle

d'un mouvement brownien réel (β_t), nul en 0, et $(\mathcal{F}_t)$ la filtration

engendrée par le processus (β_t) et la variable β_1. D'après le classique

théorème d'Ito sur la représentation des $(\mathcal{G}_t)$ martingales comme inté-

grales stochastiques par rapport à β, on peut prendre pour suite $\{J^i\}_i$

la suite à un élément : β , qui admet la $(\mathcal{F}_t)$ décomposition canonique

$\beta = G + \tilde{\beta}$,

où $G_t = \int_0^{t \wedge 1} \dfrac{\beta_1 - \beta_s}{(1-s)} \, ds$, et $(\tilde{\beta}_t)$ est un $(\mathcal{F}_t)$ mouvement brownien.

Or, on a, en posant $\Delta = \{(u, v) \ / \ 0 < u < v < 1\}$:

$$E\left[\left(\int_0^1 \left|\frac{\beta_1 - \beta_s}{1-s}\right| \, ds\right)^2\right] = E\left[\left(\int_0^1 \left|\frac{\beta_u}{u}\right| \, du\right)^2\right]$$

$$= 2 \int_\Delta du \, dv \, \frac{1}{uv} \, E\left(|\beta_u \, \beta_v|\right)$$

$$\leqslant 2 \int_\Delta \frac{du \, dv}{uv} \left\{ E\left(|\beta_u| \, |\beta_v - \beta_u|\right) + u \right\}$$

$$\leqslant 2 \, c^2 \int_\Delta \frac{du \, dv}{uv} \sqrt{u \, (v-u)} \ + 2 \int_\Delta du \, dv \, \frac{1}{v} \qquad (C = \sqrt{\frac{2}{\pi}})$$

$$< \infty$$

(Plus généralement, on vérifie aisément, en s'inspirant de la méthode

précédente que, pour tout $p \geqslant 2$, on a :

$$E\left[\left(\int_0^1 \frac{\beta_u}{u} \, du\right)^p\right] \quad < \infty$$

Cependant, il a été montré en [5] qu'il existe des $(\mathcal{G}_t)$ martingales

qui ne sont pas des $(\mathcal{F}_t)$ semi-martingales.

2.3. Le lemme technique suivant permet, entre autre, d'introduire quel-

ques notations nécessaires pour la suite. $\mathcal{P}(\mathcal{G}_t)$ désigne la tribu pré-

visible - sur $\Omega \times \mathbb{R}_+$ - associée à $(\mathcal{G}_t)$.

Lemme 1

1) Pour tout $i \in \mathbb{N}$, on a l'égalité :

$$\left[G^i\right]^{(p)} + <\tilde{J}^i>^{(p)} = <J^i> \, , \qquad (^1)$$

où la notation $A^{(p)}$ désigne la projection duale $(\mathcal{G}_t)$ prévisible du processus croissant A.

2) Pour tout $i \in \mathbb{N}$, la mesure

$$\nu^i \ (ds \ \times \ d\omega) \overset{déf}{=} d <\tilde{J}^i>_s \ dP(\omega) \bigg| \ \mathcal{P} \ (\mathcal{G}_t)$$

est absolument continue par rapport à

$$\lambda^i \ (ds \times d\omega) \overset{déf}{=} d <J^i>_s \ dP \ (\omega) \bigg| \ \mathcal{P} \ (\mathcal{G}_t).$$

3) Pour tout $i \in \mathbb{N}$, la mesure

$$\tau^i \ (ds \ \times \ d\omega) \overset{déf}{=} \ |d \ G_s^i| \ (\omega) \ dP \ (\omega) \bigg| \ \mathcal{P} \ (\mathcal{G}_t)$$

est absolument continue par rapport à $\lambda^i \ (ds \times d\omega)$.

Démonstration

1) On a : $<J^i> = \left[J^i\right]^{(p)}$; Or :

$$\left[J^i\right] = \left[G^i\right] + 2 \left[G^i ; \tilde{J}^i\right] + \left[\tilde{J}^i\right] \, .$$

D'après le lemme de Yoeurp déjà utilisé plus haut, $\left[G^i ; \tilde{J}^i\right]$ est une $(\mathcal{F}_t)$ martingale locale ; c'est en fait une $(\mathcal{F}_t)$ martingale à variation intégrable sur tout compact de $\mathbb{R}_+$: en effet, on a

$$E \left[\int_o^t \ |d \ \left[G^i ; \tilde{J}^i\right]_s| \ \right] \leqslant E \left[(\int_o^t |d \ G_s^i|)^2 \right]^{1/2} E \left[(\tilde{J}_t^i)^2 \right]^{1/2}$$

$$< \infty \quad , \text{ d'après (2).}$$

Finalement, on a bien : $<J^i> = \left[G^i\right]^{(p)} + <\tilde{J}^i>^{(p)} \, .$

2) découle immédiatement de 1).

$(^1)$ le contexte nous semble écarter toute possibilité de confusion quant à la filtration par rapport à laquelle les crochets obliques sont définis.

3) Soit φ un processus $(\mathcal{G}_t)$ prévisible, borné, positif, tel que $E\left[\int_o^\infty \varphi_s \, d <J^i>_s\right] = 0$. Ceci équivaut à dire que la $(\mathcal{G}_t)$ martingale $(\int_o^{\cdot} \varphi_s \, d \, J_s^i)$ est nulle.

D'autre part, si ψ est un processus $(\mathcal{F}_t)$ prévisible, à valeurs ± 1, tel que $|d \, G_s^i| = \psi_s \, d \, G_s^i$, on a, pour tout t :

$$E\left[\int_o^t \varphi_s \, |d \, G_s^i|\right] = E\left[\int_o^t \varphi_s \, \psi_s \, d \, G_s^i\right]$$

$$= E\left[\int_o^t \varphi_s \, \psi_s \, d \, J_s^i\right] = 0,$$

puisque le processus $(\int_o^{\cdot} \varphi_s \, d \, J_s^i)$ est nul ; d'où, le résultat cherché.

2.4. Soit maintenant (X_t) une $(\mathcal{F}_t)$ semi-martingale qui se décompose en :

$$X_t = X_o + V_t + F_t \, ,$$

où :

 - (V_t) est une $(\mathcal{F}_t)$ martingale de carré intégrable
 - (F_t) est un processus $(\mathcal{F}_t)$ prévisible tel que $E\left[(\int_o^t |dF_s|)^2\right] < \infty$
 - $X_o \in L^2 (\mathcal{F}_o \, , \, P)$.

A l'aide de toutes ces notations, on peut énoncer le résultat fondamental suivant :

Théorème 2

1) *Pour tout $i \in \mathbb{N}$, les mesures*

$$\eta^i \ (ds \times d\omega) \overset{d\acute{e}f}{=} X_s \ (\omega) \ d \ G_s^i \ (\omega) \ dP \ (\omega) \ \Big| \ \mathcal{P} \ (\mathcal{G}_t)$$

$$et \quad \mu^i \ (ds \times d\omega) = d < V \, ; \ \tilde{J}^i>_s \ dP \ (\omega) \ \Big| \ \mathcal{P} \ (\mathcal{G}_t)$$

sont absolument continues par rapport à $\lambda^i \ (ds \times d\omega) = d <J^i>_s \ dP(\omega) \Big| \mathcal{P}(\mathcal{G}_t)$

On note :

$$(3) \quad x^i \ (s, \, \omega) = \frac{X_s \ (\omega) \ d \ G_s^i(\omega) \ dP \ (\omega)}{d <J^i>_s \ dP \ (\omega)} \ \Bigg| \ \mathcal{P}(\mathcal{G}_t)$$

$$(4) \quad v^i (s, \omega) = \left. \frac{d <V, \, \tilde{\mathcal{J}}^i>_s \; dP \, (\omega)}{d <\mathcal{J}^i>_s \quad dP \, (\omega)} \right| \mathcal{P}(\mathcal{G}_t)$$

2) *Si* $(\hat{X}_t)$ *désigne la projection* $(\mathcal{G}_t)$ *optionnelle de* (X_t), *on a :*

$$(5) \quad \hat{X}_t = \hat{X}_0 + F_t^{(p)} + \sum_{i \in \mathbb{N}} \int_0^t \left[x^i \, (s,\omega) + v^i (s,\omega) \right] \, dJ_s^i \, ,$$

où :

- $F^{(p)}$ *désigne la projection* $(\mathcal{G}_t)$ *prévisible de F*

- *la convergence de la série d'intégrales stochastiques en* dJ^i *a lieu dans* L^2 *, uniformément lorsque t parcourt un compact quelconque de* $\mathbb{R}_+$ *.*

On procède à la démonstration de ce théorème par étapes.

Etape 1. Pour tout i $\in \mathbb{N}$, la mesure

$$\mu^i \, (ds \times d\omega) = d < V \, ; \, \tilde{\mathcal{J}}^i >_s \, dP \, (\omega) \Big| \mathcal{P}(\mathcal{G}_t)$$

est absolument continue par rapport à $\; d <\tilde{\mathcal{J}}^i>_s \, dP \, (\omega) \; \Big| \mathcal{P}(\mathcal{G}_t)$, elle même absolument continue, d'après le lemme 1, par rapport à

$$d <J^i>_s \, dP \, (\omega) \; \Big| \mathcal{P}(\mathcal{G}_t) = \lambda^i \, (ds \times d\omega).$$

L'absolue continuité de $\; \eta^i \, (ds \times d\omega) = X_s \, (\omega) \, d \, G_s^i \; dP \, (\omega) \; \Big| \mathcal{P}(\mathcal{G}_t)$ par rapport à λ^i découle de celle de $|d \, G_s^i| \; dP \, (\omega) \; \Big| \mathcal{P}(\mathcal{G}_t) \;$ par rapport à λ^i (voir toujours le lemme 1).

Etape 2. Montrons que, pour tout t, $E \left[(\int_0^t |d \, F_s^{(p)}|)^2 \right] < \infty$. Ceci découle, après décomposition de F en différence de deux processus croissants $(\mathcal{F}_t)$ prévisibles A et B tels que :

pour tout t , $E \, (A_t^2 + B_t^2) < \infty$

du lemme suivant.

Lemme 3

Soit (A_t) un processus croissant, intégrable (non nécessairement adapté), et $A^{(p)}$ sa projection duale $(\mathcal{G}_t)$ prévisible. Alors,

$$||A_\infty^{(p)}||_{L^2} \leqslant 2 ||A_\infty||_{L^2}$$

Démonstration

Le processus croissant $(\mathcal{G}_t)$ prévisible $B = A^{(p)}$ est localement borné, i.e : il existe une suite de $(\mathcal{G}_t)$ t.a T_n , croissant P p.s. vers $+ \infty$, et tels que $(B_{t \wedge T_n})$ soit borné.

On a :

$$E\left[B_{T_n}^2\right] = E\left[\int_0^{T_n} (B_s + B_{s-}) \, dB_s\right]$$

$$= E\left[\int_0^{T_n} (B_s + B_{s-}) \, dA_s\right] \qquad (\text{car } A^{(p)} = B)$$

$$\leqslant 2 \ E\left[\int_0^{T_n} B_s \, dA_s\right]$$

$$\leqslant 2 \ ||B_{T_n}||_{L^2} ||A_{T_n}||_{L^2} \ ,$$

d'où : $||B_{T_n}||_{L^2} \leqslant 2 ||A_{T_n}||_{L^2}$ et, en faisant tendre n vers $+ \infty$,

$$||B_\infty||_{L^2} \leqslant 2 ||A_\infty||_{L^2} \ .$$

Etape 3 : Le processus $M_t \overset{\text{déf}}{=} \hat{X}_t - \hat{X}_o - F_t^{(p)}$ est une $(\mathcal{G}_t)$ martingale : en effet, $\hat{X}_t - \hat{X}_o - \hat{F}_t = \hat{V}_t$ est une $(\mathcal{G}_t)$ martingale ; d'autre part, $\hat{F} - F^{(p)}$ est une $(\mathcal{G}_t)$ martingale, puisque, pour tout couple (s, t), avec s < t :

$$E(\hat{F}_t - \hat{F}_s \mid \mathcal{G}_s) = E(F_t - F_s \mid \mathcal{G}_s) = E(F_t^{(p)} - F_s^{(p)} \mid \mathcal{G}_s).$$

Remarquons enfin que, d'après l'étape 2, (M_t) est une $(\mathcal{G}_t)$ martingale de carré intégrable.

Etape 4 : Soit $N_t \overset{\text{déf}}{=} \sum_{(i \leqslant k)} \int_o^t \varphi_s^i \, d \, J_s^i$, où, pour tout i, φ^i est

un processus $(\mathcal{G}_t)$ prévisible borné. Notons $I = E\left[M_t \, N_t\right]$.

Il vient :

$$I \overset{(a)}{=} E\left[X_t \, N_t - X_o \, N_o - \int_o^t N_{s-} \, d \, F_s^{(p)}\right]$$

$$= E\left[X_t \, N_t - X_o \, N_o - \int_o^t N_{s-} \, d \, F_s\right]$$

((a) découle de ce que la projection $(\mathcal{G}_t)$ prévisible de :

$(s, \omega) \longrightarrow N_t (\omega) \, 1_{[0, t]} (s)$ est : $(s, \omega) \longrightarrow N_{s-}(\omega) \, 1_{[0, t]} (s))$.

Appliquons la formule d'Ito au produit des $(\mathcal{F}_t)$ semi-martingales (X_t)

et (N_t). Il vient :

(6) $X_t \, N_t = X_o \, N_o + \int_o^t X_{s-} \, dN_s + \int_o^t N_{s-} \, dX_s + \left[X, \, N\right]_t$.

Notons $N_t = B_t + U_t$ la décomposition canonique de la $(\mathcal{F}_t)$ semi-martin-

gale (N_t), où

$$B_t = \sum_{(i \leqslant k)} \int_o^t \varphi_s^i \, dG_s^i , \text{ et } U_t^{\cdot} = \sum_{i \leqslant k} \int_o^t \varphi_s^i \, d \, \tilde{J}_s^i .$$

Il vient :

(7) $X_{s-} \, dN_s = X_{s-} \, dB_s + X_{s-} \, dU_s$

(8) $N_{s-} \, dX_s = N_{s-} \, dF_s + N_{s-} \, dV_s$

Remarquons que, grâce aux hypothèses faites, les $(\mathcal{F}_t)$ martingales locales

$(\int_o^t X_{s-} \, dU_s)$ et $(\int_o^t N_{s-} \, dV_s)$ sont, en fait, des martingales.

A l'aide des formules (6), (7), (8), l'expression de I devient donc :

$$I = E\left[\int_o^t X_{s-} \, dB_s + \left[X, \, N\right]_t\right].$$

Développons $[X ; N]$:

$$[X ; N] = [X ; B + U] = \int_o^{\cdot} (\Delta X_s)\, dB_s + [X, U]$$

$$= \int_o^{\cdot} (\Delta X_s)\, dB_s + [F ; U] + [V ; U]$$

Toujours d'après le lemme de Yoeurp, $[F ; U]$ est une $(\mathcal{F}_t)$ martingale locale ; c'est, en fait, une martingale, car :

$$E\left[\int_o^t |d\, [F ; U]_s|\right] \leqslant E\left[(\int_o^t |dF_s|)^2\right]^{1/2} (E\left[[U, U]_t\right])^{1/2}$$

$$< \infty$$

L'expression de I devient donc :

$$I = E\left[\int_o^t X_s\, dB_s + <V ; U>_t\right]$$

$$= E\left[\sum_{(i\leqslant k)} \int_o^t \varphi_s^i X_s\, dG_s^i + \sum_{(i\leqslant k)} \int_o^t \varphi_s^i\, d < V ; \tilde{J}^i >_s\right]$$

(en utilisant les expressions développées de (dB_s) et (dU_s)).

On a, pour l'instant, obtenu la formule générale suivante :

pour tout $k \in \mathbb{N}$, et tout vecteur $(\varphi^i)_{i\leqslant k}$ constitué de processus $(\mathcal{G}_t)$ prévisibles bornés :

$$(9) \quad E\left[M_t\left\{\sum_{i\leqslant k} \int_o^t \varphi_s^i\, dJ_s^i\right\}\right] = E\left[\sum_{i\leqslant k} \int_o^t \varphi_s^i\left\{X_s\, dG_s^i + d <V ; \tilde{J}^i >_s\right\}\right]$$

Etape 5 : (M_t) étant une $(\mathcal{G}_t)$ martingale de carré intégrable, il existe, d'après (1), une suite de processus $(\mathcal{G}_t)$ prévisibles m^i tels que, pour tout i, et tout t, $E\left[\int_o^t (m_s^i)^2\, d <J^i>_s\right] < \infty$, et

$$M_t = L^2 . \lim_{(k\to\infty)} \sum_{(i\leqslant k)} \int_o^t m_s^i\, d J_s^i .$$

Notons $K^i = x^i + v^i$. Pour prouver que, pour tout $i \in \mathbb{N}$, $m^i = K^i$, $d <J^i>_s$ dP p.s., il suffit de montrer que, pour toute suite finie $(\varphi^i)_{i\leqslant k}$ de processus $(\mathcal{G}_t)$ prévisibles bornés, on a :

$$(10) \quad E\left[M_t (\sum_{i\leqslant k} \int_o^t \varphi_s^i\, d J_s^i)\right] = \sum_{i\leqslant k} E (\int_o^t \varphi_s^i K_s^i\, d <J^i>_s)$$

(car le membre de gauche de (10) est égal à :

$$E\left[\sum_{i\leqslant k}\int_o^t \varphi_s^i\ m_s^i\ d<J^i>_s\right])$$

Or, la formule (10) découle immédiatement de (9), où l'on remplace

$$\{X_s\ dG_s^i + d < V\ ;\ \tilde{J}^i >_s\}\quad \text{par}\quad \left[x^i(s) + v^i(s)\right]\ d<J^i>_s$$

(cf les formules (3) et (4)).

2.5. Examinons maintenant ce que devient la formule (5) dans deux cas particulièrement importants.

<u>Corollaire 2.1.</u> (On emploie toujours les notations du théorème 2)

Supposons que, pour tout $i \in \mathbb{N}$, J^i soit une $(\mathcal{F}_t)$ martingale.

Alors :

1) toute $(\mathcal{G}_t)$ martingale (locale) est une $(\mathcal{F}_t)$ martingale(locale)

2) si (N_t) est une $(\mathcal{G}_t)$ martingale de carré intégrable, les processus croissants $(\mathcal{G}_t)$- <u>et</u> $(\mathcal{F}_t)$- prévisible associés à N sont identiques.

3) Si $\widehat{X}$ désigne la projection $(\mathcal{G}_t)$ optionnelle de X , on a :

$$(5.1)\qquad \widehat{X}_t = \widehat{X}_o + F_t^{(p)} + \sum_{i \in \mathbb{N}}\int_o^t\ \widehat{(w^i)}_s\ d\ J_s^i\ ,$$

où
$$w^i = \left.\frac{d <V\ ;\ J^i>_s\ dP\ (\omega)}{d <J^i>_s\ \ dP\ (\omega)}\right|\ \mathcal{P}(\mathcal{F}_t)$$

et $\widehat{w^i}$ désigne l'espérance conditionnelle de w^i , pour la mesure $d <J^i>_s\ \ dP\ (\omega)$, relativement à $\mathcal{P}(\mathcal{G}_t)$.

En outre, $\widehat{F} = F^{(p)}$.

<u>Remarques :</u>

1) On démontre aisément (cf, le début de la démonstration du corollaire) que la propriété 1) équivaut à ce que, pour tout t, les tribus $\mathcal{G}_\infty$ et $\mathcal{F}_t$ sont indépendantes, conditionnellement à $\mathcal{G}_t$. Cette situation a été étudiée en détail en $[6]$.

2) $\widehat{w}_i$ est bien défini, car $E\left[\int_o^t\ (w_s^i)^2\ d<J^i>_s\right] < \infty$.

Démonstration du corollaire :

1) découle de ce que l'espace $\mathcal{L}$ des $(\mathcal{G}_t)$- et $(\mathcal{F}_t)$-martingales de carré intégrable est un $(\mathcal{G}_t)$-espace stable, et de ce que $(J^i, i \in \mathbb{N})$ engendre l'espace $\mathcal{Mb}^2 (\mathcal{G}_t)$ des $(\mathcal{G}_t)$ martingales de carré intégrable. On a donc : $\mathcal{L} = \mathcal{Mb}^2 (\mathcal{G}_t)$. Ainsi, pour tout $X \in L^2 (\mathcal{G}_\infty)$, et tout $t \geqslant 0$,

$$E (X / \mathcal{G}_t) = E (X / \mathcal{F}_t).$$

Ceci s'étend à toute $X \in L^1 (\mathcal{G}_\infty)$, et finalement, toute $(\mathcal{G}_t)$ martingale locale est une $(\mathcal{F}_t)$ martingale locale.

2) Si (N_t) est une $(\mathcal{G}_t)$ martingale de carré intégrable, et $(<N>_t)$ désigne le processus croissant $(\mathcal{G}_t)$ prévisible qui lui est associé, alors $(N_t^2 - <N>_t)$ est une $(\mathcal{G}_t)$- , et donc $(\mathcal{F}_t)$-martingale. Le processus croissant $\underline{(\mathcal{F}_t)\text{-prévisible}}$ associé à N est donc égal à $<N>_t$.

3) D'après l'hypothèse, on a $G^i = 0$, pour tout i, et donc :

$$x^i = 0 , \text{ et } J^i = \tilde{J}^i$$

D'autre part, on a :

$$v^i \overset{\text{déf}}{=} \frac{d <V ; J^i>_s \; dP (\omega)}{d <J^i>_s \; dP (\omega)} \; \Big| \; \mathcal{P}(\mathcal{G}_t)$$

$$= \frac{w^i \; d <J^i>_s \; dP (\omega)}{d <J^i>_s \; dP (\omega)} \; \Big| \; \mathcal{P}(\mathcal{G}_t) = \widehat{w^i} , \; d <J^i> \; dP \text{ p.s.}$$

L'équation (5.1) découle donc de (5).

Enfin, si dans (5.1), on remplace X par F , il vient $\hat{F} = F^{(p)}$ (ce qui est, en toute généralité, une conséquence de la propriété 1) ; cf [6]).

Un second cas particulier important a été étudié par H.Kunita [1] :

il s'agit de la situation où toutes les mesures aléatoires considérées plus haut : λ^i , μ^i , η^i , τ^i ... , sont absolument continues par rapport à (ds dP). Ainsi, on suppose que :

a) $F_t = \int_o^t f_s \, ds$, avec f processus $\mathcal{P}(\mathcal{F}_t)$ mesurable tel que,

pour tout t , $E\left[(\int_o^t |f_s| \, ds)^2\right] < \infty$.

b) $J^i = G^i + \tilde{J}^i$, avec $G^i = \int_o^\cdot g_s^i \, ds$, où g^i est un processus $\mathcal{P}(\mathcal{F}_t)$

mesurable tel que : pour tout t , $E\left[(\int_o^t |g_s^i| \, ds)^2\right] < \infty$, et

$<\tilde{J}^i>_t = \int_o^t c_s^i \, ds$, où (c_t^i) est un processus $\mathcal{P}(\mathcal{F}_t)$ mesurable, sup-

posé <u>strictement positif</u> dt dP ps.

<u>Notation</u>. Dans la suite, on note $\hat{u}$ l'espérance conditionnelle, par rap-

port à la mesure ds dP, relativement à la tribu $\mathcal{P}(\mathcal{G}_t)$, de u, processus

mesurable tel que $E \, (\int_o^t |u_s| \, ds) < \infty$, pour tout t.

Voici quelques conséquences de l'hypothèse b) faite ici :

α) il existe un processus d^i , $\mathcal{P}(\mathcal{F}_t)$ mesurable, tel que

$d < V ; \tilde{J}^i>_t = (d_t^i) \, dt$, et pour tout t , $E \, (\int_o^t |d_s^i| \, ds) < \infty$.

β) d'après la partie 1) du lemme 1, on a : $d <J^i>_t = \widehat{(c^i)}_t \, dt$.

Remarquons que la stricte positivité de c^i (dt dP p.s.) entraîne

également $\widehat{c^i} > 0$, dt dP ps.

γ) On peut maintenant expliciter les processus x^i et v^i définis plus

haut par les formules (3) et (4).

D'une part,

$$x^i \, (s, \omega) \stackrel{\text{déf}}{=} \left. \frac{X_s \, dG_s^i \, dP \, (\omega)}{d <J^i>_s \, dP \, (\omega)} \right| \mathcal{P}(\mathcal{G}_t)$$

$$= \left. \frac{X_s \, g_s^i \, ds \, dP \, (\omega)}{\widehat{(c^i)}_s \, ds \, dP \, (\omega)} \right| \mathcal{P}(\mathcal{G}_t)$$

$$= \frac{1}{\widehat{(c^i)}_s} \, \widehat{(X \, g^i)}_s \quad , \; ds \, dP \; ps.$$

D'autre part, $v^i \, (s, \omega) \stackrel{\text{déf}}{=} \left. \frac{d <V ; \tilde{J}^i>_s \, dP \, (\omega)}{d <J^i>_s \, (\omega) \, dP \, (\omega)} \right| \mathcal{P}(\mathcal{G}_t)$

$$= \frac{d^i_s \,(\omega)\ ds\ dP\,(\omega)}{\widehat{(c^i)}_s \ ds\ dP\,(\omega)} \ \Bigg|\ \mathcal{P}(\mathcal{G}_t)$$

$$= (1\ /\ \widehat{(c^i)}_o)\ \widehat{(d^i)}_o\ ,\ ds\ dP\ \ ps.$$

On peut donc énoncer le

Corollaire (2.2)

*Sous les hypothèses précédentes d'absolue continuité par rapport à ds,
la formule (5) explicitant la projection optionnelle $\widehat{X}$ de X , $(\mathcal{F}_t)$
semi-martingale, s'écrit :*

$$(5.2)\quad \widehat{X}_t = \widehat{X}_o + \int_o^t \widehat{f}_s\, ds + \sum_{i\, \in\, \mathbb{N}} \int_o^t \frac{1}{\widehat{(c^i)}_s} \left[\widehat{(Xg^i)}_s + \widehat{(d^i)}_s \right] d\, J^i_s$$

3. Objet de la suite de l'étude

On particularise dorénavant le cadre de l'étude en supposant que $(\mathcal{G}_t)$
est la filtration naturelle $(\mathcal{Y}_t)$ du processus (Y_t) défini par :

$$(11)\qquad Y_t = \int_o^t Z_s\, ds + \int_o^t h_s\, dB_s\ ,\quad \text{où} :$$

a) (h_t) est un processus à valeurs strictement positives, $(\mathcal{F}_t)$ adapté,
   continu à droite, ou à gauche (pour simplifier la discussion), et tel
   que, pour tout t : $\int_o^t h_s^2\, ds < \infty$ P ps.

b) $Z'_s \overset{\text{déf}}{=} Z_s\, /\, h_s$ est un processus $(\mathcal{F}_t)$ optionnel, borné.

c) (B_t) est un $(\mathcal{F}_t)$ mouvement brownien réel.

Il ressort du théorème 2 que, pour obtenir une expression explicite de la
$(\mathcal{Y}_t)$ projection optionnelle d'une $(\mathcal{F}_t)$ semi-martingale X, l'un des
ingrédients essentiels est l'obtention d'une base (au sens de Kunita-Wata-

nabe) de $(\mathcal{Y}_t)$ martingales de carré intégrable $(J^i)_i$, qui soit constituée de $(\mathcal{F}_t)$ semi-martingales. Ceci est l'objet des paragraphes qui suivent, dans lesquels on fait diverses hypothèses adéquates sur les processus Z et h.

Remarquons dès maintenant que $(\mathcal{Y}_t)$ est la filtration naturelle du processus $(Y'_t , h_t)_{t \geqslant 0}$ à valeurs dans $\mathbb{R}^2$, où :

$$(11') \qquad Y'_t \stackrel{\text{déf}}{=} \int_o^t (1/h_s)\, dY_s = \int_o^t Z'_s\, ds + B_t \ .$$

(ceci découle de l'égalité : $h_t = (\dfrac{d <Y>_t}{dt})^{1/2}$, dt dP ps.).

On note $(\mathcal{Y}'_t)$ (resp : $(\mathcal{H}_t)$) la filtration naturelle de Y' (resp : h).

On définit encore le processus (β_t) par :

$$(12) \qquad Y'_t = \int_o^t (\widehat{Z'})_s\, ds + \beta_t$$

où $\widehat{Z'}$ est la projection $(\mathcal{Y}_t)$ optionnelle de Z' . (β_t) apparaît alors comme une $(\mathcal{Y}_t)$ martingale continue de processus croissant égal à t ; c'est donc, d'après la caractérisation de Paul Lévy, un $(\mathcal{Y}_t)$ mouvement brownien.

4. Le cas h ≡ 1

Revue des résultats classiques sur le problème de l'innovation

4.1. Nous débutons ce paragraphe par quelques rappels et compléments sur le théorème de Girsanov, que l'on énonce sous une forme très générale. La structure de l'espace des $(\mathcal{Y}_t)$ martingales, lorsque h est identiquement égal à 1, découlera immédiatement de ces résultats.

L'espace de probabilité filtré de référence est ici $(\Omega, \mathcal{F}, (\mathcal{U}_t)_{t \geqslant 0}, P)$.

Soit Q une seconde probabilité sur $(\Omega, \mathcal{F})$, supposée équivalente à P sur $\mathcal{U}_\infty$. On note $\dfrac{dQ}{dP}\Big|_{\mathcal{U}_\infty} = L$, et pour tout $t \geqslant 0$, $\dfrac{dQ}{dP}\Big|_{\mathcal{U}_t} = L_t$

(on choisit, en fait, une version càdlàg de la $((\mathcal{U}_t), P)$ martingale (L_t), version que l'on note encore (L_t)).

Le théorème suivant montre, en particulier, que l'espace des $((\mathcal{U}_t),P)$ semi-martingales est identique à celui des $((\mathcal{U}_t), Q))$ semi-martingales ; de plus, sous une condition supplémentaire d'intégrabilité, on obtient la décomposition canonique d'une $((\mathcal{U}_t), P)$ martingale locale comme $((\mathcal{U}_t), Q)$ semi-martingale spéciale.

Théorème 3. (On emploie les notations précédentes)

a) *Soit X une $((\mathcal{U}_t), P)$ martingale locale. Alors,*

(13) $\quad \overline{X} \equiv X - \int_o^{\cdot} \frac{1}{L_s} \; d \; [X, L]_s \quad$ *est une $((\mathcal{U}_t), Q)$ martingale locale.*

b) *Soit (A_t) un processus $(\mathcal{U}_t)$ adapté, à variation finie, tel que $\int_o^{\cdot} |d A_s|$ soit $((\mathcal{U}_t), P)$ localement intégrable.*

Alors, la $((\mathcal{U}_t), Q)$ projection duale prévisible de $\int_o^{\cdot} (1/L_s) dA_s$ est égale à $\int_o^{\cdot} (1/L_{s-}) d A_s^{(p)}$, où $A^{(p)}$ désigne la $((\mathcal{U}_t), P)$ projection duale prévisible de A.

c) *Si X est une $((\mathcal{U}_t), P)$ martingale locale telle que le processus $\int_o^{\cdot} |d [X, L]_s|$ soit $((\mathcal{U}_t), P)$ localement intégrable, alors le crochet prévisible $< X, L >$(sous P) existe, et :*

(14) $\quad \tilde{X} \equiv X - \int_o^{\cdot} 1/L_{s-} \; d < X, L>_s \quad$ *est une $((\mathcal{U}_t), Q)$ martingale locale.*

Remarques : La formule (13) a été dégagée par P.A. Meyer en [7] ; la formule (14) est due à J. Van Schuppen et E. Wong [8] ; elle est antérieure à (13), et semble la plus utile dans les applications. La version brownienne de (14) est due à I. Girsanov [9], d'où l'appellation de théorème de Girsanov (mais aussi, en théorie des processus de diffusion, de formule de Cameron-Martin ; cf [10]) donnée à ce théorème.

Démonstration du théorème 3

a) Pour montrer que $\overline{X}$ est une $((\mathcal{U}_t), Q)$ martingale locale, il suffit de montrer que $L\,\overline{X}$ est une $((\mathcal{U}_t), P)$ martingale locale.

Or, d'après la formule d'Ito, $L\,\overline{X}$ diffère d'une $((\mathcal{U}_t), P)$ martingale locale de :

$$[L \; ; \; X] - \int_0^{\cdot} L_s \; \frac{d\,[X \; ; \; L]_s}{L_s} \equiv 0 \; ,$$

d'où le résultat cherché.

b) Quitte à arrêter A, on peut supposer $E_P\left(\int_0^{\infty} |d\,A_s|\right) < \infty$. On a alors :

$$E_Q\left[\int_0^{\infty} \frac{1}{L_s} |d\,A_s|\right] = E_P\left[L \int_0^{\infty} \frac{|d\,A_s|}{L_s}\right]$$

$$= E_P\left[\int_0^{\infty} \frac{L_s}{L_s} |d\,A_s|\right] < \infty \; .$$

Soit maintenant (H_t) un processus $(\mathcal{U}_t)$ prévisible borné. Il vient :

$$E_Q\left[\int H_s \frac{d\,A_s}{L_s}\right] = E_P\left[L \int H_s \frac{d\,A_s}{L_s}\right]$$

$$= E_P\left[\int H_s \frac{L_s}{L_s} d\,A_s\right]$$

$$= E_P\left[\int H_s \, d\,A_s^{(p)}\right]$$

$$= E_P\left[L \int H_s \frac{d\,A_s^{(p)}}{L_{s-}}\right]$$

$$= E_Q\left[\int H_s \frac{d\,A_s^{(p)}}{L_{s-}}\right], \text{ d'où le}$$

résultat cherché.

c) découle de a) et b), puisque $[X \, , \, L]^{(p)} = \, <X \; ; \; L>$, par définition. Pour simplifier la présentation de l'exposé, nous supposons, dans toute la suite du sous-paragraphe 4.1), que : (L_t) est à trajectoires continues. En conséquence, pour toute $((\mathcal{U}_t), P)$ martingale locale X ,

$$\overline{X} \equiv \tilde{X} \equiv X - \int_0^{\cdot} (1/L_s) \, d <X, L>_s$$

est une $((\mathcal{U}_t), Q)$ martingale locale. De plus, l'assertion b) du théorème 3 se simplifie en :

b') *si* (A_t) *est un processus* $(\mathcal{U}_t)$ *adapté, à variation finie, tel que*
$\int_o^{\cdot} |d A_s|$ *soit* $((\mathcal{U}_t), P)$ *localement intégrable, les* $((\mathcal{U}_t), P)$
et $((\mathcal{U}_t), Q)$ *projections duale prévisible de A sont identiques.*

Notons $\mathcal{L}((\mathcal{U}_t), P)$ l'espace des $((\mathcal{U}_t), P)$ martingales locales (et
de même relativement à Q), et définissons l'application :

$$\mathcal{L}((\mathcal{U}_t), P) \longrightarrow \mathcal{L}((\mathcal{U}_t), Q)$$

$$G :$$

$$X \longrightarrow \tilde{X}$$

On appelle G la transformation de Girsanov [sous-entendu : relativement
à la paire (ordonnée) (P, Q), et à la filtration $(\mathcal{U}_t)$]. Nous dégageons
maintenant quelques propriétés importantes de G.

Proposition 4. (on emploie les notations précédentes ; en outre, les notations qui affectent des $((\mathcal{U}_t), Q)$ martingales locales -par exemple- sont,
bien entendu, relatives à Q)

i)   *G commute à l'intégration stochastique, ie :*
      si X est une $((\mathcal{U}_t), P)$ *martingale locale, et f un processus pré-*
      visible tel que $f \cdot X \stackrel{\text{déf}}{=} \int_o^{\cdot} f_s d X_s$ *soit défini, alors f.G(X)*
      est défini, et :

$$f \cdot G(X) = G (f.X)$$

ii)   *si X, Y* $\in \mathcal{L} ((\mathcal{U}_t), P)$, $[G (X) ; G (Y)] = [\tilde{X} ; \tilde{Y}]$
iii) *si X, Y* $\in \mathcal{L} ((\mathcal{U}_t), P)$, *et* $[\tilde{X} ; \tilde{Y}]$ *est* $((\mathcal{U}_t), P)$

localement intégrable, alors < G (X) ; G (Y) > est défini, et :

$$< G (X) ; G (Y) > = < X ; Y >$$

Nous laissons la démonstration -facile- de ce lemme au lecteur (notons
seulement que iii) découle de ii) et b').

Si l'on considère la paire (Q, P) et la filtration $(\mathcal{U}_t)$, le rôle joué précédemment par la $((\mathcal{U}_t), P)$ martingale continue (L_t) est dévolu maintenant à la $((\mathcal{U}_t), Q)$ martingale continue $(1/L_t)$; on note $\tilde{G}$ la transformation de Girsanov relative à la paire (Q, P) et à la filtration $(\mathcal{U}_t)$.

Proposition 5

$\tilde{G}$ est l'inverse de G , ie :

$$\tilde{G} \circ G \ = \ id_{\mathscr{L}((\mathcal{U}_t), P)} \quad ; \quad G \circ \tilde{G} = id_{\mathscr{L}((\mathcal{U}_t), Q)}$$

En particulier, G établit une bijection entre $\mathscr{L}((\mathcal{U}_t), P)$ et $\mathscr{L}((\mathcal{U}_t), Q)$.

Démonstration

Quitte à échanger P et Q , il suffit, à l'évidence, de démontrer

$$\tilde{G} \circ G = id_{\mathscr{L}((\mathcal{U}_t), P)} .$$

Or, si $X \in \mathscr{L}((\mathcal{U}_t), P)$, G (X) est, d'après le théorème 3, une $((\mathcal{U}_t), P)$ martingale locale qui ne diffère de X que par un processus $(\mathcal{U}_t)$ prévisible (en fait, $(\mathcal{U}_t)$ adapté, et continu) à variation finie.
De même, $\tilde{G}$ (G (X)) $\in \mathscr{L}((\mathcal{U}_t), P)$, et ne diffère de X que par un processus $(\mathcal{U}_t)$ prévisible, à variation finie.
Ainsi, $\tilde{G}$ (G (X)) - X $\in \mathscr{L}((\mathcal{U}_t), P)$ et est, de plus, un processus $(\mathcal{U}_t)$ prévisible, à variation finie, nul en 0. D'où : $\tilde{G}$ (G (X)) - X = 0 .
La conséquence suivante de la proposition 5 nous sera particulièrement utile.

Corollaire (5.1)

Soit X une $((\mathcal{U}_t), P)$ martingale locale. Alors, X a la propriété de représentation prévisible pour $((\mathcal{U}_t), P)$, c'est-à-dire : toute $((\mathcal{U}_t), P)$ martingale (locale) nulle en 0 s'écrit comme intégrale stochastique par rapport à dX, *si, et seulement si, G (X) a cette propriété pour $((\mathcal{U}_t), Q)$*

4.2) Appliquons les résultats précédents à l'étude de la structure des $((\mathcal{Y}_t), P)$ martingales, lorsque le processus h est identique à 1. Les formules (11) et (12) deviennent alors :

$$(15) \qquad Y_t = \int_0^t Z_s \, ds + B_t = \int_0^t \widehat{Z}_s \, ds + \beta_t .$$

Soit T réel positif fixé. Définissons sur $(\Omega, \mathcal{F})$ la probabilité Q par :

$$Q = \exp \left[- \int_0^T \widehat{Z}_s \, d\beta_s - 1/2 \int_0^T (\widehat{Z}_s)^2 \, ds \right] . P$$

(Z , et donc $\widehat{Z}$, étant bornés, il est aisé de montrer que Q est une probabilité), ainsi que la filtration $\mathcal{U}_t \equiv \mathcal{Y}_{t \wedge T}$ (t≥0). D'après le théorème 3, $Y_{t \wedge T} = \beta_{t \wedge T} + \int_0^{t \wedge T} \widehat{Z}_s \, ds$ est une $((\mathcal{U}_t), Q)$ martingale continue, de processus croissant (t ∧ T), ce qui équivaut à dire que $(Y_t)_{t \leq T}$ est un $((\mathcal{U}_t), Q)$ mouvement brownien.

$(Y_{t \wedge T})_{t \geq 0}$ a donc (théorème d'Ito) la propriété de représentation prévisible par rapport à $((\mathcal{U}_t), Q)$; ainsi, d'après le corollaire 5.1, la transformée de Girsanov de $(Y_{t \wedge T})$ relativement à la paire de probabilités (Q, P), et à la filtration $(\mathcal{U}_t)$, qui est précisément le processus (β_t), possède la propriété de représentation prévisible relativement à $((\mathcal{U}_t), P)$. En faisant varier T parmi les réels positifs, on a finalement obtenu, par recollement, le résultat suivant.

Proposition 7

Dans le cas où h ≡ 1, toute martingale locale de la filtration naturelle $(\mathcal{Y}_t)$ du processus (Y_t) défini par (15), peut se représenter comme :

$$c + \int_0^t \varphi_s \, d\beta_s ,$$

où $c \in \mathbb{R}$, et φ est un processus $(\mathcal{Y}_t)$ prévisible tel que $\int_0^t \varphi_s^2 \, ds < \infty$ P p s , pour tout t.

4.3) On entend habituellement par <u>problème de l'innovation</u> la question de savoir si, avec les notations de la formule (15), la filtration naturelle $(\mathcal{B}_t)$ du <u>processus d'innovation</u> (β_t), et la filtration $(\mathcal{Y}_t)$ sont identiques, ou -ce qui revient au même- si les tribus $\mathcal{B}_\infty$ et $\mathcal{Y}_\infty$ sont égales. Disons simplement, pour justifier (ici) l'intérêt de cette question, que si la réponse à ce problème était toujours positive, la proposition 7 découlerait immédiatement du théorème d'Ito sur la représentation des martingales browniennes.

Or, B. Tsirelson [12] a prouvé, à l'aide d'un contre-exemple que l'on décrit ci-dessous, que la réponse au problème de l'innovation est, "en général", négative :

sur l'espace $\Omega = C(\mathbb{R}_+, \mathbb{R})$, on considère le processus des projections : $Y_t(\omega) = \omega(t)$, et on note $\mathcal{F} = \sigma\{Y_s, s \in \mathbb{R}_+\}$. Soit W la mesure de Wiener sur $(\Omega, \mathcal{F})$, ie : l'unique probabilité qui fasse de (Y_t) un mouvement brownien réel, issu de 0. On note $(\mathcal{Y}_t)$ la filtration naturelle de (Y_t), sous W.

Définissons ensuite la probabilité P, équivalente à W sur $\mathcal{F}$, à l'aide de :

$$(16) \quad \frac{dP}{dW}\bigg|_{\mathcal{F}} = \exp\left\{\int_0^1 \tau(s,\omega)\, d Y_s(\omega) - \frac{1}{2}\int_0^1 \{\tau(s,\omega)\}^2\, ds\right\},$$

où le processus τ est défini comme suit :

$(t_k)_{k \in (-\mathbb{N})}$ est une suite de nombres réels, avec $t_o = 1$, qui décroît strictement vers 0, lorsque $k \downarrow -\infty$, et l'on note :

$$(17) \quad \tau(s,\omega) = \sum_{k \in (-\mathbb{N})} \left[\frac{Y_{t_k} - Y_{t_{k-1}}}{t_k - t_{k-1}}\right] 1_{(t_k \leqslant s < t_{k+1})},$$

où $[x]$ désigne la partie <u>fractionnaire</u> de $x \in \mathbb{R}$.

D'après le théorème 3, le processus $\beta_t = Y_t - \int_o^{t \wedge 1} \tau(s,\omega)\, ds$ est un $((\mathcal{Y}_t), P)$ mouvement brownien ; de plus, c'est - par construction - le

processus d'innovation associé à (Y_t), sous P , par la formule (12).
Introduisons encore le processus (η_t) défini par :

$$\eta_t = \frac{Y_t - Y_{t_{k-1}}}{t - t_{k-1}} \qquad \text{si} \quad t \in \,]t_{k-1}, \, t_k]$$

En étudiant de près la démonstration, dûe à N. Krylov, qui figure dans
le livre de Lipçer et Shyriaev ([13] , p. 151), du fait que le modèle de
Tsirel'son fournit une réponse négative au problème de l'innovation, on
obtient (D. Stroock et M. Yor [14] , proposition 6.13) la proposition
suivante, qui démontre a fortiori le résultat cherché.

Proposition 8

*Pour tout $t \in \,]0, \, 1]$, la variable $[\eta_t]$ est indépendante de $\mathcal{B}_1$, et a
pour distribution la mesure de Lebesgue sur $[0, \, 1]$.*

Remarques :

1) V. Beneš [15] a également donné une démonstration très naturelle du
   contre-exemple de Tsirel'son, fondée sur de simples considérations
   de théorie de la mesure. Il ramène en effet le problème à montrer que
   l'application $T : C \, [0, \, 1] \longrightarrow C \, ([0, \, 1])$
   $$\omega \longrightarrow \omega - \int_o^{\cdot} \tau \, (s, \omega) \, ds$$
   n'est injective sur aucun ensemble plein pour la mesure de Wiener sur
   $C \, ([0, \, 1])$, ce qui découle assez aisément des résultats suivants :
   $T = TS$, avec $S = C \, ([0, \, 1]) \longrightarrow C \, ([0, \, 1])$
   $$\omega \longrightarrow \omega + \int_o^{\cdot} \left[\tau \, (s, \tilde{\omega}) - \tau(s, \omega) \right] ds$$
   où $\tilde{\omega} \, (t) \equiv \omega \, (t) + \dfrac{t}{2}$.

2) Tout probabiliste a - au moins une fois ! - été tenté d'appliquer le
   magnifique résultat (faux !) suivant : soient, sur un espace de probabilité complet $(\Omega, \mathcal{F}, P)$, une suite décroissante de tribus $(\mathcal{F}_n)$,

et une autre tribu $\mathcal{G}$, toutes supposées $(\mathcal{F}, P)$ complètes. Alors,

$$" \; (\bigcap_n \mathcal{F}_n) \vee \mathcal{G} = \bigcap_n (\mathcal{F}_n \vee \mathcal{G}) \; " \; .$$

Le modèle de Tsirel'son donne encore, si besoin était, un contre-exemple à cette assertion : il suffit de prendre $\mathcal{F}_n = \mathcal{Y}_{t_{-n}}$, et $\mathcal{G} = \mathcal{B}_1$. Alors, $\bigcap_n \mathcal{Y}_{t_{-n}}$ est la tribu triviale sous $P_1 \simeq W_1$ (résultat bien connu pour la mesure de Wiener), et donc

$$(\bigcap_n \mathcal{Y}_{t_{-n}}) \vee \mathcal{B}_1 = \mathcal{B}_1 \; , \; \text{tandis que, pour tout } n \; , \; \mathcal{Y}_{t_{-n}} \vee \mathcal{B}_1 = \mathcal{Y}_1 .$$

3) Signalons encore que le contre-exemple de Tsirel'son a un intérêt théorique important. Il permet en effet de construire divers exemples plus ou moins pathologiques de martingales continues (cf [14]).

Pour donner au lecteur une idée assez complète du problème de l'innovation, nous indiquons maintenant deux cas où la réponse à ce problème est positive. On distinguera ainsi :

a) le cas markovien

b) le cas complètement indépendant.

De façon générale, il ne semble pas que l'on puisse écrire de condition nécessaire et suffisante explicite, mais que la réponse dépend, de manière compliquée, du type de liaison stochastique qui existe entre le processus de signal (Z_t), et de bruit (B_t).

a) Le cas markovien

La réponse, dans ce cas, est dûe à A. Zvonkin [16] , qui a démontré le

Théorème 9 ([16] , extrait du théorème 4)

Soit $y_o \in \mathbb{R}$. Si $a (t, y)$ est une fonction réelle, définie sur $\mathbb{R}_+ \times \mathbb{R}$, borélienne, et bornée, l'équation

$$Y_t = y_o + B_t + \int_o^t a (s, Y_s) \, ds$$

admet une solution unique (au sens trajectoriel), et cette solution est

adaptée à la filtration naturelle de (B_t).

L'idée de la démonstration de Zvonkin est de se ramener, après changement de variable, à une question d'Ito, sans drift, mais avec coefficient
de diffusion <u>lipschitzien</u> ; on sait alors que, à l'aide de la convergence
de la méthode des approximations successives, l'unique solution est
adaptée à la filtration naturelle de (B_t).

A. Shyriaev nous a signalé que A. Veretennikov a étendu – c'est beaucoup plus difficile – ces résultats en toute dimension n $\in \mathbb{N}$, ie :
(B_t) est un mouvement brownien à valeurs dans $\mathbb{R}^n$, a : $\mathbb{R}_+$ x $\mathbb{R}^n \longrightarrow \mathbb{R}^n$
est une fonction borélienne bornée, et (Y_t) est un processus à valeurs
dans $\mathbb{R}^n$, solution de : $Y_t = y_o + B_t + \int_o^t$ a (s, Y_s) ds.
(voir, pour le moment, le résumé de Veretennikov $[17]$).

Remarquons que le résultat de Zvonkin peut servir, via le théorème de
Girsanov, à étudier des situations "duales" de celles du cas markovien.
En effet, si $(B_t)_{t \geqslant 0}$ désigne un mouvement brownien réel, issu de O, et
a : $\mathbb{R}_+$ x $\mathbb{R} \longrightarrow \mathbb{R}$ une fonction borélienne, bornée, nous allons montrer
que la réponse au problème de l'innovation concernant le processus
$Y_t = B_t + \int_o^t$ a $(s ; B_s)$ ds est positive.
On a évidemment $\mathcal{Y}_t \subseteq \mathcal{F}(B)_t$, pour tout t. Inversement, pour tout
T > O fixé, considérons la probabilité :

$$Q = \exp \left\{ - \int_o^T a(s, B_s) \, d B_s - 1/2 \int_o^T a^2(s, B_s) \, ds \right\} . P$$

Alors, sous Q , $(Y_t)_{t \leqslant T}$ est un mouvement brownien réel issu de O, et
l'on a : $B_t = Y_t - \int_o^t$ a (s, B_s) ds, t $\leqslant$ T .
D'après Zvonkin, $\mathcal{F}(B)_t \subseteq \mathcal{Y}_t$, pour tout t $\leqslant$ T ; puisque T est arbitraire , la démonstration est terminée, le processus d'innovation associé à
(Y_t) étant B lui-même.

b) Le cas complètement indépendant

On conserve les notations générales de la formule (15) :

$$Y_t = B_t + \int_o^t Z_s \, ds = \beta_t + \int_o^t \widehat{Z}_s \, ds \ ,$$

avec $(Z_t)_{t \geqslant 0}$ processus de signal uniformément borné, indépendant de $(B_t)_{t \geqslant 0}$. La démonstration de l'égalité : $\mathcal{Y}_t = \mathcal{B}_t$, pour tout t , se fait, dans ce cas, à l'aide de la formule de Kallianpur-Striebel, qui constitue, en fait, une équation (hautement non linéaire), en $\widehat{Z}$, équation dont les "coefficients" dépendent mesurablement du processus β. J. Clark [18] a montré, à partir de cette formule, et à l'aide d'une méthode d'approximations successives, que $\widehat{Z}$ est $\mathcal{B}(\mathbb{R}_+) \times \mathcal{B}_\infty$ mesurable ; il en est donc de même de $Y = \beta + \int_o^{\cdot} \widehat{Z}_s \, ds$, ce qui entraîne aisément le résultat cherché.

La démonstration de J. Clark a été reprise en détail par P.A. Meyer [19]. Différents auteurs (dont V. Benes̆ , M. Yershov) ont étendu le résultat de Clark au cas où Z , toujours supposé indépendant du processus (B_t), vérifie seulement $E\left[\int_o^t Z_s^2 \, ds\right] < \infty$, pour tout t .

Nous devons avouer cependant que certains des arguments utilisés nous ont laissé sur notre faim ! Gageons toutefois que la réponse au problème de l'innovation est encore vraie dans ce cas ; au moment de la rédaction de cet exposé, diverses recherches portent sur le cas encore beaucoup plus délicat où l'on suppose seulement que $\int_o^t Z_s^2 \, ds < \infty$ P p.s. , pour tout t.

4.4. L'étude de la structure (des martingales) de la filtration $(\mathcal{Y}_t)$, lorsque (Y_t) est de la forme :

(18) $Y_t = B_t + A_t \ ,$

où :

(i) (B_t) désigne un $(\mathcal{F}_t)$ mouvement brownien réel,

(ii) (A_t) est un processus continu, à variation finie sur tout compact,

tel que d A_s <u>ne soit pas</u> (au moins sur un ensemble de probabi-

lité > 0) absolument continu par rapport à la mesure de Lebesgue

(ds)

nous semble mériter une attention spéciale.

En effet, l'hypothèse (ii) nous prive de l'emploi du théorème de Girsanov,

et il n'y a plus de méthode générale nous permettant de nous ramener au

cas de la filtration du mouvement brownien.

Aussi n'aborderons nous que deux exemples très intéressants.

<u>Exemple 1</u> : Paul Lévy a démontré que le couple $(Y_t ; S_t)$, où

$Y_t = - B_t + S_t$, et $S_t = \sup_{(s \leqslant t)} B_s$, a même loi que le couple

$(|B_t| , L_t)_{t \geqslant 0}$, où (L_t) désigne le temps local en 0 de (B_t). En consé-

quence, on a : $S_t = \lim_{(\varepsilon \to 0)} \dfrac{1}{2\varepsilon} \int_o^t 1_{(Y_s \leqslant \varepsilon)} \, ds$, ce qui prouve que

(Y_t) a même filtration naturelle que (B_t).

<u>Exemple 2</u> : J. Pitman [21] a démontré que le processus $Y_t = 2 S_t - B_t$

a même loi que le processus de Bessel de "dimension" 3 , issu de 0 ;

(Y_t) satisfait donc à l'équation différentielle :

$$(19) \qquad Y_t = \beta_t + \int_o^t \frac{ds}{Y_s} \quad ,$$

où (β_t) est un mouvement brownien réel . T. Shiga et S. Watanabe [22] ont

remarqué que l'application d'un résultat de T. Yamada et S. Watanabe [23]

permet de déduire de (19) que (Y_t) est adapté à la filtration naturelle

$(\mathcal{B}_t)$ de (β_t). Ainsi, dans ce cas encore, la réponse au "problème de l'in-

novation" est positive.

Remarque : Dans ces deux exemples, la mesure aléatoire d A_s est portée

par $\{s / S_s = B_s\}$ qui est, P p.s., négligeable pour la mesure de Lebesgue.

Signalons enfin que, par contre, le processus $Y_t = B_t + L_t$, où (L_t) désigne le temps local de (B_t) en 0, a résisté, jusqu'à présent, aux efforts de (en particulier) J.Pitman, J. Jacod et Ph. Protter, et de l'auteur.

5. Etude de quelques exemples avec h $\neq$ 1

5.1. Nous reprenons dorénavant la problématique et les notations du paragraphe 3, auquel le lecteur voudra bien se reporter.

La proposition suivante, dûe à H. Kunita [1] , bien que de démonstration facile, nous rendra de sérieux services par la suite.

Proposition 10

Soient $(\mathcal{F}'_t)$ et $(\mathcal{F}''_t)$ deux sous-filtrations de $(\mathcal{F}_t)$. Notons $(\tilde{\mathcal{F}}_t)$ la filtration engendrée par $\mathcal{F}'$ et $\mathcal{F}''$, ie :

pour tout t , $\tilde{\mathcal{F}}_t = \bigcap_{(\varepsilon > 0)} \left\{ \mathcal{F}'_{t+\varepsilon} \vee \mathcal{F}''_{t+\varepsilon} \right\}$. On suppose $\tilde{\mathcal{F}}_o$ triviale.

Alors, $\mathcal{F}'_\infty$ et $\mathcal{F}''_\infty$ sont indépendantes si, et seulement si :

M_t (resp. N_t) étant une $(\mathcal{F}'_t)$ (resp. $(\mathcal{F}''_t)$) martingale bornée quelconque, le produit $(M_t N_t)$ est une $(\tilde{\mathcal{F}}_t)$ martingale. De plus, si ces hypothèses sont satisfaites, et si $\mathcal{N}'$(resp. $\mathcal{N}''$) est une base de $\mathbb{M}^2 (\mathcal{F}'_t)$ (resp. $\mathbb{M}^2 (\mathcal{F}''_t)$), les temps de saut de tout élément de $\mathcal{N}'$ étant supposés disjoints de ceux de tout élément de $\mathcal{N}''$, alors :

$$\mathcal{N}' \cup \mathcal{N}'' \text{ est une base de } \mathbb{M}^2 (\tilde{\mathcal{F}}_t).$$

5.2. Voici un premier exemple de la situation décrite de façon générale au paragraphe 3, où l'on peut déterminer assez aisément une base de $\mathbb{M}^2 (\mathcal{Y}_t)$.

Théorème 11

Supposons que :

1) pour tout t , les tribus $\mathcal{H}_\infty$ et $\mathcal{F}_t$ sont conditionnellement indépendantes par rapport à $\mathcal{H}_t$.

2) les processus h et B sont indépendants.

Alors :

(i)   toute ($\mathcal{H}_t$) martingale est une ($\mathcal{F}_t$)-, et donc une ($\mathcal{Y}_t$)-martingale

(ii)   si (M_t) est une ($\mathcal{H}_t$) martingale, (M_t) et (β_t) sont orthogonales (en tant que ($\mathcal{Y}_t$) martingales)

(ce qui équivaut à l'indépendance des processus (h_t) et (β_t))

(iii)   si $\mathcal{N}$ est une base de $\mathcal{M}^2$ ($\mathcal{H}_t$), $\mathcal{N} \cup \{\beta\}$ est une base de $\mathcal{M}^2$ ($\mathcal{Y}_t$) , qui est constituée de ($\mathcal{F}_t$) semi-martingales.

Démonstration

α) L'assertion (i) est une conséquence immédiate de 1) (on a déjà rencontré cette situation en remarque du corollaire 2.1)), et de ce que

$\mathcal{Y}_t \subseteq \mathcal{F}_t$, pour tout t.

β) Soit (M_t) une ($\mathcal{H}_t$) martingale. Alors, $< M ; \beta > = < M ; B >$, car β et B ne diffèrent que par un processus continu, à variation finie. D'autre part, d'après l'hypothèse 2), on peut appliquer la proposition (10) à $\mathcal{F}'_t \equiv \mathcal{Y}_t$ et $\mathcal{F}''_t = \mathcal{F}(B)_t$, ce qui entraîne $< M ; B > = 0$. On a donc prouvé la première partie de l'assertion (ii).

Ceci équivaut à l'indépendance des processus (h_t) et (β_t) : en effet, si l'on note ($\mathcal{B}_t$) la filtration naturelle du ($\mathcal{Y}_t$) mouvement brownien (β_t), et ($\mathcal{K}_t$) la filtration engendrée par (h_t) et (β_t), il résulte du théorème d'Ito, et de ce qui précède, que :

- toute ($\mathcal{B}_t$) martingale est une ($\mathcal{Y}_t$) martingale, et donc une ($\mathcal{K}_t$) martingale

- toute $(\mathcal{B}_t)$ martingale est orthogonale à toute $(\mathcal{H}_t)$ martingale.

D'après la proposition 10, ceci entraîne que $\mathcal{B}_\infty$ et $\mathcal{H}_\infty$ sont indépendantes.

γ) Pour démontrer (iii), on peut se restreindre au cas où l'ensemble des temps est $[0, \underline{T}]$, pour T > 0 , fixé.

Soit Q la probabilité sur $(\Omega, \mathcal{Y}_T)$ définie par :

$$ Q = \exp\left\{ - \int_o^T \widehat{z'_s}\ d\beta_s - 1/2 \int_o^T (\widehat{z'_s})^2\ ds \right\} . \ P\ \Big|_{\mathcal{Y}_T} $$

Notons que, d'après le théorème de Girsanov, $Y'_t = \int_o^t \widehat{z'_s}\ ds + \beta_t$ est un $(Q, \mathcal{Y}_t)$ mouvement brownien.

Rappelons, d'autre part, que $(\mathcal{Y}_t)$ est la filtration engendrée par les processus Y' et h. On va montrer, toujours à l'aide de la proposition (10), que, sous Q , Y' et h sont indépendants :

- tout d'abord, d'après le théorème d'Ito, toute $((\mathcal{Y}'_t), Q)$ martingale est une $((\mathcal{Y}_t), Q)$ martingale.

- Remarquons ensuite que $Q \Big|_{\mathcal{H}_T} = P \Big|_{\mathcal{H}_T}$: en effet, si $H \in b\ (\mathcal{H}_T)$, et si l'on note $H_t = E_p\ (H\ /\ \mathcal{H}_t)$ (version continue à droite), (H_t) est une $(\mathcal{Y}_t, P)$ martingale (assertion (i)), orthogonale à β (assertion (ii)), et donc à :

$$ L_t = \exp\left\{ - \int_o^t \widehat{z'_s}\ d\beta_s - \frac{1}{2} \int_o^t (\widehat{z'_s})^2\ ds \right\} , $$

d'après la formule d'Ito.

Ainsi, $E_Q\ (H) = E_P\ (L_T\ H) = E_P\ (L_o\ H_o) = E_P\ (H)$.

(on s'est refusé, pour cette étape élémentaire, l'utilisation du théorème de Girsanov).

- de ces deux remarques, on déduit que, si (H_t) est une $(\mathcal{H}_t, Q)$ martingale, c'est aussi une $((\mathcal{H}_t), P)$ martingale, et donc une $(\mathcal{Y}_t, P)$ martingale, orthogonale à β.

La transformation de Girsanov G associée à la paire (P, Q), et à la filtration ($\mathcal{Y}_t$) laisse (H_t) invariante, et transforme β en Y' , qui est encore orthogonale à (H_t) sous Q (proposition 4, iii)). Finalement, d'après la proposition (10), Y' et h sont indépendants sous Q. De plus, si $\mathcal{N}$ est une base de $\mathcal{M}^2$ ($\mathcal{H}_t$) (sous P ou sous Q !), $\mathcal{N} \cup \{Y'\}$ est, toujours d'après la proposition (10), une base de $\mathcal{M}^2$ ($\mathcal{Y}_t$; Q). Il découle aisément des propositions 4 et 5 que, si $\tilde{G}$ désigne la transformation de Girsanov associée à la paire (Q, P), et à la filtration ($\mathcal{Y}_t$) [i.e. : $\tilde{G} = G^{-1}$], $\tilde{G}$ [$\mathcal{N} \cup \{Y'\}$] est une base de $\mathcal{M}^2$ ($\mathcal{Y}_t$; P). Remarquons que $\tilde{G}$ [$\mathcal{N}$] = $\mathcal{N}$ et $\tilde{G}$ (Y') = β , ce qui termine la démonstration.

5.3. Dans la proposition suivante (si l'on prend $M_t = \int_o^t h_s \, dB_s$), les ($\mathcal{H}_t$) martingales sont toujours des ($\mathcal{Y}_t$) martingales ; par contre, l'hypothèse d'indépendance de h et B , faite précédemment, est remplacée par une hypothèse de dépendance (hypothèse 1).

Proposition 12

Supposons (Y_t) de la forme : $Y_t = \int_o^t Z_s \, ds + M_t$, avec M ($\mathcal{F}_t$) martingale continue, et Z processus ($\mathcal{F}_t$) adapté, continu à droite, ou à gauche, et borné. Supposons de plus que :

1) $\mathcal{F}$ (M) = $\mathcal{F}$ (< M >)

et   2)   les processus Z et M sont indépendants

Alors :

(i)   ($\mathcal{Y}_t$) est la filtration naturelle engendrée par les processus Z et M

(ii)   si les temps de saut de toute $\mathcal{F}$ (M)-martingale sont disjoints de ceux de toute $\mathcal{F}$ (Z)-martingale, l'union d'une base de $\mathcal{F}$ (M)-martingales et d'une base de $\mathcal{F}$ (Z)-martingales (de carré intégrable)

constitue une base de $\mathcal{M}^2$ ($\mathcal{Y}_t$).

Démonstration

M étant continue, on a : $< Y > = < M >$, et donc le processus $(< M >_t)$ est adapté à ($\mathcal{Y}_t$). D'après l'hypothèse 1), il en est donc de même de M, d'où (i).

(ii) découle immédiatement de l'hypothèse 2), et de la dernière assertion de la proposition (10)

Illustrons la proposition (12) par un exemple, "laissé en exercice" : soit $U_t = X_t + i Y_t$ un mouvement brownien complexe, issu de $u_o \in \mathbb{C}$, $u_o \neq 0$. Alors, si $\rho_t = |U_t|$, le couple

$$
\left\{
\begin{array}{l}
M_t = \log \rho_t - \log \rho_o \ , \\[2mm]
Z_t = \int_o^t \dfrac{X_s \ d \ Y_s - Y_s \ d \ X_s}{\rho_s}
\end{array}
\right.
$$

satisfait aux hypothèses de cette proposition.

Remarquons enfin que le cadre, et les conclusions, de la proposition (12) sont radicalement différents du cas complètement indépendant (étudié en 4.3)), où :

$$
\left\{
\begin{array}{l}
M = B \quad \text{est un } (\mathcal{F}_t) \text{ mouvement brownien réel} \\[2mm]
Z \text{ et } B \text{ sont indépendants}
\end{array}
\right.
$$

(on suppose, en outre, que dans les deux cas, le processus Z n'est pas déterministe ; ceci pour éliminer les situations triviales).

On a, en effet, indiqué plus haut, que, dans ce cas, ($\mathcal{Y}_t$) est la filtration naturelle du processus d'innovation (β_t). En conséquence, (B_t) ne peut pas être ($\mathcal{Y}_t$) adapté : ce serait alors un ($\mathcal{Y}_t$) mouvement brownien, égal à (β_t), et donc (Z_t) serait mesurable par rapport à la filtration de (B_t), ce qui est contraire aux hypothèses.

5.4. Pour chacun des deux exemples étudiés dans les sous-paragraphes 5.2 et 5.3, toute $(\mathcal{H}_t)$ martingale est une $(\mathcal{Y}_t)$ martingale. Il n'en est pas de même dans l'exemple suivant (pour d'autres exemples d'une telle situation, voir Kunita $[I]$).

On travaille toujours, dans le cadre, et avec les notations, définis au paragraphe 3.

Supposons que (Y'_t) soit <u>la</u> solution de l'équation

$$Y'_t = \int_o^t a(s, Y'_s)\, ds + B_t \, ,$$

avec $a : \mathbb{R}_+ \times \mathbb{R} \longrightarrow \mathbb{R}$ une fonction borélienne, bornée, et (B_t) un $(\mathcal{F}_t)$ mouvement brownien réel ; rappelons que, d'après le théorème 9, (Y'_t) et (B_t) ont même filtration naturelle $(\mathcal{B}_t)$.

(Y_t) étant défini par : $Y_t = \int_o^t h_s\, d\, Y'_s$, supposons d'autre part que (h_t) ait même filtration naturelle qu'un processus (H_t) donné par :

$$H_t = \int_o^t \tilde{Z}_s\, ds + \tilde{B}_t \, ,$$

où $(\tilde{B}_t)$ est un second $(\mathcal{F}_t)$ mouvement brownien, indépendant de (B_t), et $(\tilde{Z}_t)$ un processus non déterministe $(\mathcal{B}_t)$-prévisible.

Proposition 13

Avec les notations, et hypothèses, précédentes, on a :

(i) $(\mathcal{Y}_t)$ est la filtration naturelle du couple $(B ; \tilde{B})$

(ii) $(\mathcal{H}_t)$ est la filtration naturelle du processus d'innovation $\tilde{\beta}_t$
       associé au processus (H_t).

(iii) $(\tilde{\beta}_t)$ n'est pas une $(\mathcal{Y}_t)$ martingale.

Démonstration

a) La filtration $(\mathcal{Y}_t)$ est engendrée par le couple de processus (h, Y') et donc, d'après les remarques précédentes, par (H, B). De plus, $\tilde{Z}$

étant $(\mathcal{B}_t)$ adapté, $\tilde{B}$ est $(\mathcal{Y}_t)$ adapté. Ainsi, le couple $(B, \tilde{B})$ est $(\mathcal{Y}_t)$ adapté.

Inversement, H étant adapté à la filtration engendrée par $(B, \tilde{B})$, $(\mathcal{Y}_t)$ est la filtration naturelle du couple $(B, \tilde{B})$.

b) Par hypothèse, $\tilde{Z}$ et $\tilde{B}$ sont indépendants.

ii) découle alors du résultat de Clark (sous-paragraphe 4.3, b)).

c) Si $\tilde{\beta}$ était une $(\mathcal{Y}_t)$ martingale, on aurait : $\tilde{\beta} = \tilde{B}$, et donc $\tilde{B}$ serait $(\mathcal{B}_t)$ adapté, ce qui n'est pas possible, d'après la remarque qui termine le sous-paragraphe 5.3.

6. En guise de conclusion

Comme le lecteur l'aura remarqué, le présent exposé n'aborde pas du tout un certain nombre de points fondamentaux de la théorie du filtrage. Citons, en particulier :

a) le cas linéaire : filtre, et équations, de Kalman-Bucy
(Bucy et Kalman [24] ; Bucy et Joseph [25])

b) la construction du processus de filtrage $(\pi_t (\omega ; dy))$ à valeurs mesures
(Fujisaki - Kallianpur - Kunita [26] ; Kunita [27] ; [29]), et la résolution, dans le cas où le processus de signal est markovien, des équations vérifiées par ce processus de filtrage (à nouveau, [26] et [27] ; J. Szpirglas [28])

c) le comportement asymptotique du processus $(\pi_t (\omega ; dy))$, toujours dans le cas markovien (H. Kunita [27])

d) l'existence de densités des mesures $(\pi_t (\omega ; dy))$ par rapport à une mesure de référence (par exemple, la mesure de Lebesgue sur $\mathbb{R}^n$) et l'obtention de ces densités comme solutions d'équations stochastiques aux dérivées partielles (M. Zakaï [30] ; E. Pardoux [31] ; N. Krylov et B. Rozovski [32])

Enfin, un certain nombre de recherches tout à fait récentes ont pour but
d'obtenir une expression "explicite" du filtre, soit en s'appuyant sur
les résultats de H. Doss [33] et H. Sussman [34] sur les relations entre
équations différentielles stochastiques et ordinaires (cf , M.H.A. Davis
[35] et [36] ; H. Kunita [37]), soit en utilisant les décompositions en
chaos de Wiener (A. Veretennikov et N. Krylov [38] ; de façon tout à fait
indépendante, E. Wong a exposé ses travaux dans cette direction en Mars
1980 à Paris ; voir également l'article de Kunita [39]), décompositions
qui semblent (enfin !) pouvoir devenir opératoires, grâce à la nouvelle
interprétation qui en a été donnée par P. Malliavin [40] , à l'aide d'un
"gros" processus de Ornstein-Ulhenbeck, interprétation reprise et expli-
quée en détail par D. Stroock [41] .

La principale raison de ces omissions importantes dans l'exposé ci-
dessus réside dans l'existence du livre très complet, tout au moins en ce
qui concerne les approches déjà "classiques" de la théorie du filtrage,
de Lipcer et Shyriaev [13] , et de l'article fondamental de H. Kunita [27],
auxquels nous n'avons rien de nouveau à ajouter. Signalons encore l'existence d'un cours de 3ème cycle intitulé "Théorie du filtrage" , fait par
H. Kunita à Paris en 1974-1975 ; le contenu de ce cours est repris et
complété dans un petit livre (en japonais) par H. Kunita, livre qui m'a
été traduit et commenté avec beaucoup de patience par M. Fujisaki ; je
l'en remercie vivement.

En conclusion, nous avons simplement essayé, dans cet exposé, de
montrer comment la théorie du filtrage suggère le développement autonome
de questions d'apparence "abstraite" (ici, l'expression de la projection
d'une semi-martingale sur une sous-filtration), questions dont les solutions peuvent être éventuellement réinjectées ensuite dans la théorie
même du filtrage. Les nombreux articles de N. Krylov sur les théories du
contrôle et du filtrage illustrent d'ailleurs de façon beaucoup plus

convaincante ce va-et-vient entre "théorie" et "pratique" (voir, à titre
d'exemples, [42] et [43])

Bibliographie

L'article qui a fourni le canevas de cet exposé est :

[1]   H. Kunita
        Non linear filtering for the system with general noise,in :
        Stochastic Control Theory and Stochastic Differential Systems
        Lect. Notes in Control and Information Sciences n° 16, Springer
        (1979)

Les autres références qui figurent dans le texte sont (chapitre par chapitre)

Chapitre 2

[2]   C. Stricker
        Quasi-martingales, martingales locales, semi-martingales et fil-
        tration naturelle. Z. für Wahr., 39 (1977), p. 55-64

[3]   C. Stricker
        Projection optionnelle et semi-martingales.
        Séminaire de Probabilités XIV, Lect. Notes in Maths n° 784,
        Springer (1980).

[4]   Ch. Yoeurp
        Décomposition des martingales locales et formules exponentielles
        Séminaire de Probabilités X, Lect. Notes in Maths (1976), n° 511
        Springer

[5]   T. Jeulin et M. Yor
        Inégalité de Hardy, semi-martingales, et faux-amis
        Séminaire de Probabilités XIII, Lect. Notes in Maths n° 721,
        Springer (1979)

[6] P. Brémaud et M. Yor
Changes of filtrations and of probability measures.
Z. für Wahr, 45, p. 269-296, 1978

Chapitre 4
[7] P.A. Meyer
Un cours sur les intégrales stochastiques.
Séminaire de Probabilités X. Lect. Notes in Maths n° 511,
Springer (1976)

[8] J. Van Schuppen, E. Wong
Transformation of local martingales under a change of law.
Annals of Probability 2, 879-888, 1974

[9] I.V. Girsanov
On transforming a certain class of stochastic processes by absolu-
tely continuous substitution of measures.
Theory of Probability and Applications (en russe) 5, 285-301, 1960

[10] R. Cameron, W. Martin
Transformation of Wiener integrals under a general class of linear
transformations.
Trans. Amer. Math. Soc 58 (1945), 184-219

(Pour un exposé quasiment complet du calcul stochastique, et de nombreuses
autres références, voir le livre de

[11] J. Jacod
Calcul stochastique et Problèmes de martingales.
Lect. Notes in Maths n° 714, Springer (1979)

Les références, relatives au problème de l'innovation, que nous avons
utilisées, sont :

[12] B.S. Tsirel'son
An example of a stochastic differential equation not possessing a
strong solution.
Theory of Probability and Applications (en russe) 20, p. 427-430,
1975

[13]   R.S. Lipcer, A.N. Shyriaev
        Statistics of Random processes I
        General Theory
        Applications of Mathematics 5, Springer Verlag (1977)

[14]   D.W. Stroock, M. Yor
        On extremal solutions of martingale problems.
        Annales de l'Ecole Normale Supérieure, $4^{\text{ème}}$ série, t.13,
        p. 95-164 (1980)

[15]   V. Beneš
        Non existence of strong nonanticipating solutions to stochastic
        DEs.Implications for Functional DEs, Filtering and Control·
        Preprint (1977)

[16]   A.K. Zvonkin
        A transformation of the phase space of a diffusion process that
        removes the drift
        Math Sb. 93 (1974), 129-149 (en russe)
        Math USSR Sb. 22 (1974), 129-149 (en anglais)

[17]   A. Yu. Veretennikov
        On the existence of the optimal strategy in a diffusion process
        control problem
        Int. Symp. on Stoch. Diff. Equations
        August 28 - Sept. 2, 1978, Vilnius
        Abstracts of Communications

[18]   J.M.C. Clark
        Conditions for the one-to-one correspondence between an observa-
        tion process and its innovation
        Techn. Rept 1, Imperial College, London (1969)

[19]   P.A. Meyer
        Sur un problème de filtration
        Séminaire de Probabilités VII. Lect. Notes in Maths n° 321
        Springer (1973)

[20] G. Kallianpur, C. Striebel
Estimation of stochastic processes. Arbitrary system processes
with additive white noise errors.
Ann. Math. Stat. 39 (1968), p. 785-801

Les références relatives au théorème de Pitman, présenté ici comme exemple
pour un problème de l'innovation généralisé, sont :

[21] J. Pitman
One dimensional Brownian motion and the three-dimensional Bessel
Process
Adv. Appl. Probability 7, 511-526, 1975

[22] T. Shiga et S. Watanabe
Bessel diffusions as a one-parameter family of diffusion processes.
Zeitschrift für Wahr. 27, 37-46 (1973)

[23] T. Yamada et S. Watanabe
On the uniqueness of solutions of stochastic differential equations
J. Math. Kyoto Univ. 11, 155-167 (1971)

Chapitre 6
[24] R. Bucy, R. Kalman
New results in linear filtering and prediction theory
J. Basic Engineering, Trans. ASME 83, p. 95-108 (1961)

[25] R. Bucy, Joseph
Filtering for stochastic processes with applications to guidance
New York, Wiley (1968)

[26] M. Fujisaki, G. Kallianpur, H. Kunita
Stochastic differential equations for the non-linear filtering
problem.
Osaka J. Math, 9, p. 19-40, 1972

[27] H. Kunita
Asymptotic behavior of the non-linear filtering errors of Markov
processes.
J. of Multivariate Analysis, 1, p. 365-393, 1971

278

[28] J. Szpirglas
Sur l'équivalence d'équations différentielles stochastiques à
valeurs mesures intervenant dans le filtrage markovien non-
linéaire.
Ann. Inst. H. Poincaré XIV, 1978, p. 33-59

[29] M. Yor
Sur les théories du filtrage et de la prédiction.
Séminaire Probabilités XI, Lecture Notes in Mathematics 581,
Springer (1977)

[30] M. Zakaï
On the optimal filtering of diffusion processes.
Z. für Wahr. 11, 1969, p. 203-243

[31] E. Pardoux
Stochastic partial differential equations and filtering of diffu-
sion processes
Stochastics, 3, n° 2, p. 127-167, 1979.

[32] N. Krylov, B. Rozovski
On the conditional distribution of diffusion processes.
Izv. Akad Nauk CCCP Series 42, p. 356-378 (1978)

[33] H. Doss
Liens entre équations différentielles stochastiques et ordinaires
Ann. Inst. H. Poincaré 13, p. 99-125 (1977)

[34] H. Sussman
On the gap between deterministic and stochastic ordinary differen-
tial equations
Annals of Proba 6, p. 19-41 (1978)

[35] M.H.A. Davis
A pathwise solution of the equations of non-linear filtering.
Preprint (1979)

[36] M.H.A. Davis
Pathwise solutions and Multiplicative Functionals in non-linear
filtering. Preprint (1979)

[37] H. Kunita
Stochastic differential equations arising from non-linear filtering. Preprint (1979)

[38] A. Veretennikov. N. Krylov
On explicit formulas for solutions of stochastic equations
Math. Sb. 100 (1976), N° 2 (en russe)
Math. USSR Sb. 29 (1976), n° 2, p. 239-256

[39] H. Kunita
On the representation of solutions of stochastic differential
equations.
Séminaire Probabilités XIV. Lect. Notes in Maths 784 (1980)

[40] P. Malliavin
Stochastic calculus of variations and hypoelliptic operators
Proc. of the International Symposium on Stochastic Differential
Equations. (Kyoto 1976). Tokyo, 1978

[41] D.W. Stroock
The Malliavin Calculus and its application to second order parabolic Differential Equations.
A paraître dans le Vol. 13 de Math. Systems Theory ; voir aussi
les trois conférences de D.W. Stroock, à paraître dans le volume
des"Proceedings of Durham Conference on Stochastic Integrals"

[42] N. Krylov
Certain estimates in the theory of stochastic integrals.
Theory of Proba and Appl. 18 (1973), p. 54-63

[43] N. Krylov
Some estimates of the probability density of a stochastic integral
Math USSR Izv ; Vol. 8, 1974, p. 233-254.

Quelques références supplémentaires

[A] G. Kallianpur
Stochastic filtering theory
Applications of Mathematics, n° 13, Springer (1980).

[B] H. Kunita
On the decomposition of solutions of stochastic diffenrential
equations.
A paraître dans le volume des "Proceedings of Durham Conference
on Stochastic Integrals"

[C] D. Michel
Régularité des densités conditionnelles dans la théorie du filtrage
non-linéaire. Note aux C.R.A.S. Paris (Mai 1980) ; voir également
l'article correspondant, à paraître au J. Funct. Ana.

Vol. 728: Non-Commutative Harmonic Analysis. Proceedings, 1978. Edited by J. Carmona and M. Vergne. V, 244 pages. 1979.

Vol. 729: Ergodic Theory. Proceedings, 1978. Edited by M. Denker and K. Jacobs. XII, 209 pages. 1979.

Vol. 730: Functional Differential Equations and Approximation of Fixed Points. Proceedings, 1978. Edited by H.-O. Peitgen and H.-O. Walther. XV, 503 pages. 1979.

Vol. 731: Y. Nakagami and M. Takesaki, Duality for Crossed Products of von Neumann Algebras. IX, 139 pages. 1979.

Vol. 732: Algebraic Geometry. Proceedings, 1978. Edited by K. Lønsted. IV, 658 pages. 1979.

Vol. 733: F. Bloom, Modern Differential Geometric Techniques in the Theory of Continuous Distributions of Dislocations. XII, 206 pages. 1979.

Vol. 734: Ring Theory, Waterloo, 1978. Proceedings, 1978. Edited by D. Handelman and J. Lawrence. XI, 352 pages. 1979.

Vol. 735: B. Aupetit, Propriétés Spectrales des Algèbres de Banach. XII, 192 pages. 1979.

Vol. 736: E. Behrends, M-Structure and the Banach-Stone Theorem. X, 217 pages. 1979.

Vol. 737: Volterra Equations. Proceedings 1978. Edited by S.-O. Londen and O. J. Staffans. VIII, 314 pages. 1979.

Vol. 738: P. E. Conner, Differentiable Periodic Maps. 2nd edition, IV, 181 pages. 1979.

Vol. 739: Analyse Harmonique sur les Groupes de Lie II. Proceedings, 1976–78. Edited by P. Eymard et al. VI, 646 pages. 1979.

Vol. 740: Séminaire d'Algèbre Paul Dubreil. Proceedings, 1977–78. Edited by M.-P. Malliavin. V, 456 pages. 1979.

Vol. 741: Algebraic Topology, Waterloo 1978. Proceedings. Edited by P. Hoffman and V. Snaith. XI, 655 pages. 1979.

Vol. 742: K. Clancey, Seminormal Operators. VII, 125 pages. 1979.

Vol. 743: Romanian-Finnish Seminar on Complex Analysis. Proceedings, 1976. Edited by C. Andreian Cazacu et al. XVI, 713 pages. 1979.

Vol. 744: I. Reiner and K. W. Roggenkamp, Integral Representations. VIII, 275 pages. 1979.

Vol. 745: D. K. Haley, Equational Compactness in Rings. III, 167 pages. 1979.

Vol. 746: P. Hoffman, τ-Rings and Wreath Product Representations. V, 148 pages. 1979.

Vol. 747: Complex Analysis, Joensuu 1978. Proceedings, 1978. Edited by I. Laine, O. Lehto and T. Sorvali. XV, 450 pages. 1979.

Vol. 748: Combinatorial Mathematics VI. Proceedings, 1978. Edited by A. F. Horadam and W. D. Wallis. IX, 206 pages. 1979.

Vol. 749: V. Girault and P.-A. Raviart, Finite Element Approximation of the Navier-Stokes Equations. VII, 200 pages. 1979.

Vol. 750: J. C. Jantzen, Moduln mit einem höchsten Gewicht. III, 195 Seiten. 1979.

Vol. 751: Number Theory, Carbondale 1979. Proceedings. Edited by M. B. Nathanson. V, 342 pages. 1979.

Vol. 752: M. Barr, *-Autonomous Categories. VI, 140 pages. 1979.

Vol. 753: Applications of Sheaves. Proceedings, 1977. Edited by M. Fourman, C. Mulvey and D. Scott. XIV, 779 pages. 1979.

Vol. 754: O. A. Laudal, Formal Moduli of Algebraic Structures. III, 161 pages. 1979.

Vol. 755: Global Analysis. Proceedings, 1978. Edited by M. Grmela and J. E. Marsden. VII, 377 pages. 1979.

Vol. 756: H. O. Cordes, Elliptic Pseudo-Differential Operators – An Abstract Theory. IX, 331 pages. 1979.

Vol. 757: Smoothing Techniques for Curve Estimation. Proceedings, 1979. Edited by Th. Gasser and M. Rosenblatt. V, 245 pages. 1979.

Vol. 758: C. Năstăsescu and F. Van Oystaeyen; Graded and Filtered Rings and Modules. X, 148 pages. 1979.

Vol. 759: R. L. Epstein, Degrees of Unsolvability: Structure and Theory. XIV, 216 pages. 1979.

Vol. 760: H.-O. Georgii, Canonical Gibbs Measures. VIII, 190 pages. 1979.

Vol. 761: K. Johannson, Homotopy Equivalences of 3-Manifolds with Boundaries. 2, 303 pages. 1979.

Vol. 762: D. H. Sattinger, Group Theoretic Methods in Bifurcation Theory. V, 241 pages. 1979.

Vol. 763: Algebraic Topology, Aarhus 1978. Proceedings, 1978. Edited by J. L. Dupont and H. Madsen. VI, 695 pages. 1979.

Vol. 764: B. Srinivasan, Representations of Finite Chevalley Groups. XI, 177 pages. 1979.

Vol. 765: Padé Approximation and its Applications. Proceedings, 1979. Edited by L. Wuytack. VI, 392 pages. 1979.

Vol. 766: T. tom Dieck, Transformation Groups and Representation Theory. VIII, 309 pages. 1979.

Vol. 767: M. Namba, Families of Meromorphic Functions on Compact Riemann Surfaces. XII, 284 pages. 1979.

Vol. 768: R. S. Doran and J. Wichmann, Approximate Identities and Factorization in Banach Modules. X, 305 pages. 1979.

Vol. 769: J. Flum, M. Ziegler, Topological Model Theory. X, 151 pages. 1980.

Vol. 770: Séminaire Bourbaki vol. 1978/79 Exposés 525–542. IV, 341 pages. 1980.

Vol. 771: Approximation Methods for Navier-Stokes Problems. Proceedings, 1979. Edited by R. Rautmann. XVI, 581 pages. 1980.

Vol. 772: J. P. Levine, Algebraic Structure of Knot Modules. XI, 104 pages. 1980.

Vol. 773: Numerical Analysis. Proceedings, 1979. Edited by G. A. Watson. X, 184 pages. 1980.

Vol. 774: R. Azencott, Y. Guivarc'h, R. F. Gundy, Ecole d'Eté de Probabilités de Saint-Flour VIII-1978. Edited by P. L. Hennequin. XIII, 334 pages. 1980.

Vol. 775: Geometric Methods in Mathematical Physics. Proceedings, 1979. Edited by G. Kaiser and J. E. Marsden. VII, 257 pages. 1980.

Vol. 776: B. Gross, Arithmetic on Elliptic Curves with Complex Multiplication. V, 95 pages. 1980.

Vol. 777: Séminaire sur les Singularités des Surfaces. Proceedings, 1976-1977. Edited by M. Demazure, H. Pinkham and B. Teissier. IX, 339 pages. 1980.

Vol. 778: SK₁ von Schiefkörpern. Proceedings, 1976. Edited by P. Draxl and M. Kneser. II, 124 pages. 1980.

Vol. 779: Euclidean Harmonic Analysis. Proceedings, 1979. Edited by J. J. Benedetto. III, 177 pages. 1980.

Vol. 780: L. Schwartz, Semi-Martingales sur des Variétés, et Martingales Conformes sur des Variétés Analytiques Complexes. XV, 132 pages. 1980.

Vol. 781: Harmonic Analysis Iraklion 1978. Proceedings 1978. Edited by N. Petridis, S. K. Pichorides and N. Varopoulos. V, 213 pages. 1980.

Vol. 782: Bifurcation and Nonlinear Eigenvalue Problems. Proceedings, 1978. Edited by C. Bardos, J. M. Lasry and M. Schatzman. VIII, 296 pages. 1980.

Vol. 783: A. Dinghas, Wertverteilung meromorpher Funktionen in ein- und mehrfach zusammenhängenden Gebieten. Edited by R. Nevanlinna and C. Andreian Cazacu. XIII, 145 pages. 1980.

Vol. 784: Séminaire de Probabilités XIV. Proceedings, 1978/79. Edited by J. Azéma and M. Yor. VIII, 546 pages. 1980.

Vol. 785: W. M. Schmidt, Diophantine Approximation. X, 299 pages. 1980.

Vol. 786: I. J. Maddox, Infinite Matrices of Operators. V, 122 pages. 1980.

Vol. 787: Potential Theory, Copenhagen 1979. Proceedings, 1979. Edited by C. Berg, G. Forst and B. Fuglede. VIII, 319 pages. 1980.

Vol. 788: Topology Symposium, Siegen 1979. Proceedings, 1979. Edited by U. Koschorke and W. D. Neumann. VIII, 495 pages. 1980.

Vol. 789: J. E. Humphreys, Arithmetic Groups. VII, 158 pages. 1980.

Vol. 790: W. Dicks, Groups, Trees and Projective Modules. IX, 127 pages. 1980.

Vol. 791: K. W. Bauer and S. Ruscheweyh, Differential Operators for Partial Differential Equations and Function Theoretic Applications. V, 258 pages. 1980.

Vol. 792: Geometry and Differential Geometry. Proceedings, 1979. Edited by R. Artzy and I. Vaisman. VI, 443 pages. 1980.

Vol. 793: J. Renault, A Groupoid Approach to C*-Algebras. III, 160 pages. 1980.

Vol. 794: Measure Theory, Oberwolfach 1979. Proceedings 1979. Edited by D. Kölzow. XV, 573 pages. 1980.

Vol. 795: Séminaire d'Algèbre Paul Dubreil et Marie-Paule Malliavin. Proceedings 1979. Edited by M. P. Malliavin. V, 433 pages. 1980.

Vol. 796: C. Constantinescu, Duality in Measure Theory. IV, 197 pages. 1980.

Vol. 797: S. Mäki, The Determination of Units in Real Cyclic Sextic Fields. III, 198 pages. 1980.

Vol. 798: Analytic Functions, Kozubnik 1979. Proceedings. Edited by J. Ławrynowicz. X, 476 pages. 1980.

Vol. 799: Functional Differential Equations and Bifurcation. Proceedings 1979. Edited by A. F. Izé. XXII, 409 pages. 1980.

Vol. 800: M.-F. Vignéras, Arithmétique des Algèbres de Quaternions. VII, 169 pages. 1980.

Vol. 801: K. Floret, Weakly Compact Sets. VII, 123 pages. 1980.

Vol. 802: J. Bair, R. Fourneau, Etude Géometrique des Espaces Vectoriels II. VII, 283 pages. 1980.

Vol. 803: F.-Y. Maeda, Dirichlet Integrals on Harmonic Spaces. X, 180 pages. 1980.

Vol. 804: M. Matsuda, First Order Algebraic Differential Equations. VII, 111 pages. 1980.

Vol. 805: O. Kowalski, Generalized Symmetric Spaces. XII, 187 pages. 1980.

Vol. 806: Burnside Groups. Proceedings, 1977. Edited by J. L. Mennicke. V, 274 pages. 1980.

Vol. 807: Fonctions de Plusieurs Variables Complexes IV. Proceedings, 1979. Edited by F. Norguet. IX, 198 pages. 1980.

Vol. 808: G. Maury et J. Raynaud, Ordres Maximaux au Sens de K. Asano. VIII, 192 pages. 1980.

Vol. 809: I. Gumowski and Ch. Mira, Recurences and Discrete Dynamic Systems. VI, 272 pages. 1980.

Vol. 810: Geometrical Approaches to Differential Equations. Proceedings 1979. Edited by R. Martini. VII, 339 pages. 1980.

Vol. 811: D. Normann, Recursion on the Countable Functionals. VIII, 191 pages. 1980.

Vol. 812: Y. Namikawa, Toroidal Compactification of Siegel Spaces. VIII, 162 pages. 1980.

Vol. 813: A. Campillo, Algebroid Curves in Positive Characteristic. V, 168 pages. 1980.

Vol. 814: Séminaire de Théorie du Potentiel, Paris, No. 5. Proceedings. Edited by F. Hirsch et G. Mokobodzki. IV, 239 pages. 1980.

Vol. 815: P. J. Slodowy, Simple Singularities and Simple Algebraic Groups. XI, 175 pages. 1980.

Vol. 816: L. Stoica, Local Operators and Markov Processes. VIII, 104 pages. 1980.

Vol. 817: L. Gerritzen, M. van der Put, Schottky Groups and Mumford Curves. VIII, 317 pages. 1980.

Vol. 818: S. Montgomery, Fixed Rings of Finite Automorphism Groups of Associative Rings. VII, 126 pages. 1980.

Vol. 819: Global Theory of Dynamical Systems. Proceedings, 1979. Edited by Z. Nitecki and C. Robinson. IX, 499 pages. 1980.

Vol. 820: W. Abikoff, The Real Analytic Theory of Teichmüller Space. VII, 144 pages. 1980.

Vol. 821: Statistique non Paramétrique Asymptotique. Proceedings, 1979. Edited by J.-P. Raoult. VII, 175 pages. 1980.

Vol. 822: Séminaire Pierre Lelong–Henri Skoda, (Analyse) Années 1978/79. Proceedings. Edited by P. Lelong et H. Skoda. VIII, 356 pages, 1980.

Vol. 823: J. Král, Integral Operators in Potential Theory. III, 171 pages. 1980.

Vol. 824: D. Frank Hsu, Cyclic Neofields and Combinatorial Designs. VI, 230 pages. 1980.

Vol. 825: Ring Theory, Antwerp 1980. Proceedings. Edited by F. van Oystaeyen. VII, 209 pages. 1980.

Vol. 826: Ph. G. Ciarlet et P. Rabier, Les Equations de von Kármán. VI, 181 pages. 1980.

Vol. 827: Ordinary and Partial Differential Equations. Proceedings, 1978. Edited by W. N. Everitt. XVI, 271 pages. 1980.

Vol. 828: Probability Theory on Vector Spaces II. Proceedings, 1979. Edited by A. Weron. XIII, 324 pages. 1980.

Vol. 829: Combinatorial Mathematics VII. Proceedings, 1979. Edited by R. W. Robinson et al.. X, 256 pages. 1980.

Vol. 830: J. A. Green, Polynomial Representations of GL$_n$. VI, 118 pages. 1980.

Vol. 831: Representation Theory I. Proceedings, 1979. Edited by V. Dlab and P. Gabriel. XIV, 373 pages. 1980.

Vol. 832: Representation Theory II. Proceedings, 1979. Edited by V. Dlab and P. Gabriel. XIV, 673 pages. 1980.

Vol. 833: Th. Jeulin, Semi-Martingales et Grossissement d'une Filtration. IX, 142 Seiten. 1980.

Vol. 834: Model Theory of Algebra and Arithmetic. Proceedings, 1979. Edited by L. Pacholski, J. Wierzejewski, and A. J. Wilkie. VI, 410 pages. 1980.

Vol. 835: H. Zieschang, E. Vogt and H.-D. Coldewey, Surfaces and Planar Discontinuous Groups. X, 334 pages. 1980.

Vol. 836: Differential Geometrical Methods in Mathematical Physics. Proceedings, 1979. Edited by P. L. García, A. Pérez-Rendón, and J. M. Souriau. XII, 538 pages. 1980.

Vol. 837: J. Meixner, F. W. Schäfke and G. Wolf, Mathieu Functions and Spheroidal Functions and their Mathematical Foundations Further Studies. VII, 126 pages. 1980.

Vol. 838: Global Differential Geometry and Global Analysis. Proceedings 1979. Edited by D. Ferus et al. XI, 299 pages. 1981.

Vol. 839: Cabal Seminar 77 – 79. Proceedings. Edited by A. S. Kechris, D. A. Martin and Y. N. Moschovakis. V, 274 pages. 1981.

Vol. 840: D. Henry, Geometric Theory of Semilinear Parabolic Equations. IV, 348 pages. 1981.

Vol. 841: A. Haraux, Nonlinear Evolution Equations- Global Behaviour of Solutions. XII, 313 pages. 1981.

Vol. 842: Séminaire Bourbaki vol. 1979/80. Exposés 543–560. IV, 317 pages. 1981.

Vol. 843: Functional Analysis, Holomorphy, and Approximation Theory. Proceedings. Edited by S. Machado. VI, 636 pages. 1981.